江苏省科技人才科技厅思想库年度报告(2014~2015)

江苏科技创新创业人才政策协同管理改革研究(BR2014099)
"十三五"适应创新驱动发展需要的科技人才发展机制研究
资助（BR2015052）
"江苏产业创业人才竞争力评价研究"(BR2016055)

科技人才协同管理研究

The Research on Collaborative Management of Science and Technology Talent

周小虎　恢光平 等◎著

经济管理出版社
ECONOMY & MANAGEMENT PUBLISHING HOUSE

图书在版编目（CIP）数据

科技人才协同管理研究/周小虎，恢光平等著．—北京：经济管理出版社，2016.12
ISBN 978 - 7 - 5096 - 4739 - 4

Ⅰ.①科…　Ⅱ.①周…②恢…　Ⅲ.①技术人才—人才管理—研究—中国　Ⅳ.①G316

中国版本图书馆 CIP 数据核字（2016）第 289555 号

组稿编辑：张　艳
责任编辑：赵喜勤
责任印制：司东翔
责任校对：赵天宇

出版发行：经济管理出版社
　　　　　（北京市海淀区北蜂窝 8 号中雅大厦 A 座 11 层　100038）
网　　　址：www. E - mp. com. cn
电　　　话：（010）51915602
印　　　刷：三河市海波印务有限公司
经　　　销：新华书店
开　　　本：720mm×1000mm/16
印　　　张：15
字　　　数：290 千字
版　　　次：2016 年 12 月第 1 版　2016 年 12 月第 1 次印刷
书　　　号：ISBN 978 - 7 - 5096 - 4739 - 4
定　　　价：49.00 元

序

一、报告基本观点

同中国改革发展一样，我国的科技创新创业人才管理改革也进入了攻坚克难的关键期，不同行动主体利益诉求上的差异，以及探索性改革过程本身固有的特性，都导致实施的过程出现了一系列矛盾和冲突，因而迫切需要科技人才管理更加全面、均衡、协调、统筹、可持续。另外，外部环境变化，特别是战略新兴产业发展与新工业革命涌现使得科技创新创业人才管理背景出现了根本性改变，也需要从战略上提升人才制度设计内容、执行过程、评价标准的层次。

本书在如何发挥市场在科技人才开发中的主导作用，如何实现科技人才驱动引领创新驱动的思想框架下，围绕市场与政府协同问题、协同管理机制路径问题、协同管理过程的关键性问题进行了思考。我们的基本观点是：前瞻性的、全面性的、均衡性的科技创新创业人才管理是有效地解决人力配置两种基本机制的关系，即解决了市场与政府的关系，明确了企业在科技人才开发上的主导地位，规范了政府功能定位，厘清了政府边界。实现政府与市场共同治理，实现"两手抓"、"两手硬"的合理局面。

围绕这一主题，我们依据《江苏省统计年鉴》、《江苏省人才统计公报》等相关数据和"南京321科技创业人才案例"调研。从政府投资与企业投资关系角度研究了科技创新创业人才引进与培养的挤出效应问题；从企业和政府两个方面分析了企业创新创业人才激励策略；运用无投入DEA模型构建了江苏省企业技术创新主体地位测度指数；从共性技术角度探讨了企业和政府在科技人才开发中的不同角色以及政府对共性技术人才的开发策略；分析了政府引导资金支持对不同阶段科技型企业技术创新的影响；从中国技术研发人员需求偏好视角实证分析了科技人才创造力工作环境缺失的原因以及环境建构路径等问题。这些研究初步回答了在科技创新创业人才管理上，为什么要对市场与政府两种机制进行协同管理（第一篇的第1章）；如何强化企业地位，从而有效实现两者协同发展（第二篇的第2、第3、第4章）；在此基础上就推进两者协同中的环境、技术和组织影响问题进行了讨论（第三篇的第5、第6、第7章）；最后就"南京321创新创业人才"项目中的协同管理进行专题讨论。

通过这些研究我们论证了政府与市场在创新创业人才开发管理上具有不同功效，政府既是科技人才资本的直接投资者、规划者和引导者，也是科技人力资本的促进者、培育者和维护者。在我国现有环境下，政府对于科技创新创业人才的开发与管理具有举足轻重的作用。同时，不断扩大的政府职能和行为，也带来政府效能的边际递减，出现了政府低效率、政府失灵问题以及与企业投资发生竞争性效应。以华南、华中、华东8省数据为基础，通过研究发现，1999～2013年，政府对科技人才投入产出的综合效率总体上呈现下降趋势，相反，企业在总体上呈现上升趋势。地区市场化程度与政府效率呈现出反比关系。这些都支持了我们关于协同管理政府与市场的基本观点。

研究发现，江苏省在科技人才的投入上居于全国前列，人才开发的效率也比较高，但是在某些指标上与市场化程度较高的广东、浙江相比还有些不足，而企业对于科技人才的开发大多是在政府的推动下进行，也就是企业的人才开发主体地位并没有很好地培育和确立。究其原因主要有三个方面：一是企业本身在我国市场化初期很难考虑长远规划，更多考虑短期利益，再加上经济、人事风险使之对人才投资望而却步。二是政府过多的人才投入对企业主体地位的建立产生了替代作用。三是社会经济环境影响企业人才开发主体地位的形成，特别是人才制度的系统优势还没有形成。

我们对"南京321创新创业人才项目"的调查发现，以人才引进带动战略转型、以人才开发带动产业升级、以创业激情带动人才集聚、以中小企业创业带动创新方面，政府发挥突出作用。但同时，科技创新创业人才投资上主体多元性的竞争关系，如政府和高校之间的竞争、地市之间的竞争、开发区之间的竞争，以及在人力资源开发与管理中各职能中出现的非协调、非一致性问题。造成这些现象的主要原因仍然是政府职能经济导向，以及体制不合理导致的注重短期收益；人才开发上重引进、轻培养；配套后勤保障工作不到位；投资结构失衡等。

本书通过研究提出了在政策方面要对科技创新创业人才进行顶层设计，通过政府政策引导形成促进企业在人才开发中发挥主体地位的政策与制度环境；政府的人才开发投入要选择性地面向基础研究和共性技术研究领域，区别于企业的专用技术人才领域；企业也需要培育人才发展的小环境，不断建立人才的品牌优势，在微观层面践行人才第一资源的理念，运用多种激励机制，开发科技创新创业人才的智力，使之成为现实的生产力，从而带动产业结构的调整。

二、主要内容

第1章：科技创新创业人才挤出效应研究

虽然政府之手对科技人才的开发与管理可以发挥积极的作用，但是在实践中我们越来越需要重新审视政府在科技人才投资过程中的干预作用。因为政府在对科技人才的投资上具有主导作用，研究其投资的主要状况可以得出科技人才投资宏观层面的方向，解决了这些问题对国家经济增长有一定的促进作用。政府作为人力资本投资的重要主体所实施的积极的公共政策和公共支出是矫正人力资本投资领域市场的关键。政府是维护人力资本投资良性发展，进而推动经济社会持续进步的重要保障。

政府人力资本投资存在的主要问题是：①观念滞后，在以 GDP 为核心导向的考核体制下，各级政府非常关注以固定资产投资来推动经济快速增长，人力资本投资价值还没有被认识和重视。②人才投资总量不足，教育总支出和财政性教育支出占 GDP 的比重一直徘徊不前，始终低于世界平均水平，与发达国家相比差距很大。③投资结构失衡，国际比较研究发现，我国 R&D 研究人员人均经费投入与发达国家相比差距很大，R&D 人员劳务费也处于很低水平；来源于政府的 R&D 经费支出明显低于发达国家平均水平。企业对科技人才投资存在的主要问题是：①企业科技投入资金筹措困难，融资渠道亟待进一步拓展和完善。②企业科技创新活动起点较低，投入意识不强。③用人机制不够健全，高层次科技人才缺乏，科技人才整体创新能力不强。④人才流失现象严重，企业科技人才资本呈现弱化趋势，科技人才投资效益不高。⑤企业科技人才资本投资中存在"市场失灵"。⑥投资结构配置不合理。

我们研究发现，科技人才投资中政府对企业产生挤出效应。政府投资对企业投资的影响存在于两方面：一方面，政府资本对企业资本具有替代性，增加政府投资会"挤出"等量的企业投资；另一方面，政府资本对企业投资具有正外部性，可提高企业投资的边际产出而"挤进"企业投资。政府投资对企业投资的影响方向由这两种对立效应的相对强弱决定。本书通过对政府科技人才投资效率和企业科技人才投资效率的定性分析和定量分析，认为政府投资对企业投资产生了挤出效应，主要表现在政府与企业抢人才、抢资金，政府低效率，重复性投资与浪费，教条化，程序烦琐，"大锅饭"现象严重，从而造成政府在科技人才投资上的失灵。

在政策建议上，我们提出：加大对基础设施的投资，规范政府行为；深入实施科技人才引进及开发的系统工程；完善科技人才选拔、引进、开发机制；做好引进人才"后服务"保障；探索科技创新人才激励机制；政府减少对企业的过度干预；明确创新体系中各方的职能；维护和保障企业、科研机构科技创新的主体地位。

第2章：企业创新创业人才激励策略研究

通过对江苏省企业创新创业人才激励实践中存在的问题及原因的分析，我们发现问题主要集中在企业技术创新的资源条件匮乏、企业家及科技人员创新动力不足、创新创业人才培养激励制度不健全、促进创新创业人才成长的生态系统尚未建立等多个方面，这也在一定程度上表明企业在人才工作上的积极性不足。而究其原因，主要是面临经济的、人事的和组织的风险。提升企业在人才工作中的积极性是人才效能发挥的重要前提。本研究认为主要应从两个方面着手：一是对企业而言，主要是大力加强人员甄选和员工培训工作；设计和建立适合员工特别是科技人才的职业生涯发展体系；完善经济性薪酬激励机制，认可其人力资本价值，逐步完善以人力资本投入为基础的利润分享机制，如股权、期权激励等；发挥内在薪酬的激励作用，提升员工的工作绩效、创新绩效和组织公民行为；给予创新人员宽松、自由、积极的工作环境，给予创新人员更大的发展空间；建立工作团队及竞争机制，在追求创新绩效方面，企业更应当建立以团队为单元的微观组织运行机制，并且引导团队间开展良性竞争，以激发科技创新人员的进取心，促进个体合作与交流。二是对政府而言，加强创新创业服务平台建设，真正推进产、学、研各方深入开展实质性合作；完善"创业产业链"，加强创新创业服务软环境建设；完善科技创新创业人才队伍建设，根据江苏省战略性新兴产业发展规划合理制定人才规划；深入实施战略性新兴产业人才引进及开发的系统工程；完善新兴产业科技创新创业人才选拔、引进、开发机制；做好引进人才"后服务"保障；推进科技创新综合评价体系改革；探索科技创新创业人才激励机制。

第3章：打造江苏人才品牌，助企业创新，续长期发展

在知识经济时代，企业的价值创造高度依赖创新，创新成为企业生存和发展的关键，而创新创业人才则是企业获取创新优势的基础。如何吸引和保留创新创业人才是企业的重要战略问题。江苏省的创新战略需要以人才为驱动，通过集聚

高层次人才提高企业的创新能力，提升社会的创新绩效。同时，人才的可持续发展关乎整个社会的可持续发展。在各国家、各地区、各企业纷纷加入对这些高层次创新创业人才的争夺战的背景下，雇主品牌就成为吸引和保留高层次双创人才和实现人才可持续发展的重要策略选择。

雇主品牌是人力资源市场上的企业品牌，代表着企业在人力资源市场上的认知度、美誉度和忠诚度。雇主品牌对企业现有员工和潜在员工均存在影响，在企业现有员工中被称为内在品牌，而对企业潜在员工的影响则是外在品牌。根据研究，打造雇主品牌的主要途径有绩效薪酬型、情感文化型、创新发展型、工作乐趣型等。

江苏省雇主品牌建设现状与问题。江苏省在高层次双创人才的引进和培养方面走在了全国的前列，表现不俗。江苏省从政策层面高度重视人才工作，在人才数量和质量上取得了显著的成果，江苏省企业已具有一定的雇主品牌意识。在宏观政策的指导和具体政策措施的帮扶支持下，江苏省企业也从自身挖掘潜力，越来越重视雇主品牌建设，为自己吸引和凝聚人才。虽然在创新战略的实施、高层次双创人才的引进和培养等方面，江苏省走在了全国前列，但一个明显的问题在于：江苏省的人才活动主要靠政府，企业作为创新经济主体其作用没能得到释放。这也是江苏省可持续发展中必须要面对的重要问题。

因此，在打造江苏省人才品牌方面我们建议：①明确政府的政策对象，厘清自身的功能定位和进一步明确人才政策的服务对象，重点支持企业的人才工作，为企业的人才工作提供服务而非替代企业直接开展人才工作。②全面提升企业高层次人才服务水平，深入掌握各类企业的人才需求，为企业提供多方位的人才服务。③强化江苏地理人才品牌，发挥传统优势，以"人才团"的形式成批地吸引人才，通过政府的人才品牌带动和帮助战略新兴产业打造雇主品牌。④鼓励企业进行雇主品牌塑造，通过这一途径，政府可以鼓励企业树立起自身的主体性，发挥主动性，引导企业自发自觉地搞好人才工作，特别是高层次人才工作。

第4章：江苏省企业技术创新主体地位测度指数研究——基于无投入 DEA 模型

本研究基于国家创新体系、技术创新过程与企业群体三个研究视角，考虑创新系统要素与创新活动要素两大内容，遵循全面性、科学性、可操作性与可比性四大指标，精选了 21 项与江苏省企业技术创新活动与过程有关的指标及近十年的相关数据，构建了江苏企业技术创新主体地位测度指数、江苏企业创新系统要素指数、江苏企业创新活动要素指数、江苏大中型企业技术创新主体地位指数与江苏高技术企业技术创新主体地位指数五大指数，从不同侧面反映了江苏企业创新技术创新主体的现状及变化趋势。通过相关指数分析，我们得到以下研究结论：

（1）江苏企业技术创新主体地位在 2003~2011 年呈小幅缓慢提升的趋势，但是在 2012 年有了较大幅度的提升。

（2）从江苏企业技术创新主体地位的结构来看，江苏企业创新系统要素在这十年间基本是原地踏步，实质性增长并不明显。而江苏企业创新活动要素则与江苏企业技术创新地位保持基本相同的增长趋势，而且其同年指数均在后者之上。这表明，十年间，江苏企业技术创新地位的提升主要是由江苏企业创新活动要素的增长推动的。

（3）从江苏高技术企业与江苏大中型企业在推动江苏企业技术创新主体地位中的作用来看，江苏高技术企业和江苏大中型企业技术创新主体地位的提升对整个江苏企业技术创新主体地位的提升起到了巨大的推动作用。具体来看，2003~2008 年，江苏高技术企业技术创新主体地位的提升对整个江苏企业技术创新主体地位的提升所起的推动作用是高于江苏大中型企业的，而从 2009 年开始，后者创新主体地位的提升对江苏企业技术创新主体地位提升的推动作用开始高于前者，这点在 2012 年体现得更加明显。

（4）从指数与其构成指标的关系来看，虽然各指数总体呈现上升趋势，但是某些构成指标的变化却是与其背道而驰的。

1）从江苏企业创新系统要素指数的构成指标来看，江苏大中型企业 R&D 经费支出占江苏 R&D 经费支出的比重从 2007 年开始就不断呈现下降趋势。

2）从江苏企业创新活动要素指数的构成指标来看，江苏大中型工业企业 R&D 经费支出占主营业务收入的比重在十年间基本在 1.2% 左右窄幅波动，没有明显增长。

3）从江苏大中型企业技术创新主体地位指数的构成指标来看，江苏大中型工业企业 R&D 经费支出占主营业务收入的比重在十年间没有明显增长。2010 年以来，江苏大中型工业企业新产品销售收入占主营业务收入的比重呈现下降趋势，2012 年略有反弹。

4）从江苏高技术企业技术创新主体地位指数的构成指标来看，2004 年以来，江苏高技术出口交货值占高技术产业主营业务收入的比重一直呈现下降趋势。

综上所述，江苏省企业要提升企业创新主体地位，可以从下面两个方面入手。

首先，我们必须在大力提升江苏企业创新系统要素的基础上，保持江苏企业创新活动要素的持续增长。具体到江苏企业创新系统要素的提升，主要是要提升江苏大中型企业 R&D 经费支出占江苏 R&D 经费支出的比重。具体到保持江苏企业创新活动要素的持续增长，主要是要提升江苏大中型工业企业 R&D 经费支出占主营业务收入的比重、江苏企业应用研究经费占企业 R&D 经费的比重、江苏大中型工业企业新产品销售收入占主营业务收入的比重以及江苏高技术出口交货值占高技术产业主营业务收入的比重。

其次，我们应该继续保持江苏大中型企业与高技术企业技术创新主体地位的提升。具体到江苏大中型企业，就是要提升江苏大中型工业企业 R&D 经费支出占主营业务收入的比重以及江苏大中型工业企业新产品销售收入占主营业务收入的比重。具体到江苏高技术企业，要提升江苏高技术出口交货值占高技术产业主营业务收入的比重。

第5章：创造力工作环境缺失及其建构路径研究——基于中国技术研发人员需求偏好视角

本研究采用访谈分析法，选择了 26 名具有工科背景本科以上学历的员工，以技术研发人员的描述为基础，归纳探讨我国创造力缺失的现状及其影响因素：收入分配、职业保障、尊重与地位、工作特征和资源获取以及组织支持。而且将五个因素与员工工作相关态度联系起来就会发现：高研发承诺、高工作满意者与低研发承诺和低工作满意者所关注的因素几乎没有差别。每一因素的提出者都既有低工作满意者，也有高工作满意者。不过关注后两类因素的人员中，高工作绩效者占更大的比例，他们的手上基本上都握有独立研发项目。

我们认为建构我国的创造力工作环境需要循序渐进的原则，具体可分三个步骤：第一步，要建构良好有序的宏观社会经济环境，包括知识产权的保护、市场机制健全等，促进企业间的良性竞争，引导企业着眼于长远，向学习与创新的有序之道转变。这是创造力工作环境的建构前提。第二步，需要为员工潜心技术职业提供适度的诱因与支持，在全社会范围内营造出尊重知识、尊重技术的社会价值取向，让技术职业成为让人向往的理想职业，吸引大量骨干人才走入并坚持技术职业，这是建构创造型工作环境的基础。具体手段在企业方面有工作改善和再设计，并在培训、薪资、绩效、雇佣等方面强化长期、公平、稳定、保障的特点，建构技术导向的人力资源管理体系。政府部门则可以在收入调节、社会保障系统、培训和资金资源支持等政策方面向技术职业倾向。第三步，致力于对创新创造力的支持，这一步的方法、手段在很多的西方文献中有深入论述，包括设计有挑战性、自主性的工作，建设创新型文化、给予创新活动以充分的资金资源支持和组织支持等。

研究发现：目前对于技术研发人员的管理既未能满足技术人员的需求偏好，

也未能契合技术研发的职业特点。加之不良的宏观产经环境导致企业间的无序竞争等，致使高比例、大范围的技术人员放弃技术职业。本章最后指出，中国创造力工作环境的建构应分步进行，良好的产业市场环境是创新社会的前提，数量庞大的稳定的基础技术人员队伍是建设创新社会的基础。在这个前提和基础之上，才有可能建构促进高层次创新型人才发挥创造力的工作环境。

第6章：共性技术型科技人才组织开发管理研究

在我国，企业人才开发主体地位的独立性必然与政府职能的转变密切相关，政府政策是产业结构发生变化的重要影响变量，对人才进行开发投资是实现产业结构变化的现代手段，技术的层次是政府政策出台的重要依据之一。政府应当主要支持基础研究和共性技术的发展，专业技术则是企业通过市场行为进行筛选和投资的主要领域。所以，在人才是第一资源和人才驱动经济发展的背景下，政府对共性技术研发的投入主要是对相应的共性技术人才的投入，在共性技术筛选的基础上，对共性技术研发组织模式和人才的开发管理则成为政府科技政策的核心。

通过研究我们认为，政府职能的合理界定就是给出了企业人才开发的边界，所以，政府人才开发职能的界定重于企业职能的界定。基于共性技术的角度，政府主要在基础研究和共性技术领域发挥作用。而现实中主要存在的问题是：①政府缺少对共性技术人才的规划，在政策上很容易使政府的职能走到企业的领域，专用技术和共性技术层次一并成为政府的关注对象，政府人才职能的边界与企业的边界模糊化，甚至替代企业等用人单位的职能；②共性技术的组织管理中重视项目和过程，对人才本身的管理开发不足，政府主要关注的还是项目本身的进展、成果价值，对项目团队的管理也主要是针对项目负责人，而且主要是依据项目的流程实现，项目结束，团队解散或转战；③共性技术人才的引进和开发脱节，人才引进其形成和积累的个体人力资本也很难转化为组织人力资本；④缺少对共性技术人才创新过程的研究和管理创新，对于知识产生过程的宏观管理的优势没有在科技人才管理与开发创新中发挥作用；⑤政府科技研究项目的持续性和人才开发的持续性一致性不足，至少会很大程度地影响原有的科学技术研究，科研计划项目具有明显的短期化和碎片化特征。

因此，我们提出建议：①加强共性技术筛选，完善共性技术组织管理系统中的人才管理，基于共性技术的专业分类特点和市场特点，政府的主要投入应当集中在共性技术的研发领域，而对于共性技术的筛选和持续支持则是决定产业结构变化的方向。②确保共性技术科技人才的工作连续性，而不能随市场的短期需求而变化，科研人员的岗位工作时间不能过短且岗位变换不宜过于频繁。③从重视人才引进转向重视人才开发，特别是共性技术人才应当接受正规的科学研究方法的训练，强化对交叉领域科技的敏感度进而通过自发组织形成团队，并保持团队之间一定的流动性。④制定激励和保障共性技术人才的长效机制，特别重要的是要体现人才本身的价值，即人力资本价值。除了专利技术入股之外，在研究经费的使用上要给科技人才一定的自由支配权。⑤强化对科技计划项目的事后管理，即科技成果的信息共享、科技成果的筛选应用推广、科技活动事后评估与跟踪评估。⑥建立共性技术人才信息统计系统，夯实科技人才政策的信息基础。

第7章：政府引导资金支持对不同阶段科技型企业技术创新的影响

按照风险投资的观点，从开创企业到企业成熟和消亡，企业技术创新过程大致可以划分为种子期、初创期、发展期和成熟期四个阶段。在技术创新企业成立初期，企业一般没有足够多的固定资产可以用于抵押贷款，债务融资困难，种子期的企业一般没有销售收入，初创期企业一般没有正的现金流，发展期的企业则需要大笔的资金投入来扩大生产和开拓市场，而对于成熟期的企业而言，融资已经不是主要问题，它们需要的是寻找新的业务增长点，巩固自己的竞争优势。本研究分析了江苏省四个中小型科技创新企业（南京云创存储科技有限公司、江苏智联天地科技有限公司、苏州斯莱克精密设备股份有限公司、美时医疗技术有限公司）在不同技术创新阶段，资金的支持对企业创新活动的影响。

本研究认为，政府在支持中小企业发展的过程中，资金的支持既是重要的，也是有选择的。针对企业在不同发展阶段对资金有不同需求的特点，政府也应该采取相应的支持政策。在种子期和初创期，企业最大的需求就是资金支持、金融政策和技术服务；高速成长期的企业最需要的是金融政策和技术服务；而在成熟期的企业，最迫切需要的则是信息及社会资本政策。

因此，对于种子期企业，应加大对科技资金政策性无偿资助，依靠政府资金体系对此阶段的企业进行支持，鼓励高校、科研院所与企业合作，完善产品的研发技术，降低技术风险，打造中国的"硅谷机制"。对初创期企业，政府投资建立天使基金投资公司，为有前景的中小企业提供启动资金，支持研发，确保企业孵化器相关政策的完善和落实以及高科技人才引进政策的实施。对成长期企业，设立中小企业技术创新的专项资金金融机构，应该树立为中小企业技术创新服务的新理念，加大对中小企业技术创新的融资力度，减少税收项目，鼓励科研院所为此阶段企业提供人力资源。对成熟期企业，政府需要完善二板市场和创业板市场制度，降低上市公司的准入门槛，转而看重企业的成长空间和未来发展前景，为寻求更高的风险投资和风险收益提供一个投资和退出的渠道。

第8章：科技创业人才综合改革调查

此次科技创业人才调查的对象是"南京创业人才321计划"下成立的12家高新技术企业的新创企业家，此项目是南京市政府主管的，于2012年7月23日成立的以经济发展为目的的政府性质的计划。"南京创业人才321计划"，即用5年时间，大力引进3000名领军型科技创业人才，重点培养200名科技创业家，加快聚集100名国家"千人计划"创业人才。此次调研的12家高新技术产业企业6家来自于徐庄软件园、6家来自于白下产业园区。

此次调查发现：①主体多元性之间的竞争表现比较突出，主要表现在政府和高校之间的竞争和矛盾、各个开发区之间的竞争以及各个地市之间的竞争。在"南京321科技创业人才投资"的案例中，政府和高校之间虽然有联动，但是还不够全面，很多高校老师走出象牙塔创业并没有发挥自身的科研优势。政府和高校之间的联动还有待进一步加强。江苏省各个城市尽管在发展程度、资源禀赋以及城市定位方面各不相同，但各个城市在吸引人才的政策中几乎都潜藏着高、中、低端人才通吃的雄心，所有城市都毫无例外预备了专门针对高端人才的政策上的"撒手锏"。南京市各个创业园区出台了各项政策支持科技人才的引进工作，但是其中不乏个别创业园区为了争抢人才而出现的恶性竞争以及盲目追求指标而导致企业、人才竞争引入质量不达标等问题。②职能多元性的矛盾。在"南京321创业人才投资计划"中，整个人才管理系统的职能之间存在矛盾，存在重引进、轻培养，人才管理体系不健全等问题。由于部分地市和产业园区单纯追求人才引进指标、缺乏人才引进经验等，所以人才引进机制仍然存在很多问题，比如对科技人才的定位不准确，对引进人才的管理后期缺乏跟踪，对人才的资历缺乏考证等。存在对人才更加注重引进而缺乏足够的培养工作。在"南京321人才计划"的调查中，可以发现人才使用存在众多的问题，比如缺乏激励、人才流动性较大等，这些问题都不利于人才发挥应有的作用。③创业企业的组织问题。创业企业成立初期由于资金、人力资源等资源的匮乏，面临着众多的组织问题，其中包括创业者的综合素质问题以及创业企业的架构问题等方面，其中创业者的综合素质问题主要表现为创业者大多为技术出身，缺乏管理知识及管理经验，不能很好地把握组织的全局发展；创业企业的组织问题主要表现为部门设置凌乱等。

我们从科技创业人才计划的顶层设计思路出发，认为应当调整政府机构，转变政府职能；加强加快相关立法，规范政府和企业的行为；建立现代科技创业企业领导制度；建立新型的政企关系。

第9章：江苏省科技人才"十三五"适应创新驱动发展研究

我们首先从主要进展与成效和存在问题两个方面分析了江苏"十二五"科

技人才发展现状。"十二五"期间，江苏省科技人才总量稳步增长，人才质量优化，人才结构改善，人才层次提升；各类人才服务平台、人才工程与人才政策初见成效；江苏"十二五"科技人才发展的效果与贡献显著。表现出如下特征：①科技人才队伍规模大；②高科技人才在产业创新驱动中发挥着显著作用；③苏南地区人才集聚效应明显；④政产学研合作活跃。但同时，"十二五"期间，江苏科技人才发展也还存在一些问题：其一，人才工作中企业主体地位缺失；其二，科技人才存在结构性失衡现象；其三，科技人才区域差异显著；其四，科技人才重引进，轻培养；其五，缺乏对科技人才的有效激励，人才评价体系不完善；其六，人才流动缺乏弹性；其七，科技人才政策性投入不平衡，出现"四多、四少"现象；其八，生产服务政策不完善等。

鉴于此，我们提出要使人才"十三五"适应创新驱动发展，需要强化政府的创新活动推动功能，发挥市场调节作用，特别是完善科技人才市场配置体系，加快科技人才体制和机制改革。要强化企业在创新中的主体地位，发挥高校、科研院所的创新源头和成果转化作用，形成协同创新系统。健全激励机制，加强知识产权保护。完善现有人才政策，加大人才引进、培养力度，突出创新人才的支撑作用，推进复合型人才引进与培养政策。加强科技人才平台建设。

目　录

第一篇　市场与政府协同研究

第二篇　协同管理路径与机制研究

第三篇 关键协同管理问题研究

第四篇　协同管理案例调查

第五篇　创新驱动发展研究

第一篇

市场与政府协同研究

1 科技创新创业人才挤出效应研究

1.1 政府投资与企业投资的功效

1.1.1 科技人才投资的定义与标准

1.1.1.1 科技人才投资的定义

世界各国的研究都证明，包括教育投资在内的人才投资是发展效益最大的投资。人才投资不仅可以提升人才的知识与技能，还可以改变发展环境，吸引优秀人才，推动技术创新。在知识经济时代，人才投资成为获取国家竞争优势的战略性投入，是决定经济增长的关键力量，是社会可持续发展的根本保证。科学人才观就是建立人才投入效益最大的理念，在加大政府投入的同时，鼓励和引导社会、用人单位以及个人投资人才资源开发，建立起多元化的人才发展投入机制。

美国学者舒尔茨认为，人才投资就是人才培养和使用的投资，是以货币、实物和时间等资源向人进行投入的、能够提高人的素质并增加人的生产效率和收入能力的一切活动。而本书根据科技人才投资的目的，把科技人才投资定义为了达到引进、开发、使用以及管理科技人才的目的，以货币、实物和时间等资源向人进行投入的、能够提高人的素质并增加人的生产效率和收入能力的一切活动。

1.1.1.2 科技人才投资的类型

科技人才投资的形式主要包括正规学校教育投资、在职培训投资、医疗保健投资、就业迁徙和信息搜寻投资等。以下将对科技人才投资的标准和形式进行简要的阐述。

（1）教育投资。当前，经济增长的重要原因已不是土地、劳动力或金融资本存量的增加，而是人力资本的提高。教育和培训的投资是人力资本提升最重要的途径，它可以提高劳动者的技术水平、熟练程度，从而促进经济增长。西方成功的教育投资经验是，教育投资始终处于优先发展的地位，教育投资比重一直保持在较高水平；重视以政府财政为主导的对公共教育的支出；根据社会发展需要，保持各类教育投资均衡发展。

增大投资比重。教育投资是关系到国计民生的大事，足够量的教育投资是经济持续发展的基本保障。"二战"后德国和日本的快速复兴与崛起，其原因也在于对人才教育的大规模投资。教育经费占 GDP 的百分比，是国际公认考核各国教育投入的主要指标，是由国家的能力及国家考虑对教育支出的优先程度来决定的。

打造公共平台。教育服务是一种准公共品，政府加大公共教育投资，可以使教育供给在最大限度上满足社会的需要。同时，也可以减轻教育的私人投资，增加私人消费空间，拉动内需的增长。从表 1-1 来看，7 个工业化发达国家公共教育支出占政府支出的比重平均值在 10% 以上，最高的是美国 2008 年为14.9%，2009 年为 13.8%，2010 年为 12.7%。即使比重较低的意大利和日本，2010 年和 2011 年也在 8.5% 以上。不论是与发达国家还是发展中国家相比，中国公共教育投入均处于较低的水平。

表 1-1 G7 国家公共教育支出总数占政府支出比重   单位:%

国家 \ 年份	2008	2009	2010	2011
日本	10.3	—	9.5	9.7
加拿大	12.1	12.5	12.4	12.2
美国	14.9	13.8	12.7	—
法国	10.5	10.4	10.4	10.2
德国	10.4	10.5	10.6	—
意大利	9.4	9.1	8.9	8.6
英国	13.3	13	13.3	—
G7 均值	11.6	11.6	11.1	10.2

数据来源：世界银行数据库

保持结构均衡。欧美等发达国家人才投资的基本经验是实施国民基础教育的义务教育制度和职业培训均衡发展。职业培训能极大地提高受训者的生产力，发达国家的用人单位，尤其是企业都非常注重职业培训投资，把在职培训看作获取与保持企业竞争力的一项具有战略意义的人力资源活动。

（2）引才投资。经济增长由技术进步所驱动，而技术进步的主要推动力则来自于人才引进与开发。美国"二战"后科技发明创造数量和获得诺贝尔奖的人数高居世界榜首，成为世界科技创新中心和人才高地，其原因就在于长期的人才投资和吸引人才战略。20世纪80年代以来，世界各国将引进人才和开发技能作为人才竞争的主要路径。

推进移民。据统计，全世界科技移民总人数的40%到了美国。自20世纪60年代以来，美国国会多次对《移民法》进行修改，对高科技人员政府采用较为宽松的移民政策，在世界范围内争夺人才。国家每年留出29万个移民名额专门用于从国外引进高科技人才，凡是著名学者、高级人才和具有某种专业技术的人才，不论其国籍、资历和年龄都可以优先考虑入境。这些技术移民多数都任职于跨国公司的研发机构。在集中了美国90%的半导体产业的硅谷，绝大部分技术人员来自中国和印度。而我国政府也积极制定优惠的政策吸引优秀的留学生回到中国，促进优秀的国外人才流入中国。

争夺"青苗"。美国通过设立各种基金、奖励开发和利用高端人才。《富布赖特计划》提供奖学金资助各国学生赴美学习，而他们毕业后大多数会留在美国工作，成为经济发展所需的高端人才。在美国完成硕士学业的欧洲人中有50%长期居留在美国。日本政府也制定了吸引国外优秀人才的相关政策，例如开放研究开发基地，降低入境门槛，支持20所大学建设具有国际品牌的学术科研环境，努力吸引国外优秀人才来日研究项目。

物质保障。对人才进行物质激励，提供优越的生活保障，满足人才职业发展需求等是各国政府吸引和利用高端人才的主要手段。在硅谷的20万工程技术人员中有6万名中国人，企业为这些科技精英提供优厚的物质和生活待遇，创造良好的研究开发的条件和环境。美国有近一千个研发实验室，这是人才引进的另一大载体。此外，1990年以来，美国陆续出台一系列优惠的税收和会计政策对股权激励予以支持和鼓励。在多种因素的共同作用下提供股权激励和分享创业成果也成为美国人才引进的一个主要手段。中国政府也通过建立科技园区对优秀的人才和项目进行孵化，并通过提供初始资金、人才公寓和减免税收等形式激励人才。中国很多地方的企业也通过给优秀员工股份的形式给予员工物质上的保障和激励。

合作引才。通过到别国设立研发机构，就地招聘所在国的专业人才。实现人才未出国门有效竞争策略。微软、IBM、英特尔、惠普公司等都在海外设有总部和研究开发中心。微软中国研究院已经成为微软吸引中国优秀人才的"桥头堡"。中国台湾的工研院电子所被称为"台湾IT产业的黄埔"，是台湾海外人才回流的重要平台和中介。工研院电子所从建立时起，就成为吸引回归华裔工程师和研究人员到台湾产业部门的跳板。数十年来，为台湾IC产业输送了数以千计的人才，成为台湾半导体产业的巨大推动力量。这也是中国政府和企业可以借鉴的一种引进人才、开发人才的方式。

（3）创新投资。熊彼特指出，经济增长不是由外部因素引起的，而是追求利润最大化创新推动的。经济增长是由生产要素和生产条件实现"新组合"引起的。这种新组合意味着旧的生产方法因过时而被抛弃，实现创造性破坏过程。技术创新依赖于人力资本的提高，而技术创新是人力资本规模收益率不下降或者提高的根本原因。

加大研发投资。发达国家人才投资的经验之一就是加大研发投资。研发经费投入在人才投资中的地位和意义在于，它不仅是人才培养投资的主要组成部分，而且是人才开发使用投资的重要组成部分，只有物质基础投入充分，人才使用和发挥作用的平台才能得到保证，人才的知识创新和发明创造才能得以向生产力转化，才能真正实现人才是第一生产力。一个企业乃至一个国家用于研究和开发部门的资源的多少决定着其集体技术创造力的高低，因而要提高经济增长率，必须在研究与开发部门多投入资源以提高知识创造积累率，尤其是加强该部门中人力资本的投入与培养。

从表1-2来看，2008～2012年五年的数据中8个国家的平均水平都在2.1%及以上。最高的是日本，分别是3.47%、3.36%、3.25%和3.39%；其次是美国，在2.7%以上；排第三位的是德国，在2.6%以上。加拿大政府高度重视科技创新在经济社会发展中的重要性，不断加大财政对研发的力度。早在1997年就成立加拿大创新基金会（CFI），每年向大学和科研机构提供近30亿加元的支持，有力地推动了加拿大基础研发设施的改善。

表1-2 研究与开发经费支出占国内生产总值比重　　　　单位:%

年份 国家	2008	2009	2010	2011	2012
中国	1.47	1.7	1.76	1.84	1.98
日本	3.47	3.36	3.25	3.39	—
加拿大	1.92	1.97	1.86	1.79	1.73
美国	2.77	2.82	2.74	2.76	2.79
法国	2.12	2.27	2.24	2.25	2.26
德国	2.69	2.82	2.8	2.89	2.92
意大利	1.21	1.26	1.26	1.25	1.27
英国	1.75	1.82	1.77	1.78	1.72
G8 均值	2.18	2.25	2.21	2.24	2.1

数据来源:《国际统计年鉴》和世界银行数据库

在投资构成中，政府投资和企业投资是一对重要的比例关系，两者在 GDP 中各自所占比重此消彼长，可以从一个侧面反映我国市场化改革进程中政府职能的转换，企业投资的成长状况，以及经济内在的自主增长能力是否增强。我国是发展中大国，工业化的历史任务尚未完成，基础设施和高新技术产业相对落后，地区差异极大，需要政府投资来缓解"瓶颈"制约，也需要对欠发达地区加大政府投资力度，带动地区协调发展。

从图 1-1 可以看出，不管是政府还是企业，它们对研发经费的支出从 2003 ~ 2012 年以来都是逐年增长的，但是很明显，政府资金投入的增长幅度较平缓，但是企业资金的投入却是极速增长的。更为重要的是，政府资金占 R&D 经费内部支出的比重由 2003 年的 29.9% 降到 2012 年的 21.6%，是处于缓慢下降的趋势的，相比而言，企业资金占 R&D 经费内部支出的比重始终处于增长的状态。2003 年企业资金占 R&D 经费内部支出的比重为 60.1%，在缓慢增长下，2012 年达到了 74%。足以可见，改革开放以后，企业投资真正迎来了大发展的机遇，随着经济体制改革和对外开放的不断深入，企业投资取得了飞速的发展。分析也表明，企业对 R&D 发展的投资正在加速启动，规模逐年扩大，在研发经费投资中所占的份额已超过政府的投资，对 R&D 投资的贡献逐步提高，投资的自主增长能力逐步增强。

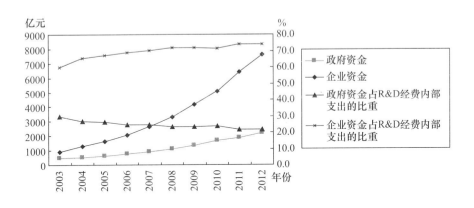

图 1-1　研发经费内部来源

发展创业教育。20 世纪八九十年代以来，创新教育已经成为美国大学教学的重要组成部分，创业型大学也大量涌现。创业学成为美国商学院和工程学院中发展最快的学科，创业教育在美国已形成一个相当完备的体系，涵盖了从初中、高中、大学本科直到研究生的正规教育。美国已有 1600 多所高等院校开设了创业学课程。美国斯坦福大学、麻省理工学院的创新创业教育在全球名列前茅。斯坦福创业网络为有创业相关需求的人提供了一个"一站式"的"全斯坦福创业"链接，促进各组织间的交流与合作，在斯坦福内外促进跨学科的创业教育和研究，整合斯坦福的创业相关资源，形成了创新创业教育与大学创业的全大学范式。据统计，从斯坦福大学到硅谷 25 千米范围内，聚集着 5000 家左右的企业。任何人只要有能力、有抱负，都可以在硅谷施展才华，白手起家，发展自己的企业；任何有前途的发明专利、技术项目，都可以在硅谷尽快投产直至产业化。而现在中国的很多高校也积极创立"创业学院"，越来越重视对创业的教育；也积极建立创业科技园，鼓励高校老师和技术人才积极加入到创业的队伍中来，所以发展创业教育是未来科技人才投资的一个重要方向。

1.1.2 政府对科技人才投资的功效

当今社会，科技人才的投资问题成为研究科技人才的主要方向。虽然政府之手对科技人才的开发与管理有着积极的作用，但随着时代的发展，我们越来越需要重新审视政府在科技人才投资过程中的干预作用。科技人才的投资主体有三个，包括政府、企业、市民。因为政府在对科技人才的投资上具有主导作用，研究其投资的主要状况可以得出科技人才投资宏观层面的方向，解决了这些问题对国家经济增长有一定的促进作用。教育培训投资、医疗保健投资、研究开发投资是被普遍接受和关注的人力资本投资的范畴。OECD（2006）在《中国公共支出的挑战》报告中指出："中国的公共支出结构至少有三个方面与其发展需要和目标不匹配，即用于教育、科学研究和医疗卫生的公共支出比例仍然低于国际标准。"而教育、研发和医疗等方面的公共支出正是政府人力资本投资的核心组成部分。大量研究证明，人力资本是推动经济发展和社会进步的主导要素，特别是科技人才的投资。因此，要加快人力资本的形成，最大限度地激发中国未来发展的动力源泉，而推进中国由人口大国向人力资本强国转变，需要政府以极大的魄力转变观念，加大人力资本投资力度。

人力资本投资对经济社会发展和个体生活幸福具有重大意义。国内外相关研究显示，人力资本投资具有比物质资本投资更高的收益率（包括个人收益率和社会收益率），具有很强的正外部性。例如，Schultz（1964）通过大量的统计数据得出结论，1929～1956 年美国国民收入增长的 21%～40% 应归功于为增加人力资本存量而进行的教育投资。尤其对发展中国家而言，加大人力资本投资力度是推动经济社会跨越式发展和快速赶超发达国家的必由之路。因此，人力资本优先投资是一个具有国家战略意义的重大命题。

主流经济学理论认为，企业和家庭等私人部门的人力资本投资存在严重的市场失灵，从而导致投资不足，此时政府人力资本投资对人力资本形成进而对经济社会发展至关重要。市场失灵的原因在于人力资本投资具有极大的正外部性，即对人的投资除了给投资者本人带来回报以外，给投资者之外的人也带来了收益。此时社会边际收益大于私人边际收益，在完全市场条件下，理性经济人的最优投资需求是私人边际收益等于私人边际成本。从社会角度看，这将意味着边际收益大于边际成本，此时需要政府出面采取措施增加投资，矫正资源配置无效率，实现帕累托最优。从制度经济学产权理论的视角看，外部性的产生是由交易费用高昂导致经济主体之间产权不清晰导致的。由于外部性的存在，市场机制难以有效发挥优化资源配置的作用，无法实现帕累托最优。

政府作为人力资本投资的重要主体所实施的积极的公共政策和公共支出是矫正人力资本投资领域市场失灵的关键。涉及人力资本投资的公共政策选择主要有三种方式：一是大幅增加相关的政府直接公共支出。典型的政策如义务教育制度、公共文化体育设施免费开放、传染病防治等免费公共医疗服务。二是通过财政税收等政策刺激私人部门投资。如对企业研究开发和员工培训费用给予政府补贴或抵扣税收等政策。三是通过政策法规明确产权来解决外部性问题，如加强知识产权保护等。总之，政府是维护人力资本投资良性发展，进而推动经济社会持续进步的重要保障。

政府对人力资本投资的动机主要表现在以下三个方面：①实现人力资本形成中的机会均等。②满足社会的"公共需要"。如全社会政治、道德素质及文化水平的提高，整体经济持续增长等，政府追求的目标都是其对人力资本投资的主要动机。③弥补和调节个人、企业在人力资本投资中的不足。综上所述，本书主要聚焦于教育、科学研究和医疗卫生这三个领域，来分析我国政府人力资本投资存在的主要问题。

1.1.2.1　政府科技人才投资的现实困境

就全国整体来看，政府 1999 年对科技拨款为 543.9 亿元，之后每年都有增长，2012 年国家科技拨款为 5600.1 亿元，从 1999 年到 2012 年财政拨款的数额是处于直线上升的趋势的。但是国家科技拨款占国家公共财政支出比重的上升趋势却不明显，甚至在 2011 年还下降了，故得出虽然国家财政科技拨款投入呈不断增长态势，其投入的增长比重却不显著，如图 1 - 2 所示。

（1）观念滞后。长期以来，我国经济增长过于依赖物质资本投资，在三驾马车中其对 GDP 的贡献一直独领风骚。在以 GDP 为核心导向的考核体制下，各级政府非常关注以固定资产投资来推动经济快速增长，将投资完全等同于以固定资产投资为核心的实物资本投资。人力资本投资通常流于学者讨论和文字表述，难以在政府投资实践中普遍应用；教育、医疗、研发等方面的公共支出被视为应尽量控制的不能带来 GDP 收益的成本。而金融危机爆发后的几年里，物质资本投资尤其是政府投资更是独撑大局，比较典型的是两年 4 万亿元投资中绝大部分是"铁公基"等物质资本投资，而用于教育培训、医疗卫生、研究开发、社会保障等的投资非常有限。

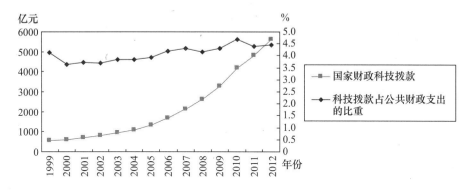

图 1-2　国家科技拨款现状

数据来源：《中国科技统计年鉴（2013）》

　　在过去的十年间，我国政府在宏观层面已认识到大力支持教育、科研和卫生事业发展的重要性，但在实际工作中投入资金时又倾向于能够实现短期收益的固定资产投资。人力资本投资是一个国家创新和发展的源泉，是实现社会经济跨越式发展、赶超世界先进国家最有效的途径，无论是发达国家还是努力赶超先进的发展中国家，实际上都将教育和科研投资置于优先发展的战略地位。我国医疗卫生事业几经改革却屡遭诟病，看病难、看病贵问题至今未得到有效解决，政府在医疗卫生领域一度定位不清，角色混乱，无法保证投入的规模和效率。而在研发方面，国家虽然高度重视 R&D 战略意义，但在 R&D 支出的一些重要指标上与发达国家尚存在明显差距，甚至低于一些发展中国家的水平。总体来看，由于一些体制机制导向的问题，我国政府对教育、医疗、研发等领域的投资存在"文件中很重视、实践中靠后站"的困境。

　　而地方政府各自为政，难以形成统一协调的人力资本政策制度市场，妨碍人力资本跨区域的流动，如各地的养老保险、医疗保险政策等与户籍挂钩，跨省就难以报销。地方政府之间的竞争和地方保护主义，加之各地资源禀赋、基础设施和发展水平不一，不少地方政府采取人力资源保护政策，加强对人力资源市场封锁和保护性干预，设置各种门槛，使人力资源市场的地区分割更加严重。由此造成了政府的科技人才投资的问题越来越多。

（2）总量不足。改革开放以来，我国教育总支出和财政性教育支出（公共教育支出）呈逐年增长趋势，但两者占 GDP 的比重一直徘徊不前，始终低于世界平均水平，与发达国家相比差距很大。1978～2012 年，我国教育经费总投入占 GDP 的比重增长非常缓慢，直到 2001 年才突破 4%，我国财政性教育经费占 GDP 的比重增长更为平缓，甚至有所下降，直到 2007 年才突破 3%，如图 1－3 所示。一方面，我国公共教育支出占 GDP 的比重偏低，与美国、法国等发达国家差距很大，甚至与印度、巴西、俄罗斯以及世界平均水平都有较大的差距（韩树杰，2010）。另一方面，与发达国家总体水平相比，我国公共教育支出占教育总支出的比重仍然偏低。2009 年，OECD 国家公共教育支出占教育总支出比重的平均水平为 84%，欧盟 21 国平均水平达到 89.5%（OECD，2012），而我国只有74.1%，如图 1－3 所示。

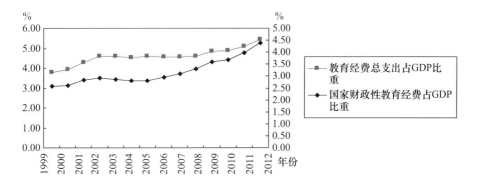

图 1－3 1999～2012 年公共教育支出比重状况

数据来源：《中国统计年鉴（2013）》

1999～2012 年，我国卫生总费用占 GDP 的比重呈现缓慢增长趋势，而政府卫生支出占卫生总费用的比重起伏很大，最大差距达 20 多个百分点，可见政府部门尚未形成一以贯之的指导思想和增长机制。国际比较可见，2008 年，我国政府卫生支出占政府总支出的 10.3%，而美国、英国、日本、德国、法国、加拿大、澳大利亚等国均在 15% 以上。而人均政府卫生支出，中国与主要发达国家的差距达 40～50 倍。

社会保险参保人数不一致。2012 年城镇职工基本养老保险的人员为 30426.8 万人，参加职工失业保险人数为 15224.7 万人，参加城镇职工基本医疗保险人数为 19861.3 万人，参加职工工伤保险的人数为 19010.1 万人，参加职工生育保险的人数为 15428.7 万人。而 2012 年人口总数为 135404 万人，就业人员合计76704 万人。相比而言，还是有很大一部分人员没有参加到社会保障体系中，没有享受到国民应该享有的福利待遇。而且社会保险的 5 个基本险种的参保人数不一致，也就是说，即使是参加了社会保险的人员也不一定都参加了 5 项社会基本保险。

（3）结构失衡。以研发为例，国际比较研究发现，我国 R&D 研究人员人均经费投入与发达国家相比差距很大，甚至还不到发展中国家的平均水平，R&D 人员劳务费也处于很低水平；来源于政府的 R&D 经费支出明显低于发达国家平均水平（韩树杰，2008）。长期以来，基础研究始终是我国 R&D 支出的薄弱环节，主要发达国家 R&D 支出中基础研究所占比重都在我国的两倍以上（见图 1-4）。基础研究虽不能带来即时的经济利益，但从长期来看却是一个国家和民族持续创新发展、提升竞争实力的核心动力。

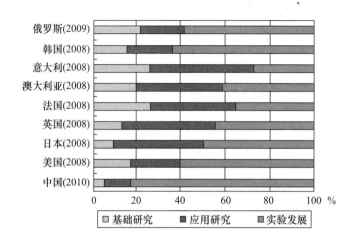

图 1-4　R&D 经费支出按活动类型分

资料来源：根据《中国科技统计年鉴 2011》数据制图

以教育为例，教师与学生比例不协调。教师是人类灵魂的建筑师，也是教育事业发展的关键，要想提高教学质量必须从教师抓起。党中央、国务院也很重视教师队伍的建设。政府采取一系列的政策措施，也在大力推进教师队伍建设，并取得显著成效。但是随着人口的增长、学生队伍的壮大，各级学校教师负担增加。教师与学生的比例不协调，影响人力资本的积累，使学生在积累知识的过程中隐性地散失了本该积累的知识技能。因为本书研究的是科技人才，下面从普通高等学校的师生比例分析存在的问题。2011 年普通高等学校每名教师负担学生数为 16.3 人，与 10 年前的 16.2 人变化不大，只在 2006 年普通高校每一教师负担的学生数 14.7 人，为近 10 年来最低值。也就是说，高等学校师生比例近 10 年来基本上维持在 1：16 左右，较 20 年前教师负担增加了一倍，较 30 年前这个负担增加了四倍。从社会反应上来看，扩招弊端、"一个茶壶能倒几杯水"等问题不断被提出，与20年前高校毕业生相比，当今高校毕业生凝聚在学生自身上的人力资本存量低（包括知识量、动手能力、社会适应能力等），高学历教育边际收益减少。这说明高校教师的增加量不能满足学生的增加需求，当前的师生比例是不合理的，高校教师负担过重是迫在眉睫的问题。

近年来，虽然我国教育投资在国民经济中占比有所提高，但是对人力资本的认识不够全面，认识不到人力资本的高收益率和高回报率，更热衷于短期效益投资，人力资本利用效率低，阻碍了人力资本的发展。通过对政府人力资本投资现状的分析，得出政府在对教育进行财政支出的情况。纵向来看，也就是从支出总量的角度分析，财政性教育经费投入呈不断增长态势，但是其占投入的增长比重却呈现平稳甚至缓冲下降趋势。随着人口的不断增多，逐渐减少的资金投入的增长比率对整个教育发展和人力资本存量积累是有一定影响的。

1.1.2.2　政府科技人才投资的积极作用

政府在人力资本投资中的多重角色：

（1）角色一：人力资本的直接投资者。在信息时代，教育培训的投入是各国政府财政支出的重要组成部分。人力资本投资成为政府承担的一项重要职能，主要是因为人力资本投资行为具有公共物品的特性：①人力资本投资成本高、周期长、收益不确定、投资风险高，需要政府投资来减少不确定性，降低个人和企业的投资成本。②人力资本投资有很强的外在性，即人力资本投资除了给投资客体带来收益之外，还可以通过受教育培训者来推动整个社会的经济、文化、科技、道德观念、思想意识等方面的进步，即人力资本是一人投资、社会受益。③人力资本投资收益递增，即随着知识技能存量的增加，带来生产方法的重大变革和生产能力的成倍增长，这从根本上决定了人力资本积累或知识进步成为经济增长和发展的强大推动力。

以上内容表明，一方面，人力资本投资收益的社会性表明政府人力资本投资是社会公平的必要保证，需要社会作为最大的受益方承担一定量的投资成本才能形成合理的成本收益机制。另一方面，由于人力资本投资的风险性及收益外在性，使个人和企业的投资行为与公共需求之间常常存在很大差距，不存在政府投资时，人们对人力资本投资的数量达不到社会所需的最佳状态。因此，各国政府通过担任直接投资者的角色，发挥政府在人力资本形成中的基础性作用，一方面，如同政府投资于其他基础设施一样，政府应投资于医疗卫生、基础教育、建设国立大学和科研院所，进行高风险的尖端技术科研，创造整个社会人力资本投资的基础条件，弥补个人和企业人力资本投资的不足；另一方面，为社会弱势群体提供受教育保障，增加对落后地区的教育培训投入，确保公民机会均等，维护社会公平。如为少数民族、贫困学生提供教育补助、助学担保贷款，在对人力资本终身的持续投资中公平考虑低知识、低技能的人，实现政府的政治使命。

（2）角色二：人力资本投资的规划者和引导者。政府作为人力资本投资的规划者和引导者，不仅有其必要性，还有其可能性，主要基于政府在这方面的两大优势：一是信息优势，政府在信息的获取、占有、处理方面具有规模经济的优势。在宏观信息的定期披露和微观信息的鉴定甄别方面，政府有着得天独厚的优势，能起到不可替代的作用。二是政府作为公共事务的管理者，拥有政策引导的优势，政府能根据自己制定的社会经济发展规划、产业发展政策，确定和引导投资主体的投资方向。

政府必须承担人力资本投资的规划者和引导者的角色，在以下三个方面发挥作用：

第一，根据社会经济发展的阶段要求和经济结构调整的需要，进行教育结构调整，制定人力资本投资规划。

第二，预测未来产业发展及所需知识与技能，预测未来人才市场的供需状况及发展趋势，定期发布宏观信息，引导个人和企业的人力资本投资方向。

第三，通过加强信息基础设施建设，扶持人力资本投资服务产业的发展，降低社会获取、使用信息的成本，提高政府自身、企业、个人利用信息的能力。

（3）角色三：社会人力资本投资的促进者。政府的作用应集中在政策制定后，通过提高政策质量和发挥政策的杠杆作用，促进个人和企业的人力资本投资，实现政府的人力资本投资目标。可供选择的政策工具有：

第一，从检讨税收制度入手，通过减税和免税激励，更好地刺激个人和企业投资于人力资本的积极性，这主要通过改革公司会计制度入手。

第二，通过分配方式的创新来鼓励社会人力资本的投资，如技术入股、管理者和科技人员的股票期权制等。

第三，建立完善的人才奖励制度。从政府层面上看，主要有美国国家科学奖、国家技术奖、发明者大奖等，这些都会极大鼓励社会投资人力资本的积极性。

（4）角色四：人力资本市场的培育者和维护者。政府作为人力资本市场的培育者和维护者，其作用主要体现在以下三方面：

第一，培育和完善人力资本市场，确立人力资本产权结构、人力资本投资的成本收益机制、劳动力价格机制，以及建立人力资本流动和劳动关系确立、变化、调整的场所、机制和制度，使市场机制能正常发挥作用。

第二，规范人力资本市场秩序，使市场保持良性运行。主要通过立法形式和监察执行来规范政府行为和市场行为，以法的形式调节人力资本投资行为，保护契约关系和劳动关系，维护合理的市场竞争，创造良好的投资市场环境，调动企业和个人的投资积极性。

第三，维护市场主体的权利，保证市场主体的投资行为得到的相应收益，如建立和完善知识产权保护的法律体制，加强执法力度。

1.1.3　企业对科技人才的投资

1.1.3.1　企业对科技人才投资的策略

（1）创造良好的科技人才管理环境。科技人才的系统管理，首先是为科技人才的创新活动创造一个良好的环境。良好的工作环境系统便于科技人才集中精力搞科研。同时，企业内部融洽、和谐与合作的氛围使其能相互鼓励，发挥更大的创造力。良好的工作环境还能使科技人才产生一种重大的责任感，从而努力工作，为企业尽力。工作环境保证，主要包括两个方面：硬环境和软环境。

硬环境是指工作的物质条件。巧妇难为无米之炊，科技人才要发挥作用，必须依赖相应的物质条件。特别是由于现代科技的发展使得科技竞争日趋激烈，要取得先进的科技成果，物质条件的保证如相应的经费投入、设施配备和强大的信息、后勤服务支持，是必不可缺的基本条件。这一点我们要学习美国，美国为科技人才提供比较充足的科研资金、完备的科研条件、先进的仪器设备、丰富的图书资源以及现代化的通信网络系统，这对许多有事业心的科技人员具有强大的吸引力。如微软的大学化的相对独立的工作环境，那里没有高楼大厦，30多座建筑都建得比较低。公司的年轻职工们骑着单车上班，一直可以骑到走廊里。总部的每一位科技人才都有一间自己相对封闭的办公室，在那里，无论是开发人员、市场人员还是管理人员都可以保持个人的独立性。

软环境包括科技创新文化、人际关系、组织制度建设等要素，最重要的是有一个有利于创新的良好的心理氛围，使科技人员生活在一个和谐宽松的社会环境中专心搞科研，最大限度地发挥他们的聪明才智。

创造软环境首先要培养和造就一种具有融洽性、包容性和团队性的柔性企业文化。同时宣传优秀人才的功绩和成果，在企业范围内形成尊重知识、尊重人才的浓郁气氛，打造一种你追我赶、相互学习和仿效的人才群体环境。较之一般员工，企业科技人才视野开阔，创新意识强，往往在工作中别出心裁，在理论探索上观点新颖，见解独特。即便观点有时最后证明是错误的，企业也要给予大力支持，不能对他们漠然视之，伤害他们的自尊心。因此，企业文化应该具有鼓励创新、允许差别和失败、敢于负责的特征。只有在这样的文化环境中，企业的科技人才才能放开手脚开拓工作，才能使他们的潜力得到最大限度的发挥。其次要建立和谐的人际关系。良好的人际关系不仅能满足人的交往需要，而且还会让人心情愉快、行动积极，减轻生活和工作压力。

（2）制定科技人才战略规划。科技人才管理的核心是科技人才战略。由于人力资源管理面临的挑战和人力资源管理重点的转移，战略型人力资源管理应运而生。战略型人力资源管理不同于传统的行政事务型人力资源管理，它的所有工作和活动都是围绕着组织战略目标展开的。人力资源管理正在日益成为与企业中各个层面的管理人员（包括各级直线经理乃至 CEO）息息相关的事，而不再只是人力资源部门的事；人力资源部门也逐渐在企业战略的决策过程中发挥作用。

战略型人力资源管理将人力资源管理作为一个长期性的系统工程来考虑，从员工的招聘、筛选、录用到离开企业的各个环节，都重视相互的衔接与配套。战略型人力资源管理的重心，从原来重视人力资源的可用性转向了强调人力资源的发展性，于是建立以核心能力为中心的人力资源管理体系成为一种趋势。同时，职业生涯设计和继任者计划也成了企业留住核心人才的重要管理工具。

如上所述，科技人才是企业人力资源的重要组成部分，科技人才管理当然属于战略型人力资源管理。因此，必须科学地制定科技人才战略规划，以对科技人才进行系统管理。科技人才战略规划是联系企业整体战略规划和科技人才管理的纽带，它既可以帮助企业适应内外环境的变化，还可以为科技人员的最优使用和开发提供良好的基础。企业应灵活运用经验预测、数学模型、专家讨论等方法，做好职务编制、人才配置计划、人才需求计划、人才供给计划、人才培训计划、人才投资预算等科技人才规划工作，做好企业的科技人才保障，使企业和科技人才得到长期的利益。具体来说，科技人才规划由四个步骤组成：①根据企业发展战略，预测将对哪些科技部门造成影响；②确定为实现企业和科技部门目标所需要的技能、知识和科技人才总数；③根据目前的科技人才状况，确定追加的（净）科技人才需求；④根据人才需求缺口，制定科技人才引进和开发规划。

（3）打通多元化融资渠道。科技投入的多寡是科技进步和高新技术产业化的前提条件。为了保证企业有充足、可靠的科技经费来源，树立科技投入是生产性、战略性投入的意识，形成政府投入引导、企业投入主导、银行贷款支持、社会投入补充的科技投入机制是十分迫切和必要的。同时，通过政府宏观调控和政策引导，鼓励企业不断提高科技开发费用在企业销售收入中所占的比例；利用股权出让、资产重组、吸引外资、股票上市等多种形式，吸引社会资本增加对科技开发的投入；加快建立高科技风险投资基金，对高科技成果转化提供贴息贷款、股权投资和融资担保，吸引金融机构增加科技贷款和技改贷款，从而聚集和利用各方面资金扩大科技投入，加快高新技术产业的发展和传统产业的升级。在打通多元化融资渠道的过程中，尤其值得一提的是风险投资基金的加入。美国硅谷的经验表明，风险投资是科技项目发展的孵化器，是促进科技产业发展的助推器，是知识经济蓬勃发展的催化剂。美国有 4200 多家风险投资公司，为 102 万家高科技企业提供风险资本，风险投资推动了科技进步，催生了"经济奇迹"。每一项高新技术的诞生都是智慧与资金的结合，而风险投资就是风险投资者把资金投向具有极大发展潜力和良好市场前景却蕴藏着极大风险的高新技术企业，促进科技成果的商品化和产业化。我国正处于经济稳步增长阶段，高新技术是刺激经济发展的强心针，但我国高科技投入的力度与发达国家相比还有很大的距离，风险投资基金恰能为中国高科技发展添砖加瓦。因此完善和规范我国的风险投资体系和机制，加快风险投资行业的发展，对于加大科技投入，促进企业科技创新具有重要意义。

（4）确保科技人才医疗保健、在职培训方面的费用。医疗保健活动主要是为了维持和恢复人力资源的劳动能力，它既有数量的含义又有质量的含义。这方面的投资包括两部分：日常的卫生保健投资和劳动保护投资。前者主要是通过对患者的医治以及对健康者的预防措施，来减轻或消除各种疾病对人体的侵害，维持人体健康，维护人的劳动能力，其产生的直接效益是人预期寿命的延长，相应地从事社会生产的期限也就延长。用于劳动保护方面的费用投资，则主要是防止劳动过程中的各种损害，包括劳动环境中存在的机械、物理、化学、生物等因素以及由于劳动本身造成的某些损害。通过投资改进生产设备，增加防护措施，从而加强对人力资源的保护。因此，从广义上讲，凡是用于影响人力资源的寿命、力量、耐久力、精力等的费用，都可以认为是对医疗保健的投资。

此外，当今时代，产品技术更新和升级换代的速度大大加快，市场需求日新月异。企业为了在市场竞争中不被淘汰，必须适应环境的变化，这就需要让员工及时掌握新产品的生产制造、使用维护等方面的知识，并不断提高员工的业务技能。在在职培训的费用方面，经济学家普遍认为，在职培训是科技人才投资的主要形式之一。一个国家、一个企业对在职培训投入的多少，将直接关系其生产力发展的速度和水平。据国外测算，一个大学毕业生所学知识仅占其需要的职业技能知识的 1/10 左右，大量的知识技能是靠走上工作岗位后的"再充电"完成的。

1.1.3.2　企业对科技人才投资存在的问题

（1）企业科技投入资金筹措困难，融资渠道亟待进一步拓展和完善。虽然我国企业科研活动筹集资金的途径较之过去更加多元化，已由财政拨款的单一渠道向包括财政拨款、银行借款、发行债券、发行股票以及风险投资等在内的多种渠道并存的方向发展，但仍存在渠道不畅、融资困难和投资成本的流动性制约等问题。

财政资金投入严重不足。高新技术对整个社会而言有显著的外部正效应，有利于社会进步和社会公益事业的发展，是实现政府科技发展目标的重要工具，政府有必要也有义务和责任拿出一部分钱来支持其发展。长期以来，我国政府的财政拨款一直是企业科技投入的主要来源。特别是"十五"以来，国家财政对科技投入的力度逐年加大，1999年国家财政科技拨款达到1460.6亿元，年均增长12.5%。2012年国家财政科技拨款额达10298.4亿元，比上年增加18.5%。同时，地方财政科技拨款快速增长，在财政科技拨款中所占的份额不断加大。然而，和发达国家相比，我国财政比较困难，科技拨款仍然不足，企业从国家获得的科技经费极为有限。同时，企业的科研活动往往具有高收益和高风险并存的特点。此外，科技经费依靠财政拨款，不仅会延误资金到位的时间，而且还可能出现经费被截留或挪用的情况，不利于项目的如期实施。

企业科技创新对商业银行等债权人吸引力不大，借款或发债筹资比较困难。相对于企业的所有者来说，债权人关注投资可借款的安全性甚于其收益性。但是企业的科技创新活动存在较高风险，而且对于大多数的高科技企业来说，这些风险目前仍主要由企业外界投资者承担，故此，企业的科技创新活动对债权人吸引力不大。企业通过借款或发行债券的方式筹集所需资金比较困难。

（2）企业科技创新活动起点较低，投入意识不强。经济发达国家的科技投入经费绝大部分来源于企业，企业是这些国家研发活动最主要的资金支持者。相对于发达国家来说，我国企业还没有把科技投入和科技进步提到企业的议事日程上来，对企业的可持续发展及进入国际市场中依靠科技力量的认识不足，缺乏科技投入的意识。目前，我国只有部分企业能够有意识地进行科研和技术创新活动，这些企业一般效益较好、实力较强；还有一些企业在思想上已意识到科技和创新的必要性，只是受客观因素如资金、人员等制约无法进行创新；但多数企业对科技认识不足，科技创新活动不自觉，仅靠生产传统产品获取微薄利润。虽然想跟科技挂钩的企业很多，但实实在在投资、认认真真研发的企业微乎其微。很多企业不愿意把钱花在看不见效益的地方，对不能立竿见影地获得收益的科技活动缺乏耐心，赚取利润成为其决定资金投入主要考虑的因素。

科技认识不足、科研投入不足直接导致企业技术创新基础条件薄弱。有资料表明我国大中型工业企业中，没有技术开发机构的企业仅占25%，大部分的企业技术创新活动仍处于一种松散状态，这势必制约企业技术创新的开展。此外，一些研发机构的研究开发能力不强，技术创新力度不够，没有真正成为推动企业技术进步的"发动机"。同时一些高新技术企业在卖方市场遍地黄金的诱惑下，抱着"皇帝女儿不愁嫁"的侥幸心理，放弃了自己核心技术的进一步创新，只有当过剩经济来临时，才会将目光投向研发，希望取得新成果，但这种期望是不现实的。新产品从研制到生产是一个系统工程，它的成功既取决于它本身的科技含量及其市场的竞争力，又取决于一系列的配套技术与资源。因此提高认识，增加经费，用发展的眼光看待企业科技投入是我国企业在未来市场竞争中获胜的关键因素之一。

（3）用人机制不健全。我国的中小企业在科技人才管理上往往存在着很大的误区。一方面，企业往往视科技人才为人力成本，当企业处在高速发展阶段时，对人才的需求较强，人力就是企业获取利益的工具；但当企业遇到困难，甚至多项业务陷于停顿时，人才就成为企业的负担。另一方面，中小企业由于自身财力有限，较少考虑到应给予员工其他的激励，如职务的提升、富有挑战性的工作等。因而大多中小企业不愿意在人才上进行投资以使其开发增值，至于职业生涯设计就更无从谈起，致使企业内的人才往往觉得前途渺茫，动力不足，最终选择离开，同时企业对外部人才的吸引力也会不足。

中小企业与大企业相比，占有资源相对较少，规模较小，实力较弱。有很多中小企业甚至没有专门的人力资源部门来负责人力资源管理工作。当然这是出于运营成本的考虑，人力资源工作没有归于战略内容，对人才需求没有一个整体规划，在人才培育方面，大多是企业掌门人凭借自身的经验，很难达到系统性。

从人才的招聘来说，近年来，人才市场上出现了招聘条件不断攀升的现象。用人单位竞相提高招聘人员的学历标准，不少单位招聘人员的最低标准定在大学本科，即便是从事杂务也一律要求大学毕业。人才市场上形成了"博硕多多益善，本科等等再看，大专看都不看，中专靠边站"的畸形现象。人才高消费，表面上看是用人单位"爱才"、"揽才"的表现，实质上是不讲用人之道。用人最基本的原则是"适才"，使用合适的人才，否则不仅浪费高额的用人费用，也无法体现人才的价值，导致人才流失。

从人才的使用来说，中小企业在岗位安排时没有充分考虑到人才的知识、技能特长，没有考虑员工的职业兴趣和爱好，人与岗不匹配使人才的才能未能充分发挥。人才在不感兴趣、不擅长的岗位上感到单调无聊，不能发挥自己所长，没有成就感，自我价值无法体现。出现这种情况后，未建立有效的沟通机制，对员工在工作中的不满情绪不能及时进行疏导，长期的不满和误会会使员工丧失工作动力。这些原因导致企业核心员工尤其是高管人员频频"跳槽"。

从人才的发展来说，未能建立针对核心员工的长期职业发展规划，不能使员工的职业规划与企业的发展规划同步。随着知识经济的到来，人才越来越重视自身能力的提高和自身价值的提升。不少企业只愿意用人，不愿意花时间、金钱、精力来培养人，没有系统有针对性的培训体系，使人才逐渐感到"江郎才尽"，对自己的职业未来感到了担忧，若要很好处理面临的威胁，达到自己职业发展目标，就必然会离开企业。

从人才的退出来说，企业只有人才引入机制，未能建立人才退出机制，即企业缺乏一套完整的人才离职程序的管理。企业对掌握核心技术和信息的人才，未通过法律手段建立离职技术信息保密，使得人才无所约束地从企业流失，同时信息和技术也流失了。

（4）高层次科技人才缺乏，科技人才整体创新能力不强。我国企业科技人才数量不少，占科技人才总量的比例也并不低，但很多企业普遍缺乏高层次复合型人才和一流的创新团队，企业的学科带头人和行业拔尖技术人才仍相当短缺，一些关键技术的开发人才也很短缺，缺乏处于国际前沿且能参与国际竞争的战略科学家、首席科学家，具有世界水平和世界影响力的科技领军人才尚不多，尤其是战略性新兴产业的高端科技人才数量明显不足。

囿于企业研发条件和企业科技人才自身素质的限制，企业科技人才的发明创造及技术革新水平相对低下。另外，从实践效果看，很多企业的核心技术和零部件仍需要靠外部进口，这使得很多产品的高附加值部分被外国企业拿走。企业科技人才创新和研发能力不强，是企业核心竞争力不强的重要原因。

（5）人才流失现象严重。人才流失严重影响了中小企业的安全，人才流失对中小企业无疑是个危机。《中国青年报》的一项问卷调查显示，人才流失已取代融资困难、配套服务跟不上等问题而成为制约我国中小企业发展的"瓶颈"。

由于我国的中小企业在管理制度、保障制度以及激励机制等诸多方面不健全，加上其地位、环境、条件和实力在竞争中均处于弱势地位，人才在企业中难以发挥自己的全部才能，因而，人才流失现象相当严重。据有关资料显示，我国中小企业的人才流失率已经达到了相当高的程度，一是流失率过高，如有的企业高达59%，远高于大型企业人才流失率的21%；二是流失人员中有较大比例是中基层管理人员和专业技术人员，这些人具有专长和管理经验，是企业的中坚力量，他们大部分流入了外企或合资企业。人才高比例的流失，不仅带走了商业与技术秘密，带走了企业的客户，使企业蒙受直接的经济损失，而且增加了企业人才的重置成本，影响了工作的连续性以及工作质量，也影响了在职员工的稳定性和忠诚度。企业大量的人才流失带来的严重后果，如不加以有效控制，最终将影响到企业持续发展的潜力和竞争力，甚至可以使企业走向衰亡。

中小企业占我国企业的大多数，能否留住人才，建设一支稳定的、高素质的、可持续发展的人才队伍是中小企业成功的关键，也关系到社会经济的稳定和发展。而我国中小企业对人才流失的危机意识不强，对于危机处理缺乏经验，面对人才流失显得束手无策。

（6）企业科技人才资本呈现弱化趋势：科技人才投资效益不高。首先，企业科技人才投资行为是一种经济行为，投资力度的大小是由最终的投资收益率决定的，而影响企业科技人才资本投资收益率的主要因素有投资回收期、科技人才资本利用率、激励机制和经营机制。企业在对某位员工进行投资时，雇佣前期是净现金流出，之后逐渐转为净现金流入，所以接受科技人才资本投资的员工工作时间越长，投资的收益率越高。但由于企业人才流失严重，实际的投资回收期太短，科技人才投资收益往往不足以弥补投资成本。其次，企业科技人才资本利用率低，高技术含量的人力资源在企业中未能创造出应有的效益。由于企业内部缺乏有效的竞争机制和激励机制，科技人才的开发和管理工作不能有效地开展，从而形成了劳动者劳动行为不规范、劳动效率低下的不合理现象，使得现有的人力资本存量得不到充分、合理的配置和使用，同时企业又不能及时地从外部引进所需人才，造成了人力资本严重短缺与浪费并存的现象。从而导致人力资本投资也不能取得应有的收益，阻碍了企业自身投资机制的良性运行。

（7）企业科技人才资本投资中存在"市场失灵"。科技人才投资的收益通常具有不确定性。贝克尔（1987）指出，人力资本投资的目的在于获得投资收益，人们要不要进行人力资本投资和投资量多少的决定因素是这种投资的收益率，人力资本投资的均衡条件为：人力资本投资边际成本的当前价值等于未来收益的当前价值。通常在投资之前及开始投资的初期，投资者预期在投资结束时可以得到丰厚的收益，但是在实际投资结束或投资过程中，由于产业结构变化、技术更新速度加快或者劳动力过剩等原因往往导致预期结果落空。另外，通过培训或学习等渠道进行投资，不经过亲身实践往往无法确认其结果是否有效，而个体的学习能力千差万别，无法正确认识自身能力也经常导致投资失败。除此之外，还存在着由于投资周期较长或者错过了最佳投资年龄而无法回收付出的时间成本等风险。因此，个人进行人力资本投资面临着诸多风险，常常导致投资收益水平偏低。

虽然个人和企业可以采取一定的方法来降低投资收益不确定带来的风险，但是科技人才投资的巨大风险往往会降低个人和企业的投资水平。为了应对人力资本投资收益的不确定性，政府要提供相应的公共政策，帮助个人及企业降低投资成本和分散投资风险。例如，税收政策可以作为从社会整体的角度分散人力资本投资收益风险的有效手段，以达到刺激人力资本投资的目的。对个人和企业用于学习及培训的投资性支出实施减免税的优惠政策，可以降低投资成本，能够对人力资本投资产生正向的刺激作用；对投资收益进行征税，则能够降低投资者对税后收益的预期，有减少税后收益的分散作用，能够降低劳动者参与程度和个人投资所面临的风险。

虽然企业也会产生流动性制约，但在个人的人力资本投资方面流动性制约的影响更为广泛。由于个人用于教育及培训、健康等的支出受收入水平的制约，并且个人获得贷款等融资的渠道有限，流动性制约表现更为明显，对以个人投资为主的一般人力资本投资会产生重要的影响。

（8）投资结构配置不合理。中小企业科技人才投资结构配置的不合理主要集中在两个方面：物质资本与人力资本投资结构不合理；科技人才投资本身的结构不合理。企业的物质资本与人力资本两种投资是相互作用的。物质资本投入的增加会使人力资本需求增长，同样，人力资本投入的增加也会使物质资本的投入产生变化。当物质资本与人力资本两种投资形成一个合理的结构配置时，企业才能获得更多的利润，得到长期发展。

另外，科技人才投资的形式具有多样性，有教育、培训、健康等方面的投资，每种形式针对不同的个体，并不是多投、都投就一定好，而是应该按照中小企业自身的特点进行。例如，如果某中小企业的员工平均年龄较高，此时中小企业人力资本投资的重点应该是健康类的投资；如果某中小企业的员工知识文化水平较低，人力资本投资的重点应该是教育、培训类的投资。

1.2 政府挤出效应的成因研究

政府投资对企业投资的影响有两方面：一方面，政府资本对企业资本具有替代性，增加政府投资会"挤出"等量的企业投资；另一方面，政府资本对企业投资具有正外部性，可提高企业投资的边际产出而"挤进"企业投资。政府投资对企业投资的影响方向由这两种对立效应的相对强弱决定。本书通过对政府科技人才投资和企业科技人才投资效率的定性分析和定量分析，考证政府投资是否对企业投资产生了挤出效应，提出政府在公共投资政策的制定和把握上应加强对企业投资的引导和规范，使企业投资者产生正确的理性预期，将项目投向更有效率、更有作用的领域，减少挤出效应的负面影响。

1.2.1 政府投资与企业投资之间的竞争性

1.2.1.1 政府与企业抢人才

首先值得肯定的是政府把吸引高质量的科技人才作为其发展的目标之一。但却缺乏对人才本身的重视，导致人才自身的幸福感降低。因政府公共部门的垄断地位及其带来的"超额利润"吸引了大量的高级科技人才，而且其垄断体制和权力阻碍了人力资本的流出，因此优秀人才往往会进入寻租性活动领域，结果导致整个社会不是生产性努力最大化而是寻租性努力最大化，最终导致社会发展缓慢，社会福利损失严重。政府投资规模扩大时，投资本身对于科技人才的人力资本等生产要素的需求也会增加，但在有限的时间内，社会对于这些生产要素的提供是有限的，在生产要素供小于求的情况下，生产要素的价格就会上涨，这也就意味着投资本身的成本上升。在企业投资的边际收益率不变的前提下，投资成本的上升就会导致企业投资的利润下降，甚至出现亏损的现象，这也将最终导致企业投资规模的缩减。政府投资的这类挤出效应与利率一样，其传导媒介都是企业投资的成本。

具体来说，政府和企业对科技人才的投资主要包括两个方面：一方面是吸引人才的投资；另一方面是对科技人才的开发和利用的投资。以上主要谈论的是政府和企业在吸引科技人才上的竞争，而科技人才开发和利用投资上的竞争主要指企业专用人才本该是企业应该投资的部分，但政府却过度投入，导致企业过度依赖政府，对企业专用人才的投资大大减少。

从图1-5和表1-3可以看出，1999~2010年国有企业的就业人数都是多于城镇集体单位和其他单位人数的，反映出政府公共部门的垄断地位及其带来的"超额利润"吸引了大量的人才，但是随着社会经济的发展，国有单位和集体单位的人数呈递减趋势，而其他单位的人数是递增的，主要包括私有企业、合资企业、外资企业和独资企业等。2011~2012年其他单位的就业人数超过了国有单位的就业人数，反映了近年来非国有企业的发展状况还是比较良好的。

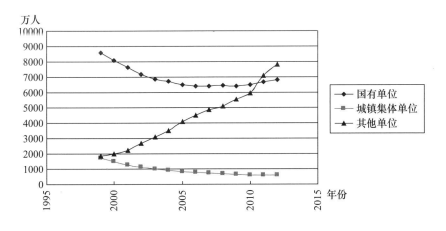

图1-5　城镇单位就业人员年末人数

表1-3　1999～2012年各单位就业人员年末人数　　　　单位:万人

年份 / 单位	国有单位	城镇集体单位	其他单位
1999	8572.1	1711.8	1846.3
2000	8101.9	1499.3	2011.3
2001	7639.9	1291	2234.9
2002	7162.9	1122	2700.3
2003	6875.6	999.9	3094.3
2004	6709.9	897.2	3491.8
2005	6488.2	809.9	4105.9
2006	6430.5	763.6	4519.1
2007	6423.5	718.4	4882.4
2008	6447	661.8	5083.7
2009	6420.2	618.1	5534.7
2010	6516.4	597.5	5937.6
2011	6704.2	603.1	7106
2012	6839	589.7	7807.7

数据来源:《中国科技统计年鉴》

1.2.1.2　政府与企业抢资金

政府对人力资本投资的形式也是多种多样的,涉及教育、卫生保健、培训、社会保障和公共信息等方面的投资。政府应该更加注重对基础性和对全社会都有保障的投资,虽然其见效比较慢,但是对于促进社会的可持续发展和社会的和谐是至关重要的。政府投资的主要领域在那些能够在一定程度使得社会福利水平有所提高的范畴,这些领域具有自身的特点,如投资周期较长、投资金额较大、收益低、竞争小等,也正因为如此,以实现自身利益最大化为目的的企业投资在这些公共领域的投资极少。但是,由于某些因素的作用,我国政府的投资方向出现了某种程度上的偏差,使得这些本该投向提高社会福利水平但收益低、竞争小的领域的资金流向了那些收益高但竞争也大的领域,从而与企业投资产生了竞争关系,即政府过度追求短期效益,并逐渐"挤出"企业投资。

政府在对科技人才的投资过程中,常常"重国有,轻民营"。民营企业是经济发展的主要动力和活力来源,当政府过度重视对国有企业的投资时,对民营企业的投资便会减少，这些企业便需要投入更多的成本来促进自身的发展。例如，中央政府对地方的基础设施建设投资增加，如果这些投资项目有限，那么地方政府考虑到自身利益，就不会对中央政府给予的无偿投资采取放弃的举措，这一行为的后果将会导致原先企业投资的项目划归为政府投资，从而使得政府投资抢占了企业投资的项目。这一现象的本质是在经济体系的内部，项目在政府投资和企业投资之间被重新分配，政府投资抢占了原有的企业投资，此时社会的总投资量却并未增加，政府投资将企业投资"挤出"。政府投资的这种挤出效应，一般都基于企业投资资本有剩余，而相关的投资项目相对缺乏的前提下。

1.2.2　政府低效率

政府低效率是指政府在弥补市场失灵而选择对经济进行干预时，由于政策制定与执行滞后，以及成本消耗较高而收益较低所造成的行为效率过低现象。这种现象的突出特征是政府干预不仅没有完全弥补市场失灵，反而事与愿违地产生了新的负外部性，或者干预消耗了大量成本而其效果远远低于预期，致使资源没有得到充分利用而产生浪费。我国政府投资的效率低下体现在很多方面，如科技人才投资建设项目审查不力、低水平的重复建设、科技人才工程质量低劣等。这就浪费了大量的社会资源，使得社会对于这类资源的总供给出现了紧张的局面，社会总供给扩张无法实现，从而导致政府投资的经济效益受到了很大程度的制约，政府投资预期刺激经济增长的效果无法实现，其对企业投资所起到的刺激作用也在很大程度上大打折扣。

1.2.2.1　重复性投资与浪费

一方面因为政府的规模过大，一些地方党政机关机构膨胀、臃肿，增加了社会的负担，这是影响正常的市场活动以及造成政府低效率的一个比较突出的原因。为追求个人权力扩大、官职升迁和轻松的工作环境，具有利己主义倾向的政府官员会想方设法扩大本部门规模和增加本部门公职人员数量，从而使得政府行政机构与行政人员不断膨胀，最终导致政府运转效率降低。实际上，一定数量的政府工作人员是必要的，一旦超过了合理界限的政府规模就会对正常的市场活动以及企业的发展造成不良的影响，常常导致企业需要花费更多的成本去招聘人才。政府规模大小可以通过政府支出占国内生产总值的比例来近似刻画。但是自"二战"以来这一比例一直在升高，说明政府规模在不断膨胀。图1-6为1990～2011年世界主要国家一般政府最终消费支出占GDP的百分比，从整体角度可以看出，各国政府支出有稳中上升趋势，这11个国家的平均支出比例由1990年的约18.86%上升到了2011年的约20.44%。

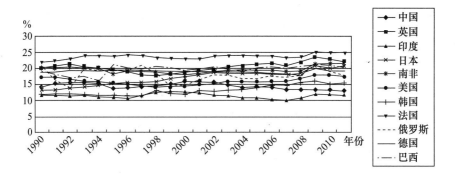

图 1-6 1990~2011 年主要国家一般政府最终消费支出占 GDP 百分比

数据来源：世界银行

另一方面政府在提供公共服务的过程中，个别追求私利的官员也可能为追求轻松的工作环境，而不会全力完成工作，花费更多的资金或时间而没有提供质量更好的服务，更有甚者会好大喜功，过于追求"政绩"而对公共产品进行重复投资，最终供给过剩，致使大量财政支出被浪费，造成政府低效率。

1.2.2.2 教条化，程序烦琐

政府对科技人才投资的教条化主要表现为政府对企业过度干预，行政审批手续过度烦琐。在市场经济条件下，廉洁、高效、透明的政府是市场正常运转的必要条件。政府机关设置规范合理，规章制度和行政审批手续简捷、易操作，行政权力在有监督制约的环境下行驶，可以有效抑制政府工作人员滥用职权向企业和居民寻租，减少企业的额外负担，净化市场环境。但是政府往往没有做到，烦琐的行政审批制度是主要表现，故行政审批制度改革是转变政府职能的重要一环，是政府减少对微观经济运行干预的关键。方便简捷的行政审批过程不仅有效地减少了企业主要管理人员与政府工作人员打交道的时间和精力，也能在一定程度上抑制政府工作人员利用职权牟取私利。同时政府设立各种硬性指标作为门槛，限制了很多优秀人才或者初创企业的发展。

1.2.2.3 "大锅饭"现象

"大锅饭"现象主要指政府对科技人才投资的"平均主义"现象突出，政府缺乏科学的考核体系，比如南京的"321 人才计划"，政府对进园企业一律给予 100 万元的资助，而没有通过评价企业不同的类型给予不同程度的资助。导致一部分初创企业存在资金不足，限制了其进一步发展，而其他一部分企业出现资金的滥用现象。

1.2.3 政府失灵

影响力最大的关于政府失灵概念的论述便是保罗·萨缪尔森和查尔斯·沃尔

夫所作的解释。保罗·萨缪尔森认为"当政府政策或集体运行所采取的手段不能改善经济效率或道德上可接受的收入分配时，政府失灵便产生了"。查尔斯·沃尔夫认为由政府组织的内在缺陷及政府供给与需要的特点所决定的政府活动的高成本、低效率和分配不公平，就是政府失灵。尽管学者们对政府失灵基本内涵的理解不完全一致，但是无一例外地都认为当政府在克服市场失灵时由于行为不当而引起政策效果高成本、低效率甚至负效率时，政府失灵便会出现。在新时代背景下，政府失灵包括政府对公众的失灵、政府部门之间的失灵以及国家之间的失灵。本书主要讨论的是政府对公众的失灵。

要想充分激发企业的活力，就应当充分发挥它配置资源的基础性作用，政府对企业运行的干预行为必须受到严格约束。例如，虽然企业在专用性人才投资过程中存有不足，但是部分缺陷是可以通过机制调整得以自我修复的，而不需要政府过度干预，当政府对企业专用性人才投入过多资金时，会使企业对政府产生依赖，不愿意对企业专用性人才的开发与培养投资。不仅如此，政府还可能会直接参与到个别领域的生产之中，与企业争夺市场份额，导致政府行为更加偏离正常职能。与普通企业不同，由于政府掌握了巨大的权力，一旦其直接介入某一领域从事市场行为，通常会形成垄断。在正常运行的经济市场中，个别具有垄断性的厂商或企业尚且会降低消费者效用水平，导致社会福利极大损失，而由政府所造成的垄断损失通常会更加难以估量。盲目干预市场往往导致政府失灵出现。

政府在干预企业时，倘若公职人员不按照法律法规办事，则常常因为拥有权力资源而获得利益。设租、寻租及腐败现象的出现正是政府滥用权力的结果。当逐利的经济人意识到与其在激烈的市场竞争中争取利润，不如通过拉拢政府关系获得他人不具有或少有的权力创造利润时，就会转而依靠各种政治上或经济上的、合法的或非法的、正常的或不正常的手段来获取租金，如疏通、游说、拉关系、走后门甚至行贿等。为获得政府所给予的特权，寻租者经常消耗大量时间与精力，使用礼品等财物向政府官员拉拢关系，不仅付出大量的时间成本、精神成本、财务成本和物质成本，还影响了政府官员的正常工作。一旦具有机会主义倾向的官员经受不住利益的诱惑就会以权谋私。可以说，寻租行为不仅破坏了竞争秩序，还导致政府履行职能失灵，造成社会福利严重损失。在缺乏有效约束和监督的情况下，以权谋私的政府官员为获取巨大利益，甚至可能主动设租、创租，从而导致资源配置更加低效，最终对企业科技人才投资的效率产生影响。

1.3 科技人才投资的政府挤出效应研究

1.3.1 政府挤出效应的测量

1.3.1.1 挤出效应指标体系及方法

（1）指标体系建立的原则。

本研究涉及的研究对象主要包括江苏省、浙江省、北京市、湖北省、广东省、福建省、上海市和河北省8个省市的政府科技人才的投资效率和企业科技人才的投资效率，市场化总指数以及政府与市场关系指标。指标体系的建立主要考虑以下两个基本原则：

第一，由于一个指数只能从某一特定角度反映市场化的程度，我们对以上提到的每一个方面都采用两个或两个以上的分项指数从不同角度进行度量。所选择的每个指数至少能在一定程度上、一定时期内，近似地反映市场化某一方面的某些基本特征。如果某一基础指标同时还受到其他与市场化程度无关因素的影响，那么我们尽可能使用一定的技术手段将这些因素剔除。

第二，所选择的指标必须是可度量的，而且数据是能够实际取得的。有些指标虽然理论上可行，但缺乏数据来源，则宁可暂缺，避免以主观判断代替客观度量。在有些情况下，虽然能够取得数据，但经过验证发现其可信程度较低，也尽量避免使用。数据主要来自各权威机构的各类统计指标。在缺乏统计数据的情况下，使用抽样调查数据。在最初设计时，我们曾对个别缺乏数据的指标采用了专家评估的方法，但发现评估结果的随意性很强，因而放弃了这种方法。

（2）科技人才投资效率指标体系构建。

在上述两条原则指导下，本书通过定性方法从以往研究文献当中选取了大量投入产出指标。然后介绍了选取指标的思路，并通过主成分分析和相关系数分析最终确定了江苏省科技人才投资的投入产出指标体系。

主成分分析法（Principal Component Analysis，PCA）也称为主分量分析或矩阵数据分析，是统计分析常用的一种重要的方法，在系统评价、质量管理和发展对策等许多方面都有应用。它利用数理统计方法找出系统中的主要因素和各因素之间的相互关系，由于系统的相互关系性，当出现异常情况或对系统进行分析时，抓住几个主要参数的状态，就能把握系统的全局，这几个参数放映了问题的综合指标，也就是系统的主要因素。主成分分析法是一种把系统的多个变量转化为较少的几个综合指标的统计分析方法，因而可将多变量的高维空间转化为低维的综合指标问题，能放映系统信息量最大的综合指标为第一主成分，其次为第二主成分。主成分的个数一般按需放映的全部信息的百分比来决定，几个主成分之间是互不相关的。主成分分析法的主要作用是：发现隐含于系统内部的结构，找出存在于原有各变量之间的内在联系，并简化变量；对变量样本进行分类，根据指标的得分值在指标轴空间进行分类处理。

相关系数分析。相关分析是研究变量间密切程度的一种常用统计方法。线性相关分析研究两个变量间线性关系的程度。相关系数是描述这种线性关系程度和方向的统计量，通常用 r 表示。由于生产函数的产出通常体现为产出的集中性，受其启示：产出指标的选择应基于指标间关联度尽可能大，即相关性大的原则来筛选。因而，本书在选取产出指标时利用统计学当中相关系数分析原理来确定产出指标。

本书中科技人才投资效率指标的选取主要参考了鲁涛、陆邦祥的《江苏省科技人力资源政策绩效评价研究报告》，并结合本书研究的实际确定了投入和产出指标，然后通过主成分分析法和相关系数分析最终确定了如下指标，如表 1 - 4 所示。

表 1 - 4　科技人才投资效率指标体系

	一级指标	二级指标
企业科技人才投资效率指标体系	企业科技人才投入	高技术产业企业从业人员平均人数
		企业资金占科技经费筹集总额的比重
	企业科技人才产出	高新技术产业主营业务收入
		专利授权数
政府科技人才投资效率指标体系	政府科技人才投入	全省从业人员数
		普通高等教育在校学生数
		政府资金占科技经费筹集总额的比重
	政府科技人才产出	第三产业增加值占 GDP 的比重

（3）市场化指标体系的构建。

对市场化进展状况方面的测量我们主要参考了樊纲、王小鲁、朱恒鹏编制的《中国市场化指数——各地区市场化相对进程 2011 年报告》，他们用"政府与市场的关系"、"非国有经济的发展"、"产品市场的发育程度"、"要素市场的发育程度"和"市场中介组织发育和法律制度环境"5 个指标评价市场化。而本书需要考虑的主要是"政府和市场的关系"。"政府和市场的关系"这个指标主要包括5个小指标："市场分配经济资源的比重"、"减轻农民的税费负担"、"减少政府对企业的干预"、"减轻企业的税外负担"和"缩小政府规模"。故本书主要采用了樊纲等编制的市场化指数来研究市场与企业和政府对科技人才的投资效率的关系以及"政府和市场的关系"这两个指标来对政府之手和市场之手进行整体衡量。

1.3.1.2　科技人才投资效率的实证研究

本节基于投入导向型的 DEA 法，DEA 中的 C^2R、BC^2、超效率模型以及 Malmquist 指数从科技人才投资的效率视角，利用 Malmquist 超效率指数进行了投资效率的相对有效性评价。根据评价结果，找出 8 个省份科技人才投资效率情况并分析原因，为相关资源优化配置提供政策依据。

（1）C^2R 模型。

C^2R 模型的基本思路。若有 n 个 DMU，每一个 DMU 都有 m 种投入和 s 种产出。每个 DMU 的投入和产出向量可表示为 $X_j = (x_{1j}, x_{2j}, \cdots, x_{mj})^T$，$Y_j = (y_{1j}, y_{2j}, \cdots, y_{sj})^T$，其中 $X_j > 0$，$Y_j > 0$，$j = (1, 2, \cdots, n)$。根据 DEA 模型的基本思路，可以构造如下线性规划模型：

$$(D') \begin{cases} \min\theta = V_D \\ \text{s. t.} \displaystyle\sum_{j=1}^{n} \lambda_j X_j \leqslant \theta X_{j0} \\ \displaystyle\sum_{j=1}^{n} \lambda_j Y_j \geqslant Y_{j0} \\ \lambda_j \geqslant 0, j = 1,2,\cdots,n \end{cases} \qquad (1-1)$$

其中，λ_j 为 n 个 DMU 权重的某种组合，$\displaystyle\sum_{j=1}^{n} \lambda_j X_j$ 与 $\displaystyle\sum_{j=1}^{n} \lambda_j Y_j$ 分别是某个 DMU 按照该权重组合的投入和产出向量，X_{j0} 和 Y_{j0} 是第 j_0 个 DMU 的投入与产出向量。式（1 - 1）所表达的含义是：找出 n 个 DMU 某种组合，使它的产出在不低于第 j_0 个 DMU 产出的条件下尽可能地减少投入量。引入松弛变量 $S^+ \geqslant 0$，$S^- \geqslant 0$，则以上模型可转化为：

$$(D) \begin{cases} \min\theta = V_D \\ \text{s. t.} \displaystyle\sum_{j=1}^{n} \lambda_j X_j + S^- = \theta X_{j0} \\ \displaystyle\sum_{j=1}^{n} \lambda_j Y_j - S^+ = Y_{j0} \\ \lambda_j \geqslant 0, j = 1,2,\cdots,n \\ S^+ \geqslant 0, S^- \geqslant 0 \end{cases} \qquad (1-2)$$

其中，$S^- = (s_1^-, s_2^-, \cdots, s_m^-)^T$，$S^+ = (s_1^+, s_2^+, \cdots, s_m^+)^T$，$s_i^-$ 和 s_r^+（$i = 1$，$2, \cdots, m$；$r = 1, 2, \cdots, s$）为松弛变量。

该模型便是最为经典的 C^2R 模型，但是通过该模型来判断某个 DMU 是否有效，必须能够一次性判断 S^- 和 S^+ 同时为 0，而这对于模型（D）而言并非易事，因而在实际中经常使用的是具有非阿基米德无穷小 ε 的 C^2R 模型：

$$(D_\varepsilon) \begin{cases} \min[\theta - \varepsilon(\hat{e}^T S^- + e^T S^+) = V_{D_\varepsilon} \\[2mm] \text{s. t. } \sum_{j=1}^{n} \lambda_j X_j + S^- = \theta X_{j0} \\[2mm] \sum_{j=1}^{n} \lambda_j Y_j - S^+ = Y_{j0} \\[2mm] \lambda_j \geq 0, j = 1, 2, \cdots, n \\[2mm] S^+ \geq 0, S^- \geq 0 \end{cases} \qquad (1-3)$$

其中，$\hat{e}^T = (1, \cdots, 1)_{1*m}$，$e^T = (1, \cdots, 1)_{1*s}$，分别表示元素全取 1 的 m 维和 s 维列向量。

C^2R 模型判断 DMU 有效性。根据式（1-2）或式（1-3）计算结果可知最优值 $V_D \leq 1$，用以评价 DMU_{j0} 的综合效率值。具体包含以下三个含义：

第一，当 $V_D < 1$ 时，DMU_{j0} 为 DEA 无效或称非 DEA 有效。这说明存在某个虚构的 DMU（n 个 DMU 的某种组合），其产出不低于 DMU_{j0} 的产出量 Y_{j0}，而且各项投入均小于 DMU_{j0} 的投入量 X_{j0}。

第二，当 $V_D = 1$ 时，设模型最优解为：λ^*，S^{*-}，S^{*+}，θ^*，若 $S^{*-} \neq 0$ 或 $S^{*+} \neq 0$，则称 DMU_{j0} 为弱 DEA 有效。

如果 $S^{*-} \neq 0$，$S^{*+} = 0$，这说明可以以 λ^* 各分量为权重对 n 个 DMU 进行组合，得到一个虚构的 DMU，使得其投入小于 X_{j0}，但其各项产出却等于 Y_{j0}。

如果 $S^{*-} = 0$，$S^{*+} \neq 0$，则说明可以以 λ^* 各分量为权重对 n 个 DMU 进行组合，得到一个虚构的 DMU，使得其投入等于 X_{j0}，但是其产出却高于 Y_{j0}。

第三，当 $V_D = 1$ 且 $S^{*-} = S^{*+} = 0$ 时，则称 DMU_{j0} 为 DEA 有效。这说明不存在虚构的 DMU 比 DMU_{j0} 更好，即若要保持 DMU_{j0} 各项产出 Y_{j0} 不减，则其投入量 X_{j0} 各分量不仅不能整体按比例减少，而且连部分投入也不能减少，就是说当前 DMU_{j0} 投入达到最优组合并取得最大产出量。

投影定理。定义 λ^*、S^{*-}、S^{*+}、θ^* 为模型（D_ε）关于 DMU_{j0} 的最优解，设 $\begin{cases} \hat{X}_{j0} = \theta^* X_{j0} - S^{*-} \\ \hat{Y}_{j0} = Y_{j0} + S^{*+} \end{cases}$，则称（$\hat{X}_{j0}$，$\hat{Y}_{j0}$）为 DMU_{j0} 在生产可能集 T_{C^2R} 的生产前沿面上的"投影"。

投影定理表明DMU_{j0}的投影$(\hat{X}_{j0}, \hat{Y}_{j0})$为 DEA 有效。通过投影定理，我们可以改变原有投入或产出量，使得非 *DEA* 有效的决策单元变为有效的决策单元。记$\Delta X_{j0} = X_{j0} - \hat{X}_{j0} = (1 - \theta^*)X_{j0} + S^{*-}$为投入冗余量（输入剩余），$\Delta Y_{j0} = \hat{Y}_{j0} - Y_{j0} = S^{*+}$为产出不足量（输出亏空）。

（2）BC^2 模型。

BC^2 将 C^2R 模型的不变规模报酬假设改为报酬可变（VRS），将技术效率分解为纯技术效率（Pure Technical Efficiency）和规模效率（Scale Efficiency）的乘积，用以衡量 DMU 的技术效率与规模效率。常见 BC^2 如下所示：

$$(D)\begin{cases} \min\theta = V_D \\[2mm] s.\,t.\ \sum_{j=1}^{n}\lambda_j X_j + S^- = \theta X_{j0} \\[2mm] \sum_{j=1}^{n}\lambda_j Y_j - S^+ = Y_{j0} \\[2mm] \sum_{j=1}^{n}\lambda_j = 1 \\[2mm] \lambda_j \geqslant 0, j = 1,2,\cdots,n \\[2mm] S^+ \geqslant 0, S^- \geqslant 0 \end{cases} \quad (1-4)$$

引入非阿基米德无穷小 ε，则可得到如下模型：

$$(D_\varepsilon)\begin{cases} \min\left[\theta - \varepsilon(\hat{e}^T S^- + e^T S^+)\right] = V_{D_\varepsilon} \\[2mm] s.\,t.\ \sum_{j=1}^{n}\lambda_j X_j + S^- = \theta X_{j0} \\[2mm] \sum_{j=1}^{n}\lambda_j Y_j - S^+ = Y_{j0} \\[2mm] \sum_{j=1}^{n}\lambda_j = 1 \\[2mm] \lambda_j \geqslant 0, j = 1,2,\cdots,n \\[2mm] S^+ \geqslant 0, S^- \geqslant 0 \end{cases} \quad (1-5)$$

可见，若技术效率等于纯技术效率，则 DMU 的规模效率值等于 1，说明它的规模是有效的；若技术效率不等于纯技术效率，则规模效率值小于 1，即 DMU 规模非有效，说明该 DMU 并不处于最佳生产规模上。

对于 DMU 规模报酬情况（规模报酬不变、规模报酬递增、规模报酬递减）的判定，通常将 BC^2 模型中的 $\sum_{j=1}^{n}\lambda_j = 1$ 改为 $\sum_{j=1}^{n}\lambda_j \leqslant 1$ 得到一个新的模型，再比较新模型计算出的技术效率值是否与原模型技术效率值相等，这种方法一般称为

DEA 的规模报酬非增模型（NIRS），新模型如下：

$$(D')\begin{cases} \min\theta = V_D \\ \text{s. t.} \sum_{j=1}^{n} \lambda_j X_j + S^- = \theta X_{j0} \\ \sum_{j=1}^{n} \lambda_j Y_j - S^+ = Y_{j0} \\ \sum_{j=1}^{n} \lambda_j \leqslant 1 \\ \lambda_j \geqslant 0, j = 1,2,\cdots,n \\ S^+ \geqslant 0, S^- \geqslant 0 \end{cases} \qquad (1-6)$$

其对应的引入非阿基米德无穷小 ε 的新模型为：

$$(D'_\varepsilon)\begin{cases} \min[\theta - \varepsilon(\hat{e}^T S^- + e^T S^+) = V_{D_\varepsilon} \\ \text{s. t.} \sum_{j=1}^{n} \lambda_j X_j + S^- = \theta X_{j0} \\ \sum_{j=1}^{n} \lambda_j Y_j - S^+ = Y_{j0} \\ \sum_{j=1}^{n} \lambda_j \leqslant 1 \\ \lambda_j \geqslant 0, j = 1,2,\cdots,n \\ S^+ \geqslant 0, S^- \geqslant 0 \end{cases} \qquad (1-7)$$

DEA 的 NIRS 具体方法为：对于某个待评价的 DMU，若由式（1-5）和式（1-7）所计算出的效率值相等且等于由式（1-2）所计算出的效率值，则规模报酬不变；若由式（1-5）和式（1-7）所计算出的效率值相等但不等于由式（1-2）所计算出的效率值，则规模报酬递减；若由式（1-5）和式（1-7）所计算出的效率值不相等，则规模报酬递增。

（3）超效率模型。

C^2R 模型对决策单元的规模有效性和技术有效性能够同时进行评价，但使用该模型只能将 DEA 有效和 DEA 无效的 DMU 区分出来，并对 DEA 无效的决策单元按照效率值的大小进行排序，而对于同为 DEA 有效的 DMU 却无法进行排序。为此，Anderson 和 Petersen 根据 C^2R 模型的方法提出超效率 DEA 模型，计算出的效率值范围不再局限于 [0，1] 这个区间，而是允许效率值超过 1。该模型所计算出的效率值对于 DEA 无效的 DMU 而言，与 C^2R 模型计算的结果是一样的；而对于 DEA 有效的 DMU 来说，所计算出的效率值将会大于 1，这样便能够对于同为 DEA 有效的 DMU 进行排序。

根据 C^2R 所得到的 SE – DEA 模型如下：

$$(D)\begin{cases} \min\theta \\ \text{s. t.} \displaystyle\sum_{\substack{j=1 \\ j\neq j_0}}^{n} \lambda_j X_j + S^- = \theta X_{j0} \\ \displaystyle\sum_{\substack{j=1 \\ j\neq j_0}}^{n} \lambda_j Y_j - S^+ = Y_{j0} \\ \lambda_j \geqslant 0, j = 1,2,\cdots,n \\ S^+ \geqslant 0, S^- \geqslant 0 \end{cases} \qquad (1-8)$$

（4）基于 DEA 的 Malmquist 指数模型。

第一，全要素生产率。

全要素生产率（Total Factor Productivity，TFP），最早是由美国经济学家罗伯特·索罗（Robert M. Solow）提出，故又称"索罗余值"。它用于衡量"生产活动在一定时间内的效率"，表达式为：总产出/总投入。全要素生产率的增长率常常被视为科技进步的指标，来源包括技术进步、组织创新、专业化和生产创新等。产出增长率超出要素投入增长率的部分为全要素生产率或总和要素生产率增长率。

第二，Malmquist 指数。

Malmquist 指数最初由瑞典经济学家 Sten Malmquist（1953）提出，Caves、Christensen 和 Diewert 于 1982 年开始将这一指数引入生产研究中，通过距离函数的比值来衡量生产效率的变化，便产生了 Malmquist 生存率指数。这在当时引起了极大的反响，但在之后很长一段时间里，有关这一理论的实证研究几乎消失殆尽。随着 DEA 理论的发展，1994 年，Fare 等将这一理论的一种非参数线性规划法与 DEA 理论相结合，这才使得 Malmquist 指数被广泛应用于实证研究。Malmquist 指数可以将生产率分解为效率变动指数和技术变动指数，因此，可以用来衡量 TFP 的变动及增长情况。

Malmquist 生产率指数表达式为：

$$M(x^{t+1},\ y^{t+1},\ x^t,\ y^t) = \left[\frac{D^t(x^{t+1},\ y^{t+1})}{D^t(x^t,\ y^t)} \times \frac{D^{t+1}(x^{t+1},\ y^{t+1})}{D^{t+1}(x^t,\ y^t)}\right]^{1/2} \qquad (1-9)$$

其中，$(x^t,\ y^t)$ 和 $(x^{t+1},\ y^{t+1})$ 分别表示 t 时期和 $t+1$ 时期某个 DMU 的投入与产出向量；$D^t(x^t,\ y^t)$ 和 $D^t(x^{t+1},\ y^{t+1})$ 分别表示以 t 时期的技术为参照，t 时期和 $t+1$ 时期该 DMU 的距离函数；$D^{t+1}(x^t,\ y^t)$ 和 $D^{t+1}(x^{t+1},\ y^{t+1})$ 分别表示以 $t+1$ 时期的技术为参照，t 时期和 $t+1$ 时期为该 DMU 的距离函数。可见，Malmquist 生存率指数反映了 DMU 从 t 时期到 $t+1$ 时期生存率变化的程度情况：

若 $M > 1$，表示生存率水平得到提升；若 $M = 1$，表示生存率水平保持不变；若 $M < 1$，表示生存率水平出现下降。

Malmquist 生产率指数可以分解为效率变动指数（Efficiency Change，EC）和技术变动指数（Technical Change，TC）两部分，因而式（1-9）又可改写为以下形式：

$$M(x^{t+1}, y^{t+1}, x^t, y^t) = \left[\frac{D^{t+1}(x^{t+1}, y^{t+1})}{D^t(x^t, y^t)}\right] \times \left[\frac{D^t(x^{t+1}, y^{t+1})}{D^{t+1}(x^{t+1}, y^{t+1})} \times \frac{D^t(x^t, y^t)}{D^{t+1}(x^t, y^t)}\right]^{1/2} = EC \times TC$$

第三，Malmquist 指数的 DEA 测算模型。

为了对 Malmquist 指数进行分解，我们需要计算出上述四个距离函数：$D^t(x^t, y^t)$，$D^{t+1}(x^t, y^t)$、$D^t(x^{t+1}, y^{t+1})$ 和 $D^{t+1}(x^{t+1}, y^{t+1})$。每个距离函数都可以通过下面四个基于 DEA 的线性规划模型来计算，从而容易最终求得从 t 期到 $t+1$ 期 DMU_i 的马氏 DEA 全要素生存率指数。

$$
\left.
\begin{aligned}
&[D^t(x^t, y^t)]\begin{cases} [D^t(x^t, y^t)]^{-1} = \max_{\phi,\lambda}\phi \\ \text{s. t. } -\phi y_{it} + Y_{t+1}\lambda \geq 0 \\ x_{it} - X_{t+1}\lambda \geq 0 \\ \lambda \geq 0 \end{cases} \\[6pt]
&[D^{t+1}(x^t, y^t)]\begin{cases} [D^{t+1}(x^t, y^t)]^{-1} = \max_{\phi,\lambda}\phi \\ \text{s. t. } -\phi y_{it} + Y_{t+1}\lambda \geq 0 \\ x_{it} - X_{t+1}\lambda \geq 0 \\ \lambda \geq 0 \end{cases} \\[6pt]
&[D^t(x^{t+1}, y^{t+1})]\begin{cases} [D^t(x^{t+1}, y^{t+1})]^{-1} = \max_{\phi,\lambda}\phi \\ \text{s. t. } -\phi y_{i,t+1} + Y_t\lambda \geq 0 \\ x_{i,t+1} - X_t\lambda \geq 0 \\ \lambda \geq 0 \end{cases} \\[6pt]
&[D^{t+1}(x^{t+1}, y^{t+1})]\begin{cases} [D^{t+1}(x^{t+1}, y^{t+1})]^{-1} = \max_{\phi,\lambda}\phi \\ \text{s. t. } -\phi y_{i,t+1} + Y_{t+1}\lambda \geq 0 \\ x_{i,t+1} - X_{t+1}\lambda \geq 0 \\ \lambda \geq 0 \end{cases}
\end{aligned}
\right\}
\quad (1-10)
$$

其中，X 是投入向量；Y 是产出向量；ϕ 为标量，表示不变规模报酬下 DMU_i 的技术效率，满足 $0 < \phi < 1$；λ 是乘数向量。

根据 DEA 分析结果中的超效率指数值，我们得到了政府和企业对科技人才的投资效率，画出政府和企业的投资效率值与市场化指数的图表，对 8 个省份的政府和企业的科技人才投资效率进行比较；并对各个省份的市场化与科技人才投资效率的关系进行分析。

1.3.1.3 样本的选取

本书的研究对象是包括江苏省、浙江省、北京市、湖北省、广东省、福建省、上海市和河北省在内的 8 个省市，将 8 个省市的市场化指数、政府科技人才投资效率和企业科技人才投资效率进行比较；同时研究每个省市政府科技人才投资效率与企业科技人才投资效率之间的关系，即政府挤出效应研究。挤出效应研究本书运用了投入导向型的 DEA 研究法，除了运用经典 DEA 中的 C^2R 及 BC^2 模型外，还运用了超效率模型，这使得比较同为有效决策单元的绩效差异成为可能。

1.3.2 科技人才投资效率分析

1.3.2.1 各省市政府科技人才超效率值比较

根据数据包络分析法的经济意义，当最后得出的分数小于 1 时，即政府科技人才投入与产出未达到最佳状态，表明一定的资本投入没有实现有效的产出，或一定的成果产出消耗了过多的资本投入，即出现了资本投入冗余与成果产出不足两种状况。而本书使用的是超效率指数，当超效率指数≥1 时，指数越大，效率越高。

由表 1-5 可以看出，江苏省 1999 年、2000 年、2002 年和 2013 年投入产出效率都大于 1，说明投入的资源得到了充分的利用，而其他年份都存在或多或少的投入冗余或产出不足的现象，而政府投资的效率值之所以不高可能是因为政府目标设定的错误，为了获得科技人才投入了太多的成本。

表 1-5 8 个省市政府科技人才投资超效率值

区域 \ 年份 指数	1999 Score	2000 Score	2001 Score	2002 Score	2003 Score	2004 Score	2005 Score	2006 Score	2007 Score	2008 Score	2009 Score	2010 Score	2011 Score	2012 Score	2013 Score
江苏	1.25	1.047	0.994	1.158	0.942	0.892	0.874	0.873	0.872	0.881	0.896	0.932	0.954	0.976	1.048
浙江	1.319	1.171	1.017	1.021	0.986	0.95	0.945	0.935	0.913	0.922	0.945	0.937	0.949	0.979	1.074
北京	0.672	0.481	0.562	0.498	0.557	0.629	0.761	0.925	1.024	0.947	0.937	1.03	0.983	0.986	1.235
湖北	1.477	1.022	1.148	1.024	0.913	0.794	0.771	0.791	0.836	0.721	0.703	0.624	0.71	0.803	0.899
广东	2.054	0.661	0.71	0.681	0.677	0.663	0.688	0.719	0.629	0.584	0.566	0.534	0.586	0.553	0.528
福建	1.278	1.167	0.989	0.964	1.019	0.935	0.965	1.077	0.933	0.935	0.911	0.877	0.976	0.995	1.026
上海	1.187	1.123	1.006	0.914	0.889	0.877	0.859	0.902	0.805	0.803	0.768	0.756	0.778	0.785	0.793
河北	1.344	1.018	1	1.035	0.977	0.971	1.014	0.976	0.976	0.936	0.964	0.999	0.994	0.998	1.041
均值	1.323	0.961	0.928	0.912	0.87	0.839	0.86	0.9	0.874	0.841	0.836	0.836	0.866	0.884	0.956

从横向角度看，1999～2013 年，我国这 8 个省市政府对科技人才投入产出综合效率总体上呈现下降趋势，1999～2010 年的效率值由 1999 年的 1.323 下降为 2009 年和 2010 年的 0.836，可以看出我国各大省市的科技人才投入产出效率面临的问题很严重。

从纵向角度看，广东省由 1999 年的第一位逐年下降，直到 2013 年处于 8 个省市中倒数第一位；北京则由 1999 年的倒数第一位，历年来呈上升趋势，2010 年首次达到第一位，2011 年和 2012 年保持第二位，并在 2013 年重新回到第一位，说明北京的资本投入和成果产出均处于有效生产前沿面上，对科技人才的投入没有产生资源冗余的情况，成果产出也相对丰富；而江苏省、浙江省、福建省和河北省一直稳定保持在比较高的水平，说明这四个省份政府对科技人才的投资还是比较有效的；相比较而言，湖北省和上海市的情况则不容乐观（如图1－7所示），特别是湖北省，效率值较低，并波动下降，说明可能存在资本投入冗余或成果产出不足状况。而上海市的效率值低则表明了科技人才投资效率未必与经济发展水平呈正相关关系。因为使用 DEA 方法得到的是各省科技人才投入的相对效率，其结果不受投入量多少的影响，只表明各省市科技人才投入和产出之间的比例关系。

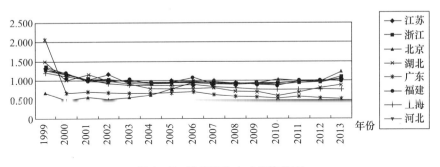

图 1－7　政府科技人才投资效率

1.3.2.2　各省市企业科技人才效率值比较

从横向角度看，和政府对科技人才投资的效率相反，1999～2013 年，我国这 8 个省市企业对科技人才投入产出的综合效率总体上呈现上升趋势（见图 1－8），1999～2013 年的效率值由 1999 年的 0.441 上升为 2013 年的 1.148，说明随着我国经济的发展，企业越来越重视对科技人才的投资，且获得了较好的回报。

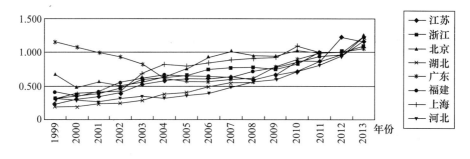

图 1-8　企业科技人才投资效率

从纵向角度看，其中北京市企业对科技人才的投资效率基本处于比较高的水平，说明作为经济比较发达的地区，其企业是积极地对科技人才进行投入的，且获得的成果产出也很丰富，而且不管是政府还是企业都体现出了对科技人才的重视，而且获得了丰富的成果；而广东省在 2004 年之前一直在 8 个省市中保持着第一的位置，2004 年及之后，企业对科技人才的投资效率逐步下降，2008 年之后逐步上升；江苏省、浙江省、湖北省、福建省和河北省是一直稳步上升的；而上海市虽然总体来看对科技人才的投资效率是上升的，但是波动幅度较大，2004年、2005 年和 2010 年都在 8 个省市中处于第一位。

1.3.2.3　市场化与科技人才投资效率的关系

对 1999～2009 年市场化进展状况方面的测量我们主要参考了樊纲、王小鲁、朱恒鹏编制的《中国市场化指数——各地区市场化相对进程 2011 年报告》，本书需要考虑的主要是"政府和市场的关系"的研究。"政府和市场的关系"这个指标主要包括 5 个小指标："市场分配经济资源的比重"、"减轻农民的税费负担"、"减少政府对企业的干预"、"减轻企业的税外负担"和"缩小政府规模"。而"政府与市场的关系"也是 2007～2009 年唯一出现平均得分下降的方面指数。主要原因在于其下的三个分项指数得分均有所减少，分别是"市场分配经济资源的比重"、"减轻企业的税外负担"和"缩小政府规模"。其中减幅最大的是"市场分配经济资源的比重"。2007 年此项平均得分是 6.37，2009 年下滑到 5.22，减少了 1.15。我们以地方财政支出（包括一般预算支出和预算外支出）占地方生产总值的比重作为负向指标来反映经济资源分配的主要渠道。该分项指标得分越低，说明政府在资源分配中所占的比重越高。就具体数据而言，2007 年全国各省区财政支出占 GDP 的比重平均为 20.28%，2008 年上升为 21.31%，2009 年已经达到 23.19%，呈持续上升趋势。在"减轻企业的税负负担"方面，2007 年此项得分是 14.86，2009 年下滑到 14.34，减少了 0.52。"缩小政府规模"的得分从 2007 年的 4.01 减少到 2009 年的 3.89，减少了 0.12。这说明这期间政府规模有所膨胀。

（1）市场化总指数。

从横向来看，图1-9表明，我国这8个省市的市场化总指数是逐年升高的，反映出市场化的五大方面："政府与市场的关系"、"非国有经济的发展"、"产品市场的发育程度"、"要素市场的发育程度"和"市场中介组织发育和法律制度环境"的发展都是很好的。

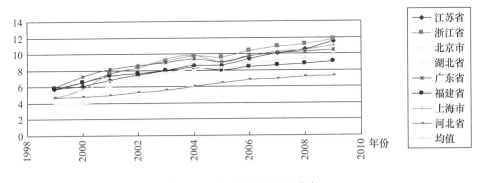

图1-9 各省市市场化总指数

从纵向来看，特别是2007～2009年，其中市场化总指数增幅最大的是江苏省，2009年较2007年总得分增加了1.4。而问题比较突出的是2004～2005年，江苏省、浙江省、广东省、福建省和上海市的市场化总数都减少了，但2005年之后都得到了一定程度的增长。2005～2009年，浙江省的市场化总指数在8个省市中是处于第一位的，这与事实是相符的，浙江省一直致力于产品市场、要素市场的投资和发展。

江苏省是我国市场化进程较快的省份之一。2007～2009年，江苏省市场化进程总排名由第三位上升到第二位，仅次于浙江省。2009年市场化总得分为11.54，比2007年增加了1.4，且市场化的5项方面指数都处于8个省市中较高的水平。

表1-6 8个省市市场化总指数汇总

地区 年份	江苏省	浙江省	北京市	湖北省	广东省	福建省	上海市	河北省	均值
1999	5.73	5.87	3.95	4.01	5.96	5.79	4.7	4.66	5.08
2000	6.08	6.57	4.64	3.99	7.23	6.53	5.75	4.81	5.70
2001	6.83	7.64	6.17	4.25	8.18	7.39	7.62	4.93	6.63

续表

年份\地区	江苏省	浙江省	北京市	湖北省	广东省	福建省	上海市	河北省	均值
2002	7.4	8.37	6.92	4.65	8.63	7.63	8.34	5.29	7.15
2003	7.97	9.1	7.5	5.47	8.99	7.97	9.35	5.59	7.74
2004	8.63	9.77	8.19	6.11	9.36	8.33	9.81	6.05	8.28
2005	8.6	9.57	8.2	6.42	9.04	7.94	8.97	6.51	8.16
2006	9.39	10.37	8.54	6.85	9.72	8.42	9.63	6.84	8.72
2007	10.14	10.92	9.02	7.05	10.1	8.59	10.27	6.94	9.13
2008	10.58	11.16	9.58	7.33	10.25	8.78	10.42	7.16	9.41
2009	11.54	11.8	9.87	7.65	10.42	9.02	10.96	7.27	9.82

数据来源：樊纲等编制的《中国市场化指数2011》

（2）政府与市场的关系。

1999～2006年各省市的政府与市场的关系处于稳步上升状态，而2007～2009年，政府与市场的关系是5大指标体系中唯一出现下降的指数，而且各个区域均出现了不同程度的倒退（见图1－10）。从8个省市来看，2009年各省市平均得分为9.30，比2006年下降了0.21（见表1－7）。从各个省市来看，上海市在2007年各个省市下降的时候，政府和市场的关系却上升了，在2009年才由2008年的9.86下降到9.75，说明2007年和2008年上海市的政府在资源分配中所占的比重还是比较低的，或者政府积极地减轻企业税外的负担和缩小政府的规模。而其他政府和市场的关系指数的分数下降的省市则是政府在资源分配中所占的比重升高，主要是因为"市场分配经济资源的比重"、"减轻企业税外负担"和"缩小政府规模"这三个指数的得分均有所下降。

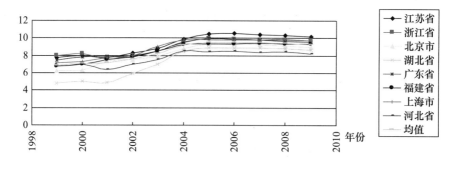

图1－10　各省市政府与市场关系

表1-7　政府与市场关系值

年份＼地区	江苏省	浙江省	北京市	湖北省	广东省	福建省	上海市	河北省	均值
1999	7.75	7.98	6.24	4.81	7.43	6.74	7.14	6.83	6.87
2000	8.01	8.22	6.3	5.01	7.81	6.99	7.31	6.97	7.08
2001	7.72	7.57	7.34	4.88	7.87	7.49	7.72	6.36	7.12
2002	8.25	7.97	7.52	5.95	7.96	7.82	7.98	7.02	7.56
2003	8.78	8.47	7.92	6.96	8.53	8.52	9.02	7.52	8.22
2004	9.85	9.46	8.82	8.47	9.57	9.3	9.76	8.53	9.22
2005	10.48	9.96	9.31	8.89	9.93	9.35	9.8	8.4	9.52
2006	10.53	9.91	9.31	8.88	9.87	9.31	9.8	8.47	9.51
2007	10.42	9.81	9.24	8.87	9.76	9.39	9.83	8.38	9.46
2008	10.3	9.8	9.14	8.78	9.67	9.37	9.86	8.4	9.42
2009	10.15	9.69	8.95	8.67	9.59	9.35	9.75	8.23	9.30

数据来源：樊纲等编制的《中国市场化指数2011》

　　江苏省在政府与市场的关系方面，历来表现突出，连续多年来保持首位。尽管2009年的得分下降了，但还是比排在第二位的上海市高出0.4，但是各分项指数则呈现两极化。"减轻政府对企业的干预"、"缩小政府规模"和"市场分配经济资源的比重"都是排名领先的指标；"减轻企业的税外负担"排名下降较多；"减轻农民的税费负担"是排名最靠后的指标。

　　（3）科技人才投资效率与市场化的关系。

　　本书对于科技人才投资与市场化的关系的研究主要从两个研究视角进行，一是研究政府对科技人才的投资与市场化的关系；二是企业对科技人才的投资与市场化的关系，市场化指数主要参考了樊纲等编制的《中国市场化指数》一书。

　　从图1-11和图1-12可以看出，首先就政府对科技人才的投资效率来说，江苏省、浙江省、湖北省、广东省、福建省和上海市6个省市的市场化指数与政府对科技人才投资的效率是成反比的，即随着1999~2009年来市场化指数的不断增加，政府对科技人才投资的效率是不断减小的，政府的投资效率并没有跟上市场经济发展的水平；河北省和北京市的政府对科技人才投资的效率在1999~2009年几乎保持平稳状态，没有什么变化，一直处于保持较好的水平。

　　再就企业对科技人才的投资效率来说，除广东省外，其他7个省市的企业对科技人才的投资效率总体来说都是随着市场化指数的增加而增加的，说明这7个省市的企业对科技人才的支持与重视，并且对科技人才的投资追随着市场化经济

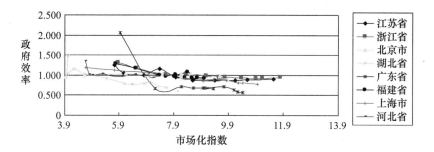

图 1－11　各省市市场化指数与政府效率

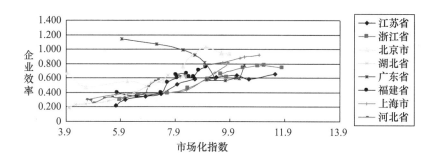

图 1－12　各省市市场化指数与企业效率

发展的脚步；而广东省的政府和企业对科技人才的投资效率都随着市场化程度的增加而减少，且近年来它们的投资率都处于非常低的水平，侧面反映了广东省不管是政府还是企业都忽视了科技人才对当地发展的重要性。

1.3.3　挤出效应的策略

1.3.3.1　加大基础设施投资，规范政府行为

加紧实施"国内外高层次人才引进工程"，建立并完善各项科技人力资源环境的基础设施，提高区域对高层次人力资源的吸引力，并且建立有效的激励体制，充分发挥他们的主观能动性及创造性，推动科技人力资源产出的提高；建立公平合理的收入分配制度，保障贡献得到认可。而现在政府对基础性设施的投资量还远远不够。例如，我国教育投资在国民经济中占比有所提高，但是对人力资本认识不够全面，认识不到人力资本的高收益率和高回报率，更积极于短期效益投资，导致人力资本利用效率低，阻碍了人力资本的发展。通过对政府人力资本投资的现状分析，我们得出政府对教育进行财政支出的情况。纵向上来看，也就是从支出总量的角度分析，财政性教育经费投入呈不断增长态势，但是其占投入

的增长比重却呈现平稳甚至缓冲下降趋势。随着人口的不断增多逐渐减少的资金投入的增长比率，对整个教育发展和人力资本存量积累是有一定影响的，故政府应该加大对基础性设施的财政支出。

规范政府行为首先需要做的是缩小政府的规模，一些地方党政机关机构膨胀、臃肿，增加了社会的负担，这是影响正常的市场活动以及造成政府低效率的一个比较突出的原因。因为政府对科技人才的投资"重引进，轻培养"，陷入大量招聘科技人才的陷阱，重复进行各项投资，导致科技人才投资成本扩大，结果造成政府机构人才拥挤和人才的浪费。事实上一定数量的政府工作人员才是必要的，一旦政府规模超过了合理界限就会对正常的市场活动以及企业的发展造成不良的影响，也就是会对企业科技人才的投资产生挤出效应，企业需要花费更多的成本去招聘人才。

1.3.3.2　深入实施科技人才引进及开发的系统工程

政府在重人才引进的同时，也需要对科技人才的开发与利用给予重视。优化科技人员结构，要在建设科技人力资源队伍时将高层次、高技术、复合型人力资源置于优先地位，并提升 R&D 人员占科技活动人员总数的比重，加大研发投资。发达国家人才投资的一个经验就是加大研发投资。研发经费投入在人才投资中的地位和意义在于，它不仅是人才培养投资的主要组成部分，而且是人才开发使用投资的重要组成部分，只有物质投入充分，人才使用和发挥作用的平台才能得到保证，人才的知识创新和发明创造才能向生产力转化，才能真正发掘人才的生产力。

（1）完善科技人才选拔、引进、开发机制。

人才开发方面，一方面应为他们提供良好的工作环境和氛围，使其能够全身心地投入工作；另一方面应引导各类生产服务性机构（创投、咨询公司、科技服务公司、培训机构等）与科技人才所在企业建立业务联系，为其提供业务经营方面的市场化服务，使其在成长过程中不断提升管理水平。

（2）落实引进人才"后服务"保障。

对引进的高层次人才，人才管理各部门应开展"客户关系管理"，不仅要热情引进，还要做好后续跟踪服务等全过程管理，以提高引进人才的"满意度"、"忠诚度"和"归属感"，使其充分发挥专业价值。科技人才培养更加依赖于产业、学科的大融合。因此，人才管理部门一方面应当逐步建立健全引进人才库，根据产业类别和地区分布确定固定的人才联络员，为其协调生活服务各方面问题，解决后顾之忧；同时更应当通过引进人员联谊会以及其他产业界、学术界、政府等多方参与的活动为科技人才提供跨界交流的平台，为其工作、创新和实现更好发展提供保障。

（3）探索科技创新人才激励机制。

硅谷无数成功的创业案例源于其独特的创业环境，这主要归功于以下几个方面：美国崇尚创新创业、容忍失败的文化以及信任合作、互惠互利的社会环境和法制基础。在国内，中关村人才特区建设过程中也为激励科技人才创新创业提供了有效的政策保障。为了解决长期以来产、学、研脱节的问题，开展了股权激励试点工作，把中关村科技园区内的高等院校、科技院所和企业都纳入在内，对做出突出贡献的科技人员和经营管理人员实施期权、技术入股、股权奖励、分红权等多种形式的激励。江苏省在这方面也有可借鉴的经验，如南京市的科技九条。

1.3.3.3 政府减少对企业的过度干预

对于科技人才的投资，政府不可能"大包大揽"，也不应"大包大揽"。政府提供资金支持无疑应当是风险较低的项目和环节，例如"南京321计划"，不管是白下产业园区还是徐庄软件园区它们引进的应当是确实具有较好市场前景的创业项目，尤其是提供项目资金支持时，也应由更加富有经验的市场专业人士进行决策选择，尽可能避免引进那些不可能市场化或根本不具备市场竞争力的项目，减少政府土地、财政资源的浪费。而政府在对"321人才计划"进行投资的时候，给予每个企业100万元的启动资金，"大锅饭"现象严重，且在项目选拔的时候缺乏科学的考核体系，造成资金的大量浪费，且新创企业的存活率很低。

廉洁、高效、透明的政府是市场正常运转的必要条件。企业对科技人才投资的过程中，政府烦琐的行政审批制度对其造成了困扰，故行政审批制度改革是转变政府职能的重要一环，也是政府减少对微观经济运行干预的关键。例如，对于很多科技园区的互联网新创企业来说，政府投入的初始资金100万元是远远不够的，于是他们积极向政府申请各种资金援助或奖励计划，但政府设立各种硬性指标作为门槛，限制了很多优秀的项目或者初创企业的发展。因此政府机关应该设置规范合理的规章制度，行政审批手续应简捷、易操作，行政权力要在有监督制约的环境下行驶，这样不仅能有效杜绝政府工作人员滥用职权向企业和居民寻租，还能减少企业额外负担，净化市场环境。

1.3.3.4 明确创新体系中构成各方的职能

（1）企业、科研机构是科技创新的主体。

创新系统的组件包括组织和制度；创新体系的主要参与者包括各类企业、高校及科研院所；创新系统中，进行知识传播的机构包括企业、产业研究实验室、研究性大学、政府实验室、科研机构等；政府则是制度设计的主体。上述组织机构之间的相互作用、企业和政府的行为以及各要素之间的关系决定了一个创新系统的产出。企业不仅是科研活动的主要投入者，也是科研活动的主要承担者和受益者；大学则主要开展长远的基础性研究项目，积累大量具备进一步生产开发潜力的研究成果。相比美国企业，中国企业无论在管理水平还是技术水平方面积累远远不够。然而，科学与技术的创新来自于扎实的基础和不惧失败艰辛的努力，想要实现真正意义上的自主创新，就必须放弃急功近利的思想，做好迎接困难的心理准备，并通过组织学习提升自身学习能力和对新知识、新技术的消化吸收能力，通过具体行动将创新战略落实在企业经营管理的各个环节、各个层面。高校和科研机构则应通过科研体制改革彻底激发科研人员的创新动力，并通过制度设计进一步培养和提高科技人员的创新能力，促进科学研究成果的出现。

（2）政府主导制度及环境建设。

国家或区域层面的科技人才投资活动应该是宏观层面上各行业、各领域主体之间相互影响、相互作用而构成的人才链。从经验来看，一方面政府所颁布的创新政策对于企业科技人才的投资发挥了不容忽视的重要作用；另一方面创造环境比打造高素质的科技人才更为重要。营造良好的科技创新环境需要政府通过制定产业发展规划及相关政策引导形成良好的产业基础、宽松的政策环境、多层次的融资渠道、领先的创新意识和创新文化，并加大对科技人才活动的政策及资金支持。因此，政府部门一方面应当继续加大研发投入；另一方面需要着力创造有利于科技人才开发和利用的环境。当然，政府向企业直接投入研发经费应当以支持基础研究和应用基础研究为主，对于企业专用性的人才政府还可以运用税收政策鼓励企业积极投资。

1.4　案例：南京 321 计划调查

1.4.1　南京科技创业政策

2009 年，经科技部批准，南京正式成为全国唯一的科技体制综合改革试点城市。在过去 4 年内，南京出台了一系列科技创新创业政策，包括 2010 年 12 月出台的"紫金人才计划"和 2012 年初出台的南京"科技九条政策"，以及 2012 年 7 月出台的"南京 321 计划"。

1.4.1.1　"紫金人才计划"

2010 年 12 月 15 日，南京市委组织部、科技委员会、财政局、人社局联合下发通知，启动 2010 年度"紫金人才计划"的组织申报工作，"紫金人才计划"是南京市重点人才工程的龙头工程。自 2010 年起，以 3 年为一个周期，每个周期投入 10 亿元，重点资助 10 名顶尖人才（团队）、100 名领军人才（团队）、

1000 名急需紧缺人才，实现以高端人才推动产业转型升级、引领经济社会发展的目标。

此次申报对象为三类，即顶尖人才、领军人才和急需紧缺人才。其中，顶尖人才必须是诺贝尔奖、沃尔夫奖、图灵奖等国际大奖的获得者，或发达国家科学院、工程院院士，或在世界一流大学、科研机构和世界 500 强企业担任相当于终身教授、首席技术官等职务的著名专家。入选者最高可获得 1000 万元的创新创业资助。

紫金计划重点内容一览：

资金扶持：给予顶尖人才（团队）创新创业启动支持资金 300～500 万元，根据项目情况，最高支持可达 1000 万元；给予领军人才（团队）创新创业启动支持资金 100～200 万元；给予急需紧缺人才创新创业启动支持资金 50～100 万元。

办公用房和住房：向顶尖人才提供不少于 300 平方米的办公用房和不少于 120 平方米的公寓住房；向领军人才提供不少于 200 平方米的办公用房和不少于 100 平方米的公寓住房；向急需紧缺人才提供人才公寓，并免 3 年租金。顶尖人才和领军人才在南京市第一次购买自住房将予以补贴。

投融资："紫金人才计划"入选者创办、领办的高科技企业，政府及园区优先推荐创业风险投资基金，并给予配套资金支持。对担保机构为"紫金人才计划"入选者创业提供融资担保服务的，予以补贴。

智力扶持：除了资金扶持，南京市还将为"紫金人才"提供智力扶持。根据人才需要，实行"双导师制"，由在宁院士担任创新导师、知名科技型企业家担任创业导师。

科技资源共享：南京市将建立健全南京地区高校和科研机构图书、资料、大型科学仪器及设备资源共享机制，"紫金人才计划"入选者使用上述资源的，适当给予补贴。

享受津贴：继"南京蓝卡"后，南京市还将对高层次海外人才推出特聘专家计划，"紫金人才计划"入选者不仅可以获得"南京蓝卡"，还可优先入选"南京特聘专家"，享受特聘专家津贴。

此外，符合条件的人才，由在宁高校和科研机构提供（客座）教授、研究员岗位或相应待遇。需晋升职称的，可不受相关前置条件限制，直接参加副高以上职称评审。优先推荐申报国家"千人计划"、省高层次创新创业人才引进计划及国家、省市其他人才工程。

子女入园入学：为了让高层次人才安心创新创业，"紫金人才计划"还包括不少"体贴"内容，例如，顶尖人才和领军人才适龄子女入园和义务教育阶段入学，可在南京市教育部门主管的公办幼儿园、小学或初中选择入学；其子女在本市参加中考的，录取时可享受海外来宁高层次留学人才子女入学政策。急需紧缺人才子女入园入学，可由其居住地所属区县推荐优质幼儿园或义务教育阶段学校就读。

医疗保障："紫金人才计划"入选者可按国家和省市有关政策参加基本医疗保险，人才所在区县或园区应为其提供补充医疗保险。对顶尖人才和领军人才提供个性化医疗服务，建立个人医疗档案，列入每年免费开展的专家健康体检和疗养计划。

1.4.1.2 "南京科技九条政策"

为进一步深化南京国家科技体制综合改革试点工作，把南京建设成长江三角洲科技创新中心和中国人才与创业创新名城，根据《省政府关于支持南京国家科技体制综合改革试点城市建设的若干政策意见》（苏政发〔2010〕142号）精神，本着"敢闯敢试，先行先试"的原则，决定对在宁高校、科研院所和国有事业、企业单位科技人员（包括担任行政领导职务的科技人员）到南京紫金科技创业特别社区或校地共建大学科技园创办科技创业型企业的；对在宁高校全日制在校学生到南京市大学生创业基地创业的，试行如下政策措施：

第一，允许和鼓励在宁高校、科研院所和国有事业、企业单位科技人员（包括担任行政领导职务的科技人员）离岗创业，3年内保留其原有身份、职称和档案，工资正常晋升。

第二，允许和鼓励在宁高校、科研院所和国有事业、企业单位职务发明成果的所得收益，按至少60%、最多95%的比例划归参与研发的科技人员（包括担任行政领导职务的科技人员）及其团队拥有。

第三，允许科技领军型创业人才创办的企业，知识产权等无形资产可按至少50%、最多70%的比例折算为技术股份。高校、科研院所转化职务科技成果以股份或出资比例等股权形式给予科技人员个人奖励，按规定暂不征收个人所得税。申请设立企业注册资本在10万元以下的，其资本注册实行"自主首付"办理注册登记，其余出资两年内缴足。

第四，允许在引进的科技领军型创业人才创办的企业中，将市、区（县）属国有股份3年内分红以及按投入时约定的固定回报方式退出的超出部分，用于奖励科技领军型人才和团队。

第五，允许和鼓励以定制的方式，首购首用在南京紫金科技创业特别社区或校地共建大学科技园内设立的科技创业型企业创制的高新技术新产品。建立"首购首用"风险补偿机制，对首购首用单位给予适当的风险资助。

第六，新创业的科技创业型企业所缴纳企业所得税新增部分的地方留成部分，3 年内由财政扶持该企业专项用于加大研发投入。经认定的高新技术产品或通过省级以上鉴定的新产品，从认定之日起，3 年内由财政按所上缴一般预算收入的相应额度扶持该企业专项用于加大研发投入。

第七，允许和鼓励在宁高校、科研院所科技人员（包括担任行政领导职务的科技人员）在完成本单位布置的各项工作任务前提下在职创业，其收入归个人所有。

第八，在高校、科研院所以科技成果作价入股的企业、国有控股的院所转制企业、高新技术企业实施企业股权（股权奖励、股权出售、股票期权）激励以及分红激励试点。设立股权激励专项资金，对符合股权激励条件的团队和个人，经批准，给予股权认购、代持及股权取得阶段所产生的个人所得税代垫等资金支持。

第九，鼓励在宁高校允许全日制在校学生休学创业。凡到南京市大学创业基地创业的学生，进入基地创业的时间，可视为其参加学习、实训、实践教育的时间，并按相关规定计入学分。入选中央"千人计划"、省"双创计划"和南京市"321 计划"的人才，以及与南京市人民政府战略合作的市外高校、科研院所的科技人员，进驻南京紫金科技创业特别社区或校地共建大学科技园创办科技创业企业的，可参照执行以上相关政策措施。

1.4.1.3 "南京 321 计划"

2012 年 7 月，南京市委市政府正式推出"321 计划"，计划在 5 年时间里，大力引进 3000 名领军型科技创业人才，重点培养 200 名科技创业家，加快集聚 100 名国家"千人计划"创业人才。下面是南京市人才办就"领军型科技创业人才引进计划"和"科技创业家培养计划"的简要介绍说明。

"领军型科技创业人才引进计划"，是以战略性新兴产业、现代服务业发展和重点产业转型升级为导向，引进 3000 名创业人才，其中，内地高层次创业人才 1000 名、海外留学归国创业人才 1000 名、港澳台及外籍创业人才 1000 名。重点引进三类创业人才，一是国际国内某一学科、技术领域内的学术技术带头人，拥有市场开发前景广阔、技术含量高的科研成果；二是拥有独立自主知识产权或掌握核心技术，技术成果国际先进国内领先，具有市场潜力并能进行产业化生产；三是具有海内外自主创业经验，熟悉相关产业领域，能带技术、项目、资金来南京创业的。对特别优秀的人才及项目，将一事一议，不唯学历和经历，注重技术水平和市场前景，让每一个优秀人才都能在南京实现创业抱负。

为此，南京市将提供企业初创、科教特色、金融财税和生活配套四个方面15 项扶持政策。企业初创扶持，重点解决启动资金、创业场所、工商注册和创投资金、融资担保等问题。对入选者，将给予 100 万元人民币创业启动资金，提供不少于 100 平方米创业场所和不少于 100 平方米人才公寓，3 年免收租金；同时，提供不低于 150 万元人民币的创业投资和不低于 150 万元人民币的融资担保。对特别优秀的，给予加倍扶持。对科技创业人才关注的技术成果入股比例问题，企业增资时不再设置非货币资本比例限制，实行最宽松的政策。科教特色扶持，主要是发挥南京科教人才独特优势，吸引高端人才来宁创业，形成外来人才与本地人才互动发展。将给入选者提供担任南京知名高校和科研院所教授、研究员的机会，使其保持与国际科技前沿的紧密联系；整合国家重点实验室和各类工程技术中心等研发资源，供入选者免费使用；由两院院士和知名专家提供创新指导，由成功企业家和科技创业家提供创业指导，帮助入选者缩短孵化期，提高成功率。金融财税扶持，主要是在企业初创后、孵化中、加速前，给予有针对性的政策支持，助推企业快速成长。为鼓励创投机构早期进入、持续扶持初创企业，创投机构投资期限超过两年的，按投资总额的 1% 给予奖励，并对投资损失给予 30% 的补偿。针对中小型科技企业贷款难的问题，对担保公司科技创业担保业务，给予年累计担保额 2.5% 的补贴；同时，推动银行机构开展知识产权质押贷款，推行科技保险保费补贴。税收优惠是扶持科技创业的重要政策措施，从企业获利之日起，3 年内企业所得税地方留成部分给予奖励；考虑到房价问题，我们在提供人才公寓的基础上，给予入选者市民购房政策，并将 5 年内个人所得税地方留成部分作为购房补贴。针对港澳台及外籍人才，还将对符合规定入境的部分科研设备和合理数量的生活自用物品，免征进口税收。生活配套服务，主要是按照创建国家"人才特区"的目标，通过"南京蓝卡"制度，让人才特别是外籍人才享受市民待遇与优惠政策，解除他们在南京创业和生活的后顾之忧。

"科技创业家培养计划"是"领军型科技创业人才引进计划"的升级版，目的是好中选优、扶优培强，重点培养 200 名科技创业家。入选培养计划的，在享受引进计划相关政策的同时，再享有 8 项特殊政策，归纳起来是"三个特别支持"。一是财政金融特别支持，在企业初创扶持的基础上，提供总额不低于 1000 万元的融资担保，并按银行基准利率给予贷款贴息；提高政府创投资金跟进比例至 50%，以吸引更多社会创投资金进入；进入加速器或中试基地的，免收两年场地租金，并提前享受国家高新技术企业政策，企业所得税减按 15% 征收。二是科技研发特别支持。主要是从产业和科技经费单独切块、单独评审、单独资助，企业研发平台建设重点扶持，自主创新产品首购首用及招投标倾斜等方面，鼓励和支持科技研发。三是人才团队特别支持。主要从给予市民购房待遇及购房补贴、提供高端创业服务和创业培训资助等方面，帮助企业引进高层次经营管理人才和专业技术人才，加速形成企业核心团队和骨干力量。市民购房待遇及购房补贴，不仅入选者本人享受，而且扩大到团队核心成员和新引进高层次人才。

1.4.2 政府在构建科技人才投资中的突出作为

"南京 321 计划"是南京市政府实施创新驱动战略、打造中国人才与创业创新名城的一项重要政策，该计划对于城市发展的主要贡献体现在以下四个方面：以人才引进带动战略转型、以人才开发带动产业升级、以创业激情带动人才集聚以及以中小企业创业带动创新。当前南京市正处于经济战略转型的关键阶段，南京市政府采取了一系列有力的政策措施，加大科研投入，加强有利于自主创新的法制保障、政策体系和市场环境建设，为科技创新提供更好的政策支持和工作保障（见表 1-8）。

表 1-8 政府在构建科技人才投资中的突出作为

政府在科技人才投资中的突出作为	徐庄软件园						白下产业园区					
	A	B	C	D	E	F	G	H	I	J	K	L
以人才引进带动战略转型	+	+	+	+	+	+		+	+	+		
以人才开发带动产业升级		+	+		+	+		+	+			+
以创业激情带动人才集聚	+		+		+	+	+	+			+	
以中小企业创业带动创新	+	+		+	+			+	+			+

注："+"表示某家企业访谈中涉及某一类型的问题

1.4.2.1 以人才引进带动战略转型

南京引进创业人才的方式有两种：初创式和嫁接式，就是希望通过一系列优惠政策，激励在南京的企业充分发挥引才、用才的平台作用，积极引进高层次科技人才和管理人才，实现人才、企业、政府三赢局面。为保障"321 计划"顺利实施，南京市委市政府同时成立两个计划专项办公室，分别设立在南京市人力资源和社会保障局以及科学技术委员会，实行定期考核和一票否决，并建立市、区县和部门领导挂钩服务等制度。同时通过多种渠道和方式，特别是各类新闻媒体，进一步加大海内外宣传力度，树立南京爱才、重才、育才、用才的良好形象，促使一大批创新创业人才在南京加速集聚、一大批科技创新成果在南京不断涌现、一大批科技创业企业在南京快速成长。以人才引进带动战略转型的具体表现如表 1-9 所示。

表1-9　以人才引进带动战略转型表现

	以人才引进带动战略转型表现	
南京321创业企业调查	战略转型方向	转变发展方式
	人才引进层次	博士、海归人士及高校老师
	有创业经历人才所占比重	25%
	新兴行业所占比重	33%

一方面，在对"南京321人才计划"的调查过程中，绝大部分企业家表示感受到了南京政府对其创业的渴求和对人才的重视，政府无论从政策还是服务上都从企业的角度出发，尽力为科技人才解决各种后顾之忧，以积极的政策和热情的服务吸引了一大批顶尖人才落户南京。

南京C电子科技有限公司的负责人表示自己还在国外工作的时候，南京市政府就有组织去美国招商引资，给华人圈子里的人发邮件，号召留学生及海外华人回国创业，同时介绍了南京已经出台的和即将出台的一系列科技人才政策。

南京D通信技术有限公司的负责人表示徐庄软件园管委会的领导很关心他们，还表示这两年政府支持创业的意识更强，各个地方都在鼓励创业，回来创业的时候，各个园区都在吸引他入园，有很好的创业氛围，人才服务的意识也很好。在成功落户以后，管委会还帮助他们解决了一系列的困难。

南京J信息技术有限公司的负责人表示自己的创业团队从决定回国创业到落户南京的时间其实很短，也过过浙江、山东等地考察，最后在纽约的时候接触到了南京的招商团，招商团的效率很高，不到一个月的时间就促成了自己申报321项目，她表示创业团队回国创业南京的引才政策是最重要的一个原因，同时，招商局的工作热情也起到了一个相当大的作用。

另一方面，政府对企业的直接投资，弥补了个人和企业人力资本投资的不足，在"321人才计划"调查过程中，绝大部分企业家表现出政府资金是其企业生存和发展的重要资金来源，对企业的生存和发展起着举足轻重的作用。

南京B信息科技有限公司的负责人表示政府提供的资金正好足够运营，入选"南京321计划"后政府有100万元的资金扶持，自己自有资金100万元。一年运作差不多100多万元，正好资金链不会断裂，并且公司已经开始盈利了。

南京H智能软件有限公司负责人也表示321项目的资金确落到实处了，符合企业的发展，321这个项目在南京能够落实，但是在其他城市就没有那样的环境和土壤。

南京市政府对人才的重视和支持是政府意识到引进一个高端人才将会带来一个创新团队，从而催生一个新兴产业，最终会培养一个经济增长点。南京想要打造成为科技创业强市，需要充分发挥高层次人才在自主创新、转型方面的优势，以使南京市在全国率先实现转型跨越。

1.4.2.2 以人才开发带动产业升级

进一步加大人才开发的投入力度，重点引进战略性新兴产业。传统产业转型升级急需紧缺的高层次人才，以人才结构的优化带动产业结构的升级是南京市政府构建科技创业创新城市工作的重中之重。南京必须加强人才开发与培养，着力造就一支结构合理、素质优良的科技人才队伍，加快培育高层次创新创业人才和科技领军人物，积极创造环境，吸引海外高层次人才回国创新创业，深入实施高层次人才引进计划。调动各类人才的创新创业积极性，重视促进创新人才向产业领域流动、向企业集聚，集中引进一批能够突破关键技术、发展高新产业、区域发展急需和紧缺的高层次创新创业人才，打造一批拥有较强研发能力的企业创新团队。以人才开发带动产业升级的表现如表 1-10 所示。

表 1-10　以人才开发带动产业升级表现

	以人才开发带动产业升级表现	
	产业升级方向	技术密集型
南京 321 创业企业调查	技术密集程度	75% 以上为高新技术产业
	拥有专利企业所占比重	33%
	劳动力素质结构	90% 以上本科学历

在"南京 321 计划"的调查中，南京政府真正做到了发挥一切力量开发各类高层次人才，这对于南京市的产业升级具有重要的战略意义。

在"南京 321 计划"调查的 12 家企业中，绝大部分企业已经有了自己的专利，公司的产品和技术都属于顶尖水平。南京 B 信息科技有限公司的负责人表示要将自己在国外的一个最新的科技成果引入国内，那项技术是和计算机排样、玻璃厂排版相关的，是前端的技术，他还表示这项技术目前国内只有两三家与其相抗衡的公司，公司能够攻克其他竞争对手所不能攻克的难题。

南京 F 工业视觉技术开发有限公司负责人表示公司定位在高端前沿，定位做有难度、有挑战的项目，做别的企业做不了的应用和产品，从行业来说，取代以前工人进行质量检测评估、控制某些设备等工作；相关行业包括陶瓷、墙地砖、玻璃、切割、农业等。

南京 I 生物技术有限公司负责人表示自己在加拿大时是科学家，在加拿大的工作室工作的时候，组织的项目是和美国国防部合作的，叫作神经毒剂的解毒酶，在美国这个产品是军用的，其实它对于民用医疗也具有非常重大的作用。

有什么样的项目，就有什么样的增长方式；有什么样的人才，就会带来什么样的产业。学术、技术带头人进入南京必将带来"群聚效益"，从而促进相关高新技术产业的发展，从全局来说，最终将会带来产业升级。

1.4.2.3　以创业激情带动人才集聚

美国的硅谷、北京的中关村之所以能够成为高科技名城，与具有一定联系的人才聚集在一起所发挥的加总作用是分不开的。人才集聚，就是人才从各个不同的区域（或企业）流向某一特定区域（或企业），这是人才资源流动过程中的一种特殊行为。人才集聚有利于人才的优化配置，可以使高层次人才的价值得到最大的体现，即人才价值的发现与回归。高层次人才集聚模式又能够为制定政策或对策提供参考依据。现如今我国及各地政府都鼓励创新创业，为有创业梦想的人开辟道路，释放他们的创业激情，实现自身的价值创造，从而带动人才的集聚，为地区的发展做出贡献。以创业激情带动人才集聚的表现如表1-11所示。

表1-11　以创业激情带动产业集聚表现

	以创业激情带动产业集聚表现	
	产业集聚方向	发挥规模效应
南京321创业企业调查	创业企业家创业意愿	希望真正做实事，看好创业前景
	高新技术产业所占比重	75%
	产业集聚类型	高度专业化分工基础上的高新技术产业集聚

"南京321计划"不仅集聚了众多高层次的顶尖人才，为南京的人才集聚创造了条件，同时对于创业者人才来说，政府出台的创业政策、创造的创业机会，给他们创造了一个释放创业激情、实现创业梦想的机会。

南京A教育科技有限公司的创始人表示，自己从读博期间开始创业。自己从小就有创业的想法，喜欢看企业家传记，希望把自己在读博期间学到的知识都能够运用起来，发挥自身的价值。

还有几位海外留学归来的创业企业家表示，自己创业并不是出于对金钱的追求，而是想真正做些有意义的事。南京E控制系统有限公司的创始人表示创业是一个自我实现的过程，政府提供的平台给了自己一个实现梦想的机会。

南京市政府制定出台的一系列引进、培养、使用人才的政策，对具有创业梦想的人来说无疑是其释放创业激情、发挥创业才能的重要动力，把具有创业梦想的人才聚集在一起，能够形成规模效应，对南京整个创业氛围的营造具有非常重大的作用。

1.4.2.4　以中小企业创业带动创新

从国内外经济发展的实际情况来看，中小企业对于活跃市场、推进改革、扩大就业、带动创新具有非常重大的作用。政府为促进中小企业创业创新，推动中小企业健康、快速稳健地发展推出了一系列扶持政策，不断加大了对它们的扶持力度。中小企业是国民经济中最活跃的成分，是维持经济稳定发展的重要力量，是创造就业机会的主要渠道，是制度创新与技术创新的重要源泉，同时，由于中小企业规模小，所以，它们也是市场竞争的弱者。"南京321"政策，正是对新创中小企业的政策倾斜，为中小企业的孵化和成长壮大提供了重要的资金和各方面的支持，希望中小企业可以发挥能量带动创新。政府在构建科研人才队伍的过程中会根据社会经济发展状况引导个人和企业科技人才投资的方向，并且通过加强基础设施建设、扶持科技人才投资来促进服务产业的发展。以中小企业创业带动创新的具体表现如表 1 - 12 所示。

表 1 - 12　以中小企业创业带动创新表现

南京 321 创业企业调查	以中小企业创业带动创新表现	
	创新发展方向	构建创新型城市
	新创企业规模	小于 50 人/企业
	拥有创新专利企业所占比重	33%
	与学术前沿联系的企业所占比重	42%

在"321 人才计划"的调查过程中，政府对中小企业投资、基础设施建设等方面都有很大的帮助，为中小创业企业提供了良好的创业环境。从办公场所到员工宿舍，考虑较为周全，同时也给各个单位的办公场所提供了物业服务。在访谈过程中，不少企业负责人对政府提供的良好创业环境表示了感谢与认同。如南京 A 教育科技的负责人提到政府对于创业这块管得很适当，科创中心服务非常好，同时他也认为政府提供的办公场所以及服务较好。南京 D 通信技术有限公司的负责人也对政府创造的环境表示肯定，认为政府帮忙解决了企业的很多问题，工作人员和领导的服务特别热情，对于新创企业的很多困难不分大小，都以非常高效的行动解决。

绝大部分企业也对政府的 100 万元启动资金和办公场所三年免租的政策表示感谢和认同，这对于新创办的企业来说无疑是雪中送炭，为中小企业创业提供了最原始的启动能量。政府极力给予中小企业政策扶持和环境支持，为中小企业创造了平等的市场环境。有利于中小企业发挥自身的优势，带动整个高新技术产业的创新，从而促进经济的快速发展。

1.4.3　政府在构建科技人才投资中有待改进的方面

在促进创新创业人才发展的过程中，政府发挥了极其重要的、不可替代的作用，但其中也不乏有待改进之处，主要表现在四个方面，如表1－13所示。

表1－13　政府在构建科技人才投资中有待改进的方面

政府在构建科技人才中有待改进的方面	徐庄软件园						白下产业园区					
	A	B	C	D	E	F	G	H	I	J	K	L
经济导向，注重短期收益			+				+			+	+	+
人才重引进，轻培养		+			+		+			+		+
配套保障工作不到位		+	+						+	+		
投资结构失衡	+		+		+		+			+		

注："＋"表示某家企业访谈中涉及某一类型的问题

1.4.3.1　经济导向，注重短期收益

鉴于科技人才对于企业和政府的重要作用，政府应该从战略高度考虑科技人才的发展规划，对于科技人才的支持和发展要给予持续的动力，但是在"南京321人才计划"的落实过程中，存在以经济利益为导向，注重短期收益的情况。

一个最明显的表现就是南京各个地市和开发区之间对人才的竞争，由于各个地市和开发区的指标化，各地因此产生了相应的竞争和摩擦，这其中不乏对入园企业审核不到位，造成政府资源浪费的现象，这种经济导向和过分追求短期收益的情况不仅不利于政府整体效益的提高，对企业来说也有不利的地方，还有地方政府出现过高承诺以及承诺未能实现等方面的问题，这都对企业对政府的满意度以及后期的长远发展造成不好的影响。

一些企业家则表示，政府在前后期的支持力度上不一致。D通信技术有限公司的负责人表示，政府前期的资金落实比较快，政府的资金支持是雪中送炭。但是后续的政策支持有限，入园之前承诺的一些对企业有减免、免税方面的政策没有落实到位。此外，还存在园区的一些公司虽然入选了"321人才计划"，但从标准上来说不是名副其实的高科技公司，而是一些销售公司，这无疑是对科技人才政策的一种误解和对资源的浪费。

1.4.3.2　人才重引进、轻培养

政府在构建科技人才队伍的工作中充分意识到了科技人才的重要性，也出台

了一系列政策支持创业人才，但是还存在人才重引进、轻培养的情况。就人才培养而言，首先要尽可能提供给他们一些进修和学习的机会，为他们从事学习、科研和教学营造宽松和谐的氛围，解决关系他们切身利益的后顾之忧。

"南京 321 人才计划"中，政府和企业已经意识到人才培养的重要性，但是还存在对人才更加注重引进而缺乏足够的培养工作的问题。321 入园的企业家中很多都是技术出身，缺乏管理经验，政府应该积极举办各种培训或讲座以弥补企业家这方面的不足，但是目前看来，园区在这方面的工作还有待加强。

南京 A 教育科技有限公司的负责人表示在公司创立之初，缺乏团队以及知识等方面的准备，吃了不少亏，还因为团队成员之间的问题差点退出了创业团队，希望政府能够提供更多的学习平台，对管理者进行培训。

南京 E 控制系统有限公司的负责人也表示之前在无锡产业园区创办公司的时候，无锡创业园区有一年一度的物联网博览会，而在南京，这种机会很少。

江苏 G 生物科技有限公司的负责人表示自身在管理方面、经营方面的知识有欠缺，现在除了懂技术，对人事、财务、市场这方面的管理都不懂，需要逐渐适应、慢慢转变。希望政府能够搭建起政府和企业以及入园企业之间的联系和交流平台。人才引进和人才的培养及使用是一套体系，仅重视人才的引进而忽视人才的培养，会造成科技人才的浪费，没能够发挥科技人才的真正作用，对企业和政府来说都是很大的损失。

1.4.3.3　配套后勤保障工作不到位

后勤保障工作是科技人才创业创新的最基本保障，政府配套的后勤保障工作做得好与不好，直接关系到创业企业能否有最基本的保障。在"南京 321 计划"的落实过程中也有一些企业家表示配套的后勤保障工作还存在问题。

南京 C 电子科技有限公司的负责人表示政府目前提供的基础设施不完备，例如，园区卫生间设施不完备，办公室的空调维修费不包含在房租内，而空调维护费过高。南京 B 信息科技有限公司的负责人也表示，政府提供的环境还有待加强，办公室噪声很大，办公环境不太好，希望政府能够加大力度改善办公环境。

南京 J 信息技术有限公司的负责人表示园区的基础设施还有待改进，她表示美国的高新技术企业都比较注重员工的身体健康，而现在园区的基本设施就不太能跟得上，更没有相应的运动场所和运动器材，她还表示园区还应该像提供共同的财务系统平台一样提供园区共同的其他服务，节约资源，提高效率。

创业园区配套的后勤保障工作直接影响入园企业家和员工对园区的满意度，政府对基础设施和基础服务的保障是对创业的最基本支持，也是十分重要的方面，所以政府基础方面的工作还应进一步完善。

1.4.3.4　投资结构失衡

"南京321计划"还存在投资结构失衡的状况，政府更加注重对物质方面的投资，而对科技人才本身的投资不足。对于创业企业家来说，并不是所有的物质条件都具备了之后，创业就能获得成功，企业就能得到发展，对于企业家和员工的人力资本投资也是十分必要的。

美国经济学家西奥多·舒尔茨认为，人力资本主要指凝结在劳动者本身的知识、技能及其所表现出来的劳动能力，这是现在经济增长的主要因素，是一种有效率的经济。他认为人力是社会进步的决定性因素，但人力的取得不是无价的，需要耗费一定的稀缺资源，人力，包括知识和技能的形成，都是投资的结果，掌握了知识和技能的人力资源才是一切生产资源中最重要的资源。因此，政府要注重对科技人才本身的投资。

在"南京321计划"落实过程中，企业家纷纷表示，政府在资金方面给予公司强大的支持，但是在人才投资方面的工作还比较欠缺，尤其是对于管理者来说，新晋管理者缺乏管理知识和管理经验，综合素质还有待提升。在调查中，发现普遍存在企业管理者缺乏管理经验、综合素质不高的情况，企业家大都是科研或者技术出身，对市场和管理方面的知识严重缺乏，这对于企业的整体发展是一个重要的"瓶颈"。

南京C电子科技有限公司的负责人表示创业之后自身面临着一些角色上的转变，还需在实践中慢慢学习。江苏G生物科技有限公司目前只有创业企业家一人，公司目前还处于一个技术研发阶段，而且他自身也是技术出身，完全没有管理和财务方面的知识。南京I生物技术有限公司的负责人也表示自己是技术出身，管理这方面对自己来说也是比较薄弱的一方面。

从案例中可以看出，中小型企业还没有能力雇佣市场方面的专门管理人员或者顾问，工作人员也太少，其管理者必须在财务管理、生产管理和市场管理等方面具有更广泛的知识和技能才能获得成功，中高层管理者也需要有基层管理者所需具备的基本素质来经常从事例行工作。所以政府需要对中小企业的管理者加强培训，加大对科技人才本身的投资力度，推动科技人才发挥作用。

1.4.4　南京321创业企业在构建科技人才中的突出表现

南京321创业企业在构建科技人才中也扮演着重要的角色，中小企业是科技人才成长的摇篮，总体来看，南京321创业企业在构建科技人才中的突出表现主要体现在四个方面，如表1-14所示。

表 1 – 14　南京 321 创业企业在构建科技人才中的突出表现

南京 321 创业企业在构建科技人才中的突出表现	徐庄软件园						白下产业园区					
	A	B	C	D	E	F	G	H	I	J	K	L
坚持以人为本，珍惜人才	+		+	+	+			+				
建立科技人才战略规划	+	+			+	+						
积极建立多元化融资渠道	+		+		+			+	+			
重视科技人才医疗保健、在职培训	+			+			+			+		

注："＋"表示某家企业访谈中涉及某一类型的问题

1.4.4.1　坚持以人为本，珍惜人才

在科技生产力中，人的作用最为重要。作为企业技术创新的主体，企业科技人才在整个技术创新过程中具有关键作用。只有充分发挥和不断提高科技人才的创新能力，才能提高企业的自主创新能力。以人为本的企业管理，就是把人视为管理的主要对象和企业最重要的资源。在调查 "321 人才计划" 的过程中，被调查的创业企业家都明确表现出珍惜人才、以人为本的科技人才理念，具体表现如表 1 – 15 所示。

表 1 – 15　坚持以人为本、珍惜人才表现

	坚持以人为本、珍惜人才表现	
南京 321 创业企业	落户南京最重要原因之一	南京高校集聚、人才众多
	团队创业企业所占百分比	92%
	创业企业家自身定位	自由、没有老板身份
	建立完整组织结构	完备组织管理、市场、财务人员

南京 A 教育科技有限公司的负责人表示在创业初期由于缺乏专业人才，吃了很多亏，自己是做技术的，对于团队知识和结构方面的准备不足，后期市场、财务和人力资源都有了，团队比较完备。南京 C 电子科技有限公司的负责人也表示创业团队现在设计芯片的有六七个人，加上硬件的三四个，一共十人左右。团队中也有专门的管理、市场、财务人员。现在最需要的是市场和技术方面的人才。

南京 D 电子科技有限公司的负责人也表示自身很重视团队，建立新的团队最看重的是员工的个人能力和合作能力。对于人才比较珍惜，在维护团队方面，一个是经济留人，一个是感情留人，自己不太适应老板角色，刻意放淡角色，甚至弱化和消除，平常自己不会以老板的姿态示人。团队中吸收最多的是硕士学历的人才，不一定是刚毕业的，但一定是在行业里有工作经历的，如高级工程师等。

此外，南京 E 控制系统有限公司的负责人表示公司现在试图招一些需要的人，把人员队伍及时建立起来，人才是比较重要的。南京有一个优势是高校聚集，这个对于创业者来说是一个非常重要的资源，因为企业竞争就是人才竞争，有人才才能做成事，虽然有的地方能提供很丰厚的资金政策，但没有人才的话，也做不成大事。南京 I 生物技术有限公司的负责人表示创业团队中最满意的是一个南京师范大学毕业的硕士经理，做事比较得心应手。

大部分创业公司的创业企业家表现出对人才的渴求以及对人才的重视，也有少数企业家由于业务的特殊情况在人才方面的意识不那么强烈，存在沟通交流成本高等一系列问题。

南京 B 信息科技有限公司的负责人表示创业团队现在很单薄，就是几个研究生和本科生，最多的时候是 2013 年夏天，一共有 15 个人，但是工作成果不太理想，他还表示人多力量不一定大，沟通交流成本非常高。

1.4.4.2　建立科技人才战略规划

在创业团队和公司创立初期，科技人才战略规划是十分重要的，从人才的招聘、筛选、录用、培训、绩效考核到员工关系，每个方面都会对员工的成长以及企业的发展产生不小的影响。在入选"南京 321 人才计划"部分企业的调查过程中，很多创业企业家已经认识到科技人才展战略规划的重要性，并将这项工作提上日程，具体表现如表 1-16 所示。

表 1-16　建立科技人才战略规划表现

南京 321 创业企业	建立科技人才战略规划表现	
	员工招聘	专业的招聘渠道
	人员筛选	注重员工与公司的契合以及员工的工作经验
	员工培训	积极组织参加园区及外界举办的培训交流会
	员工关系管理	建立和谐的劳资关系

南京 A 教育科技有限公司的负责人表示在创业初期招聘员工的时候缺乏 IT 圈子的人，在网上发帖找人，一开始找到好几个，但是这种方式不是很成功，人不靠谱，吃了不少亏，只有一个留了下来。之后经验丰富了，通过专业的招聘网站招聘，建成现在的团队，也确定了考察标准。到正规的招聘网站招人，招来的人质量选择更大，各方面的活动导致交际圈子扩大，其他介绍的人也进来了。

南京 E 控制系统有限公司的负责人表示在招聘过程中看重的首先是应聘者的知识结构和公司的需要是不是吻合，其次是看员工有没有自我学习的能力，如果他自我表述做过什么项目，项目中取得了什么成绩，但简历很简单，完全没有说做过什么东西。有的应聘者会说自己在大学期间做过什么实习和项目，用了什么开发语言，完成了什么功能，让人觉得非常具体，公司就希望找到这样有自学能力的人才，因为很多知识是大学里学不到的，需要在工作中学习。所以公司对于这种接受能力强的、有团队精神、容易跟人合作的人很欢迎。比如有的应聘者说在大学里面做过班委、组织过一些活动，这种人就有一定的社交能力，可以做市场工作或一些管理工作。

南京 F 工业视觉技术开发有限公司负责人则表示公司在总部的帮助下，已建立起完整的财务和人力资源管理部门。江苏 G 生物科技有限公司的负责人表明，公司现在正在大量招聘人才，公司的股权结构已经建立，有两三个股东。

在"321 计划"调查中，大部分企业家已经在科技人才战略规划方面有所作为，也有部分企业家在企业初创期的人才规划方面存在不同的意见。

南京 C 电子科技有限公司的负责人表示目前团队中还没有财务人员，现在财物就是很简单的费用支出，购买设备，也没发生很多的费用。在接受管理培训方面他认为不必要，认为需要管理者自身在角色转换过程中慢慢学习。

1.4.4.3　建立多元化融资渠道

企业初创期对资金的需求无疑是非常迫切的，资金是初创企业生存的血脉，只有拥有充足的资金来源，企业才能维系正常的运作，一旦失去了资金支持，企业将会寸步难行，在"321 人才计划"的调查过程中，绝大部分企业家会积极主动地寻求政府、风投等的资金投资，努力建立多元化的融资渠道，具体表现如表 1－17 所示。

表 1－17　建立多元化融资渠道表现

	建立多元化融资渠道表现	
南京 321 创业企业	创业自身融资金额	大于等于 100 万元/企业
	寻求政府帮助	资金支持和补助
	引入风险投资机构的企业所占百分比	42%
	其他融资方式	拓展自身社会网络资源

南京 A 教育科技有限公司的负责人表示起初自己的资金来源全部是自己的资金，现在形成良性循环了，公司被越来越多人看好，两个办天使资金的人加入了公司，带入的资金使得公司度过了最艰难时期。他还表示国内环境比较好，创投

服务的机构增多，包括政府的，如长三角的知识产权、台湾的某些机构、留学生协会的服务，都有投资进入公司；也有民间投资进入公司，比如321的资金平台，如紫金创投。南京C电子科技有限公司的负责人表示自己的主要资金来源是自己的投入，政府投入的100万元只够购买硬件设施，可以大概维持前面一两年，下一步的资金公司也谈了一些投资机构，不太方便透露。南京E控制系统有限公司的负责人表示目前的资金来源主要是自筹了一部分，政府资助了一部分，下一步就是找一轮融资的阶段，引进资金的目的，不光是补充钱，还包括人脉和资源。

南京H智能软件有限公司的负责人表示现在有专门的股东来负责资金运作这一块。公司希望在市场达到一定的程度，产品的平台价值达到一个很好的体现的时候，再进行适当的融资。总的来说公司现在的资金状况还是比较正常的。公司需要找一个合适的点融资，而不是在平台价值还没充分放大的时候，所以公司现在在酝酿这个过程。

南京I生物技术有限公司的负责人也表示风险投资这一块主要是自己在做。公司现在有四个大项目和医院合作，公司提供技术，医院提供资金。与其他一些大公司也有过接触，他们愿意参与，但具体怎么参与还没有考虑。他还表示如果公司在市场上筹集资金的胆子更大一些，那么公司现在发展应该可以更快一点。南京J信息技术有限公司的负责人表示资金状况还好，属于能维持目前发展的状态。公司也很快会考虑引进风险投资。负责人在美国累积了一些国际上的风险投资资源，回到南京以后也会去找国内的一些风险投资。

调查中，有些创业企业家在融资方面考虑到行业的特殊情况以及自身的风险偏好还略显保守。南京D通信技术有限公司的负责人表示前期有很多基金风险投资，主动找过公司，但自己是技术出身，对于风险投资，理解程度不太高，内心不太能够接受，就婉拒了。但是可能早一点将战略投资引进公司，对公司的进一步发展会很有帮助。南京B信息科技有限公司的负责人表示入选"南京321人才计划"有一个100万元的资金扶持，自有资金100万元。第一年运作100多万元，正好资金链不会断裂，公司已经开始盈利了，他还表示公司由于行业的特殊情况现在还不需要风险投资。南京F工业视觉技术开发有限公司的负责人也表示没打算引入其他战略合作者，因为总部帮助得挺好的。

1.4.4.4　重视科技人才医疗保健、在职培训

企业目前越来越重视员工日常生活问题，极力为员工创造更好的工作环境。只有保障了员工基本的医疗保健、在职培训以及配套的生活保障，员工才能更好地投入工作，发挥自身的才能，具体表现如表1－18所示。

表 1 – 18　重视科技人才医疗保健、在职培训表现

	重视科技人才医疗保健、在职培训表现	
南京 321 创业 企业	落户南京创业园区的重要原因之一	城市总体环境状况良好
	解决员工住宿问题	人才公寓以及住房补贴
	关心员工交通问题	园区位置以及地铁车站距离
	注重员工培训	积极组织参加园区及外界举办的培训交流会

南京 A 教育科技有限公司的负责人表示选择南京的徐庄创业园区，一个很重要的原因是南京的环境比较好，市区大兴土木环境太差，徐庄软件园很有世外桃源的意思。

南京 D 通信技术有限公司的负责人表示徐庄软件园存在压力比较大的地方，人才公寓不够，所以园区就贴现给公司，每年有 3 万元的补贴，解决员工的住宿问题。

南京 E 控制系统有限公司的负责人表示南京园区提供办公场所，专门有人才公寓给员工住，这个是不多见的，公寓里面像大学生宿舍，有 6 张床，这对刚毕业的大学生来说，公司可以提供免费的住处，解决了员工的住宿问题，对公司招人也非常有好处。

江苏 G 生物科技有限公司的负责人也表示对于员工的住宿问题会通过园区的补贴对员工租房进行补贴。他还表示，公司在选址的时候会考虑到园区的位置和交通情况，白下产业园区交通确实方便，从南京南站沿绕城高速搭乘出租车 10 分钟就到园区了。

南京 J 信息技术有限公司的负责人也表示之前对创业的培训持怀疑态度，因为理论上的培训和现实脱节，但是最近参加的一场培训对成熟企业怎么做营销工作还是有很大的启示，因为就是在思路上把怎么做营销梳理了一下，其他的创业培训理论他也认同，因为在美国也有一种创业培训叫作创业导师，会有一个顾问，类似于创业导师，这个导师可能会定期和创业者讨论创业的进展以及计划书怎么准备，从这方面来说这些培训还是可以借鉴的。

企业对员工医疗保健和在职培训方面的重视有利于员工增加对企业的满意度和忠诚度，有利于稳定企业员工队伍，对企业来说具有非常重要的长远意义。

1.4.5　南京 321 创业企业构建科技人才工作中有待改进的方面

南京 321 创业企业在构建科技人才工作中虽然取得了一系列的成就，但是还存在很多有待改进的方面，主要表现在六个方面，如表 1 – 19 所示。

表1-19 南京321创业企业在构建科技人才工作中有待改进的方面

南京321创业企业在构建科研人才中有待改进的方面	徐庄软件园						白下产业园区					
	A	B	C	D	E	F	G	H	I	J	K	L
企业科技投入资金筹措困难，融资渠道亟待进一步拓展和完善	+		+		+							+
企业科技创新活动起点较低，投入意识不强	+		+				+		+			
用人机制不够健全，人才流失现象严重	+	+			+							
高层次科技人才缺乏，科技人才整体创新能力不强	+		+		+							
企业科技人才资本呈现弱化趋势：科技人才投资效益不高		+	+			+						
投资结构配置不合理									+	+		

注："+"表示某家企业访谈中涉及某一类型的问题

1.4.5.1 企业科技投入资金筹措困难，融资渠道亟待进一步拓展和完善

在"南京321人才计划"调查的部分企业中，绝大部分表示企业资金的来源还是自筹经费，而且资金压力比较大，并且企业科技投入资金筹集困难，都希望政府不管是在直接投资方面还是在提供融资渠道方面给予企业更多的帮助，企业的融资渠道还有待进一步的拓展和完善。

南京A教育科技有限公司的负责人表示起初自己投入全部的资金，几乎花光了所有积蓄，资金一直比较困难。政府资助的100万元是起初一年半的活命钱。2014年7月出现资金危机，账面的钱快用完了，银行贷款方面，南京服务机构的落实需要时间，而且觉得不容易拿到那些银行的资金。

南京C电子科技有限公司负责人表示南京市只给公司提供100万元资助，购买些硬件设施就没了，创业团队内部投入了1000万元，其实，政府扶持力度应该更大一点，现在是摊子太大，很难对每一家企业集中力量，看上去竞争人很多，其实政府也不知道哪家企业会成功，而且评估很困难。

南京E控制系统有限公司的负责人表示目前是创业团队自筹了一部分资金，政府资助了一部分，这些钱基本还够花费，现在市场也在推广，所以逐渐在打开

市场，但这有一个过程。下一步就是找一轮融资的阶段，市场销售达到一定量的时候，进行第二轮融资。

江苏 G 生物科技有限公司的负责人表示政府投资的 100 万元，如果是自身的资金的话，风险真的很大，它就是政府鼓励公司的，当然从创业者个人的角度来说，都希望创业成功。

南京 I 生物技术有限公司的负责人表示"南京 321 人才计划"这个启用基金的政策是非常好的，但还是不够。因为 100 万元投到 IT 公司的话，租一个小的办公室就可以开始运作了。但是公司要买仪器设备的话，显然是不够的，所以公司自己也要找风险投资。

1.4.5.2　企业科技创新活动起点较低，投入意识不强

在调查的部分入选"南京 321 人才计划"企业中，不少企业的科技创新活动起点是比较低的，并且投入的意识比较弱，但是就高新技术产业来说，科技创新是最关键的地方。然而部分入园企业的科技创新活动的起点还是很低的，距离企业的发展壮大还有很长一段距离。

南京 B 信息科技有限公司的负责人表示公司就是小型创业，它是一个非常狭窄的细分的小众领域，是高技术密集型的东西，前期不需要大规模资金投入，这种市场没有太多人投入去做，如果公司的软件被破解了，公司就不存在了。

南京 C 电子科技有限公司负责人表示公司才刚刚开始，产品尚在开发中期，还没推广出来，还没有可以量产的产品。想要一步打入高端，不太可能，公司打算从中小企业入手，中低端、高端都需要，打入高端要更长时间。

江苏 G 生物科技有限公司的负责人表示目前产品还处在研发中期，至少要三五百万元的投资，暂时还没有定型的产品。

1.4.5.3　用人机制不够健全，人才流失现象严重

在"南京 321 人才计划"政策的调查中还发现：企业还未在人才上进行足够的投资以使其开发增值，至于职业生涯设计就更无从谈起，这不利于企业员工团队的稳定，致使企业内的人才往往觉得前途渺茫，动力不足，从而最终选择离开，同时企业对外部人才的吸引力也不足。用人机制的不健全对企业的发展壮大也存在不小的阻力。

南京 A 教育科技有限公司的负责人表示企业初期招人存在很多问题，招的人不靠谱，离职率很高，另外，创业初期舍不得花钱，招来的人质量有待商榷。

南京 B 信息科技有限公司的负责人表示创业团队现在很单薄，就是几个研究生和本科生，中间也有正式的员工，最多的时候 15 个人，但是做的东西不太好，人多力量不一定大，沟通交流成本非常高。

南京 E 控制系统有限公司的负责人表示公司目前的团队成员都是在国内雇用的。现在试图招一些公司需要的人，要把人员队伍及时建立起来。但光有人还是不够的，还要培训，一培训就是几个月，真正能产出可能要三个月之后，人总是一个最重要的问题。前期对人才发展的考虑有些落后，因为在前期初创企业花钱都比较节约，雇人后花销就增多了，初创企业的最大花销是工资，所以在雇人的时候一般都比较谨慎。但是如果员工不够，做产品速度就慢，投入比较大。

1.4.5.4　高层次科技人才缺乏，科技人才整体创新能力不强

目前"南京 321 人才计划"的企业中，虽然创业企业家普遍具备高学历，"海龟"以及高校教师占据了很大比重，但他们也面临着向企业家角色转变的问题。公司的总体规划还存在欠缺之处，企业也迫切需要一大批专业人才的输入。

南京 A 教育科技有限公司的负责人表示公司非常缺 IT 类的专业人才，并且在团队知识和结构方面准备不足，因为自身是做技术的，初期不知道人才结构和组织结构。虽然能够快速学习，但这是一个漫长的过程。

南京 C 电子科技有限公司负责人表示创业看团队，大家有共同的目标才会走到一起，目前合伙人主要做技术市场和财务的，公司最需要的是技术和市场方面的人才。

南京 E 控制系统有限公司的负责人认为创业公司必须要找互补性的人才，创业团队中有成员做市场比较厉害，他同时有个工商管理硕士学位，所以还懂一些管理知识和金融知识，而自己是做技术方面的，比较互补，目前公司在专业人才方面还是很缺乏的。

1.4.5.5　企业科技人才资本呈现弱化趋势，科技人才投资效益不高

我们的调查过程中发现，虽然绝大部分企业都意识到人才的重要性，也都采取行动招聘各种专业人才以壮大企业的力量，但是由于企业处于初创期，业务发展进程缓慢，很多初创企业至今还未能盈利，并且对人才的投资回收期较长，所以目前看来，科技人才投资的效益总体上并不高。

南京 B 信息科技有限公司的负责人表示公司 2013 年 4 月才交付，开始运营，目前销售额是有的，但不是主营业务，都是定制的一些边缘业务。属于卖给别人软件，但还没有大规模卖，都是测试、样品，2014 年 7 月才开始进入批量生产，技术成熟度、测试都是很复杂的，这个创业阶段是很重要的，成不成功就在这一段时间。

南京 C 电子科技有限公司负责人表示公司做芯片设计和 OEM 制造，收取加工费。产品还在开发中期，没推出来，还没有形成量产的。目前最担忧的是产品

开发能否按照预定时间推出来。

南京 F 工业视觉技术开发有限公司的负责人表示初始资金自己投得较多。目前员工将近 40 人，每年 700 万~800 万元的开销。销售额 2014 年大约为 500 万元。因为是独立运营的子公司，今年无法实现保本。

1.4.5.6 投资结构配置不合理

由于"321 人才计划"的入园企业处于创立初期，所以在企业资金的投资结构上存在不合理的现象，由于受到资金的限制，企业都比较注重对生产设备、技术方面的投资，而缺乏对人力资本的投资，导致企业的投资结构配置不合理，科技人才的潜能没有得到充分的发挥，最终使其对企业的绩效产生的作用大打折扣。

南京 I 生物技术有限公司的负责人表示公司的资金缺口比 IT 公司要大，因为要买仪器设备，政府的资金显然是不够的，公司自己也在找风险投资。因为要做好的话，对仪器的要求也要高一些。所以现在花在仪器上面的钱为 200 万元以上。但是他认为产品好了不愁没有市场。

南京 J 信息技术有限公司负责人认为目前的人力投资方面例如培训可能发挥不了大的作用，他认为如果只是单纯的培训，至少在目前阶段对创业公司的指导意义不大，可能是对其他阶段的公司会有更多好处，因为创业企业更注重的是扁平式管理，在美国一家 10 个人的公司可以做很多事情。

大部分企业由于企业处于初创期，对公司的投资配置不合理，没有考虑到对公司的人力资本投资，随着企业的发展壮大，人力资本投资必须要引起企业家们的足够重视，才能补充企业发展的长远动力。

1.4.6 总结

通过入选"南京 321 计划"企业的调查，发现政府和企业在构建科技人才中扮演着不同的角色，有着不同方面的作为，同时也都存在不同方面和程度的问题。

一方面，政府在构建科技人才中的突出作为主要表现在：以人才引进带动战略转型、以人才开发带动产业升级、以创业激情带动人才集聚以及以中小企业创业带动创新；同时政府还存在经济导向，注重短期收益，人才重引进、轻培养，配套保障工作不到位和投资结构失衡等方面的问题。

另一方面，创业企业在构建科技人才中的突出作为主要表现在：坚持以人为本、珍惜人才，建立科技人才战略规划，积极建立多元化融资渠道以及重视科技人才医疗保健、在职培训；同时还在以下几方面有待改进：企业科技投入资金筹措困难，融资渠道亟待进一步拓展和完善、企业科技创新活动起点较低，投入意识不强，用人机制不够健全、人才流失现象严重，高层次科技人才缺乏、科技人才整体创新能力不强，企业科技人才资本呈现弱化趋势：科技人才投资效益不高，投资结构配置不合理。

政府和企业在构建科技人才工作中应该继续保持突出作为，也要因地制宜地采取各种措施解决构建科技人才中出现的各种问题，发挥政府和企业的协同作用，共同把南京打造成构建科技人才的领头城市。

第二篇

协同管理路径与机制研究

2 企业创新创业人才激励策略研究

"人是组织中最重要的资源"，这并不是近期研究中才提出的概念，早在20世纪30年代行为科学兴起之时，管理学家及组织中的管理者就已经意识到人对于工作绩效的决定性作用，并随之发展出一系列激励理论，成为管理学中最具艺术性的部分。迄今为止，众多学者及深谙管理实践真谛的企业家都指出，组织应在其竞争优势中发挥人的潜力（Porter，1990）；企业成功的关键在于人，在于那些富有激情和敬业精神的管理人才（Jacocca，1998）；在影响经济发展的诸因素中，人的因素是最关键的，经济的发展主要取决于人才质量的高低，而非自然资源的丰富或资本的多寡（Schults，1960）。组织要想生存、有效地获得竞争优势，持续和成功的变革与创新必不可少（Holt，2010）。创新是企业维持竞争优势的重要工具，是企业提高核心竞争力的关键手段，而人是组织中最宝贵的资源，也是组织中所有创新活动的践行者，因此，员工创新无疑是关乎组织生存与发展的关键因素（Amabile，1988；Woodman et al.，1993）。

随着劳动力价格上涨，企业间的竞争（包括国际、国内竞争）也沿着价值链向高端移动，主要体现为研发、设计、营销及售后服务的竞争，而非处于价值链低端的产品组装或模块化零部件生产的竞争，而这些领域的竞争从根本上又取决于企业拥有的人才，尤其是具有创新性的人才。在上海及苏南地区，半导体行业企业的管理者常常讨论本土工程师与中国台湾、印度工程师及美国工程师的差异。当前，我国经济增长模式面临转型，产业升级迫切需要创新作为基础性支撑，创新创业型人才因此成为企业乃至全社会实现可持续发展的核心驱动力。江苏省自2009年启动创新型省份建设工作，目前已取得阶段性成果。从全国范围内来看，江苏省的区域创新能力居于领先地位。然而，在一系列光鲜亮丽的数据背后，一个不容忽视的现实是，作为一个人才大省，江苏省的创新绩效及效率仍有待提高。作为科教大省的江苏省，拥有优势的教育、科研资源，省内会聚了大量的高素质人才，如果能够通过一系列制度保障使人才激励机制充分发挥作用，将会充分激发这一庞大人才群体的创新、创业热情，最终转化为创新创业行动与实践。

2.1 江苏省企业创新创业人才激励实践中存在的问题及原因分析

科技部发展计划司编制的《中国区域创新监测数据2013》共统计了区域创新环境指标、创新资源指标、创新产出指标、创新绩效指标、创新能力指标以及企业创新指标六大类共计数十项指标（见表1-4）。2013年的数据显示，江苏省万人发明专利拥有量仅为5.71件，不仅远远落后于北京、上海，也落后于天津、广东、浙江；江苏省企业万名研发人员发明专利拥有量仅为55.68件，远低于北京（285.07件/万人）、广东（79.92件/万人）、上海（71.26件/万人），略高于浙江（50.6件/万人）、山东（45.39件/万人）；而江苏省有研发机构的企业占工业企业的比重为31.97%，这一数字远远高于其他省市（其他最高的为浙江，比重为19.12%）。综合以上数据不难看出，江苏省的创新绩效仍有待进一步提升。

2.1.1 企业技术创新的资源条件仍需完善

表2-1中数据显示，江苏省高技术企业占工业企业的比重为10.03%，明显低于北京、广东、天津、上海四省市，作为经济大省和创新型省份试点，江苏省企业整体技术水平仍有待大幅度提升，转型升级任务较重；抓好科技创新创业工作，加快培育科技创新型企业群体是政府相关部门长期面临的主要工作之一。

表2-1 区域创新绩效监测指标

指标 地区	高技术企业占工业企业比重（%）	劳动生产率（万元/人）	劳动生产率（万元/人）	商品出口额占GDP比重（%）	高技术产品出口额占商品出口额比重（%）	第三产业增加值占比重（%）
北京	20.59	12.47	12.47	11.03	60.87	76.46
天津	10.99	23.47	23.47	24.01	38.68	46.99
上海	10.54	21.58	21.58	60.51	46.80	60.45
江苏	10.03	10.70	10.70	39.01	39.36	43.50
浙江	5.87	8.18	8.18	44.54	6.05	45.24
山东	4.98	8.43	8.43	17.15	10.63	39.98
广东	13.39	9.48	9.48	70.35	34.79	46.47

表2-2中数据X8显示，2012年江苏省有研发机构的企业占工业企业的比重

表2-2 2012年江苏省"企业创新"监测指标数据

指标 地区	企业研发经费支出占地区研发经费支出比重（%）X1	企业研发经费支出占主营业务收入比重（%）X2	企业技术获取和技术改造经费支出占主营业务收入比重（%）X3	企业科学研究经费支出占企业研发经费支出比重（%）X4	科研机构高校研发经费支出中企业资金所占比重（%）X5
北京	18.56	1.17	0.61	1.56	7.25
天津	70.98	1.08	0.49	4.45	24.85
上海	54.68	1.09	0.71	0.87	9.58
江苏	83.88	0.91（明显偏低）	0.70	0.52（较低）	20.05（较高）
浙江	81.46	1.02	0.49	0.22	24.92
山东	88.76	0.77	0.32	3.09	15.18
广东	87.20	1.15	0.32	3.74	13.63

指标 地区	企业平均吸纳技术成交额（万元）X6	企业R&D人员占就业人员比重（%）X7	有研发机构的企业占工业企业的比重（%）X8	万名企业就业人员发明专利拥有量（件/万人）X9	万名研发人员发明专利拥有量 X10＝X9/X7
北京	2639.08	0.41	16.12	116.88	285.07
天津	383.36	1.17	11.96	45.88	39.21
上海	418.10	0.89	7.57	63.42	71.26
江苏	112.29	0.72	31.97	40.09	55.68
浙江	80.36	0.57	19.12	28.84	50.60
山东	48.52	0.36	6.42	16.34	45.39
广东	111.55	0.73	6.88	58.34	79.92
备注	分别比较各省X8与各省X10可见，江苏企业研发效率相对较低；北京、上海企业效率最高				

数据来源：《中国区域创新监测数据（2013）》

为 31. 97% ，明显高于作为比较的其他 6 省市（这一数据分别介于 6% ~ 20% ）；说明江苏省工业企业内部设有研发机构的比重较高，具有较好的开展研发活动的组织机构保障。然而表 2 - 2 中数据 X7 显示，江苏省企业 R&D 人员占就业人员比重为 0. 72% ，低于天津、上海、广东（分别为 1. 17% 、 0. 89% 、 0. 73% ），高于浙江、北京、山东（分别为 0. 57% 、 0. 41% 、 0. 36% ）；数据 X9 显示，江苏省万名企业就业人员发明专利拥有量却仅为 40. 09 件/万人，仅高于浙江、山东两省，低于天津、广东、上海，更远低于北京；根据这两项数据计算得到的数据 X9/X7 = X10，即万名企业研发人员发明专利拥有量，江苏省为 55. 68 件/万人，在作为对比的 7 个省市中居于较落后地位（其他 6 省市分别为北京 285. 07 件/万人、广东 79. 92 件/万人、上海 71. 26 件/万人、浙江 50. 60 件/万人、山东 45. 39 件/万人、天津 39. 21 件/万人）。同时对比各省市数据 X8 与 X10 可见，江苏省有研发机构的企业占工业企业比重远远高于其他省市（为 31. 97% ），但万名企业研发人员发明专利拥有量却较为落后（55. 68 件/万人），说明江苏省企业的研发活动产出和效率相对较低；而北京、上海企业的研发活动产出和效率最高。

表 2 - 3 中数据显示，2012 年江苏省的万人发明专利申请数尤其是亿元研发经费支出发明专利申请数均较高，但与此相应的实际授权数（万人发明专利授权数、亿元研发经费支出发明专利授权数）以及综合的万人发明专利拥有量、新产品销售收入占主营业务收入比重却均较低（仅高于山东）。这充分揭示了江苏省技术创新质量不高、创新能力不强、实际产出效益较低的尴尬现状，这与江苏省科教大省的地位不符，其深层次原因有待深刻剖析及反思。

表 2 - 3 区域创新产出监测指标

指标 地区	万人发明专利申请数（件/万人）	亿元研发经费支出发明专利申请数（件/亿元）	万人发明专利授权数（件/万人）	亿元研发经费支出发明专利授权数（件/亿元）	万人发明专利拥有量（件/万人）
北京	25. 48	49. 58	9. 73	18. 94	33. 61
天津	9. 61	37. 69	2. 35	9. 23	7. 17
上海	15. 60	54. 66	4. 78	16. 75	16. 93
江苏	13. 90	85. 48	2. 05	12. 61	5. 71
浙江	6. 07	46. 04	2. 11	16. 01	6. 49
山东	4. 17	39. 58	0. 77	7. 30	2. 27
广东	5. 71	48. 90	2. 09	17. 92	7. 45

续表

指标\地区	新产品销售收入占主营业务收入比重（%）	高技术产业增加值占生产总值比重（%）	高技术产业总产值占工业总产值比重（%）	百万人技术国际收入（万美元/百万人）	万人技术输出成交额（万元/万人）
北京	19.62	3.82	20.41	43103.92	11880.85
天津	18.86	8.40	14.94	6860.10	1644.04
上海	21.70	5.78	21.49	41743.08	2179.22
江苏	14.96	9.52	19.12	2096.98	506.21
浙江	19.56	2.77	7.09	1036.23	148.45
山东	10.94	4.60	6.69	373.02	144.57
广东	16.42	9.52	26.84	3946.18	344.48

数据来源：《中国区域创新监测数据（2013）》

2.1.2 企业家及科技人员创新动力不足

2012 年江苏省企业研发经费支出占主营业务收入比重（X2）仅为 0.91%，在作为比较的 7 个省市中居第 6，仅高于山东省（0.77%）；企业科学研究经费支出占企业研发经费支出比重（X4）仅为 0.52%，仅高于浙江省（0.22%）（见表 2-2）；两项指标数据均明显低于其他几个省市；而企业技术获取和技术改造经费支出占主营业务收入比重（X3）则居于前列。结合以上三个指标数据进行分析不难发现，一方面江苏省企业研发经费投入总量明显不足；另一方面投入的研发经费也主要用于技术获取（购买专利等）和技术改造，而真正意义上用于企业自主创新的投入非常有限。

创新是企业的灵魂。无论何种规模、何种性质的企业，想要实现持续盈利和可持续发展，必须高度重视创新工作。企业家作为企业的掌舵人，是企业创新活动的原动力，并且在制度改革、技术创新方面都起到举足轻重的作用。某种程度上，企业家的创新意愿完全能够左右企业的创新决策。现实中如果能够有效促进企业家创新意愿的提升，就能在很大程度上激励企业的自主创新，推动转型升级。事实上，随着我国市场经济体制的逐步建立以及全球化、信息化时代的来临，尤其是 2009 年全球性金融危机爆发以来，企业家群体对创新重要性的认识也愈加深刻。众多案例不断印证着一个事实，那就是越具有创新性的企业在此轮经济危机中越能够脱颖而出，凸显其竞争优势。因此，企业家群体的创新意愿近年来正日益增强。2014 年 3 月公布的由中国企业家调查系统组织实施的企业家问卷调查结果显示，关于"为了企业更好地发展，企业未来一年应着重采取的措施"诸多选项中，排在前三位的分别是：73.9%的受访企业家选择了"加强管理，降低成本"；61.5%的选择了"增加创新投入"；52.2%的选择了"引进人才"。由此可见，面对当前紧迫的创新形势，企业家们已经清醒地认识到管理创新、技术创新的重要性以及人才在创新中的核心地位。与此同时，认为创新动力"有所增强"或"明显增强"的企业家占63%。同时，在期待政府进一步深化改革方面，企业家选择比重最高的三项依次是"加强食品药品安全监管制度"（59.8%）、"优化市场环境"（59.5%）、"简政放权"（58.3%）。而东部地区企业家选择"防范地方债务风险"和"完善科技创新体制机制"的比重明显较高。

如果说大企业对于自主创新的动力和意愿还相对较强，那么大量中小企业的经营管理者这方面的意识尚有待提升。对于中小企业而言，未来的发展只有三条道路：一是通过技术创新、管理创新实现转型升级；二是可以尝试通过海外拓展走出国门；如果未能主动选择前两条路，恐怕就只能走上残酷的被淘汰的道路。对此，一部分企业家早已见微知著，但更多的仍有待教育引导。因此，政府应通过各类人才项目、企业家培训项目大力开展创新管理教育，使企业家、管理者把创新和企业家精神看作企业和自己工作中一种正常的、不间断的日常行为和实践，并在其自身结构中建立系统化、有组织的创新，以实现持续的变革与创新。

2.1.3 创新创业人才培养激励制度不健全

有效的激励体系能够充分调动人员的积极性，促进创新；相反，无效的管理措施或不当的激励将阻碍创新。深入分析江苏省政府及企业制定的科技创新政策以及创新创业人才引进、培养与激励的各项政策不难发现，相关政策普遍尚未形成完整的思路与措施标准，仍有待进一步的修订与完善。存在的一个显著问题是，相关政策中普遍存在"重引进使用、轻培养激励"的现象，并且政策内容也较为笼统、粗放，显示出人才培养政策与人才引进及使用激励政策的明显不均衡。

科技创新人才持续性培养机制缺失，评价机制尚不完善，职业发展通道单一，人力资本产权缺失，缺乏对企业的剩余索取权，人才激励政策较为简单粗放是多数企业普遍存在的问题。很多企业对诸如研发类科技人才的工作设计、业务流程、绩效评价方法缺乏科学性，依然沿用着针对体力工作者的强化工作过程标准化、较为机械、着重工作结果的方式，远不符合创新创业人才的个体特征。人才激励政策方面，较多体现为人才引进及配套政策（包括生活补贴、启动资金）、成果奖励等外在性的激励；而对于激发创新创业人才潜能最为有效的创新创业环境的完善、创新创业氛围的营造等方面却少有突破性进展。科技创新人才培养试验性强、难度大、周期长，不少企业中"重使用、轻培养"的现象更普遍，用人单位往往把心思用在引进上，情愿利用高薪延揽人才，而不愿意投入人力财力自主培养，导致人才归属感差，创新活力不足。好的制度体系是一个良好的沟通系统，可以将组织的目标和要求通过制度传递给个体，与个体对话，并通过制度引导个体的行为。如何建设和完善有利于吸引、引导并且充分激发员工创新潜能的政策及制度体系，不仅是企业等各类微观主体的战略性问题，也是各级政府部门制定、出台各项政策法规的出发点。

2.1.4　促进创新创业人才成长的生态系统尚未建立

大量研究表明，企业创新人才的创新意愿及创新行为受到多层次、多维度、多种因素的综合影响。在个体层面上，个人价值观、创新自我效能感、积极情感、工作满意度、工作自主性、目标导向、组织认同、角色认同、心理授权、晋升激励、上级支持、个体人力资本、社会资本、心理资本、变革型领导、服务型领导等众多变量均可以对个体创新行为产生积极影响；在团队层面上，团队创新氛围、团队关系资本、团队成员交换、团队沟通、团队学习对个体创新行为具有显著影响；在组织层面上，组织结构、知识转移渠道等对研发团队创新绩效具有显著影响；市场结果导向与创新学习导向对员工创新行为有显著的促进作用；在宏观的社会层面上，创业导向、区域文化等对个体创新行为具有显著影响。

激励机制是通过一套系统化、理性化的制度来反映激励主体与激励客体相互作用的方式，是调动员工积极性的各种奖酬资源。要想使创新人才的创造潜力得到释放，企业各级管理者就必须设法营造一个健康的创新人才成长生态系统，在充分认识创新人才个体心理特征的基础上，建立并不断完善创新人才培养和开发的政策制度，通过企业内部制度体系的建设以及各级管理者有效的领导行为，激发创新人才的创新潜能，形成持续性的创新人才识别、甄选、培训、开发、使用、激励、评价、保障机制；在企业内部形成公平、公正的科技创新人才选拔、使用、晋升和利益分配的机制；在生活上，提供能够体面生活，同时对未来又有良好预期的收入水平，生活上没有后顾之忧的环境；在工作中，提供个人价值得到充分的承认和尊重，个人才能得到应有的发挥和赞赏，个人的贡献不会被忽略并得到合理回报的工作环境；提供一个能够让科研人员专心于自己所喜欢的研究事业、没有过分心理和工作压力以及太多因素干扰的心情舒畅、气氛宽松、管理灵活的创新环境。

2.2　江苏省企业创新创业人才激励策略改进建议

　　产业发展离不开微观企业先进的管理水平，而新兴产业多为典型的知识密集型产业，对知识和人才具有高度的敏感性和依赖性，建立良好的激励制度体系，将可以通过其蕴含的内在激励机制激发员工的工作热情和积极性，使人才发挥巨大的创新潜力。然而绩效管理和员工激励，尤其对研发人员的激励是普遍性的管理难题，如何实现突破需要理论的指导和管理智慧与实践的结合。

　　创新性工作是一种创造性劳动，创新人员的角色多样化，且工作较为复杂，其任务及目标难以量化；能否取得创新性成果受很多因素的影响，具有很强的不确定性；在不同研发部门、不同项目、不同专业人员之间，绩效的可比性不强；创新性工作的最终结果（新产品销售收入、利润等）具有滞后性，在工作过程中不能"一揽子"进行评价。此外，创新性工作具有很强的团队性质，往往需要组织内外部各种资源的整合利用，能否取得创新成果涉及组织内部整个业务流程。综合上述特点不难发现，对创新创业人才的激励需要系统性的思维与制度体系的支持。

2.2.1　大力加强人员甄选和员工培训工作

　　对于企业而言，"人—岗匹配"——胜任乃至超出岗位要求、能够为企业创造价值的员工才是"人才"。员工各有所长，只有将人力资源放在合适的岗位上才能发挥其最大的潜能。因此，建设有效的招聘渠道和合理高效的招聘选拔程序、方法，甄选和识别不同岗位的胜任员工是促使创新人才涌现的重要前提。任职岗位之后，持续的人才培训与开发同样重要。不少企业因为害怕人才流失而不愿开展培训工作，认为员工培训完就"跳槽"了，是花钱为别人培养人。殊不知，创新源于知识的积累和启发，无论是管理者、技术人员还是工人，如果不能进行持续的学习，就无法敏锐感知新事物和新趋势蕴含的创业、创新机会。

　　我国经历了两千年的农业社会发展，传统文化和公众思维深受其影响，加之受国家整体经济发展水平和市场化程度所限，目前国内大多数中小企业主及其经营管理层对经济形势和国家政策发展规律的认识基本处于较低水平，甚至很多以往获得成功的创业者，尽管其有着高超的商业意识，但仍仅停留在感性阶段，靠的是自身灵敏的商业嗅觉而非理性化的商业思考。因此，首先必须强化企业高层管理人员终身学习的意识，通过系统化的理论学习、知识积累实现战略思维、经营思维的提升和转变，使其思维方式上升到理性层面。而对于技术人员及一线技能人员而言，由于当今社会知识更新速度大大加快，若不能加强专业培训，将使得企业内这些主要的创新人员缺乏足够的创新所需的专业知识和技能，这将直接导致创新能力的缺乏。具体到培训内容及项目的选择方面，则需要结合企业发展战略及人才战略规划，以提升员工的岗位胜任能力为目的，依据企业业务发展需求确定培训内容、制定培训计划，使员工从"胜任"到"卓越"。

2.2.2 设计和建立员工职业生涯发展体系

科技创新人员群体多为高学历人员，通常接受过良好的教育，知识和专业技能以及自我意识更加突出，这类人员往往内心更加渴望成长、渴望自我价值的实现。工作中如果缺少自我成长和实现人生价值的机会，会令他们更加难以忍受，这时他们往往会去寻求更好的发展机会和平台。如果员工通过培训学到了新的知识，提高了专业技能，因而认为自己应该得到更好的发展，但公司却不能提供这样的机会和平台，而最终选择离开企业，看似是员工"忘恩负义"，实则是企业管理水平落后导致的员工流失。因此，组织应当根据战略发展的需要，结合员工个人发展目标，通过协助员工规划其职业生涯，给予员工更加广阔的发展空间。应当针对不同工作类别分别建立员工职业生涯发展通道，针对员工的需求提供适时、必要的教育、培训、晋升等机会，给予员工必要的职业指导，最终实现组织和员工个人发展的双赢。

2.2.3 完善经济性薪酬激励机制

目前大多数企业对创新人员的激励方式主要依靠经济性薪酬，且大多与工作成果挂钩。然而，创新性工作往往具有较大的不确定性和冒险性，如果都以工作结果来进行评价与奖励显然不尽合理。因此提高创新人员的基本薪酬水平使之基本符合创新人员的知识技能水平和生活需求，同时保持与具有相同人力资本水平的外部人员的薪酬水平相当；在此基础上，将创新人员在创新性工作过程中的参与行为（如参与项目数、项目进度）、主观态度等类型的指标纳入考核和激励体系，再结合创新成果的结果类指标（如研发产品的销售及利润情况等），这样才能够较为综合性地考察创新人员的创新态度、行为、结果，建立在此基础上的经济性薪酬体系也将更为合理并可能有效发挥其激励作用。特别需要指出的是，尤其对于企业核心创新（包括科技创新和管理创新）人员，应当认可其人力资本价值，逐步完善以人力资本投入为基础的利润分享机制，实行如股权、期权激励等，这对于完善公司尤其是创新型企业的薪酬结构，从而吸引、保留、激励优秀人才，实现多方共赢往往具有更加重要的作用，这也是不少科技创新型企业早已开展且行之有效的做法。

2.2.4　发挥内在薪酬的激励作用

尽管越来越多的理论研究开始在不同文化背景下探索员工薪酬满意度的新维度，但大量研究都局限于外在薪酬上，如工资、奖金和福利，忽视了内在薪酬的重要性，忽视了员工对在工作中所获取的内在薪酬的满意度。而内在薪酬是"广义薪酬"中的重要组成部分，指的是那些提供给员工的、不能以量化的货币形式表现的各种非经济性薪酬，例如员工对工作的满意度、舒适的工作环境、成长的机会、和谐的组织氛围以及组织对个人的表彰、尊重等。事实上，内在激励才是个体行为的根本动因，对提升员工的工作绩效、创新绩效和组织公民行为十分重要。发挥内在薪酬对创新创业人员的激励作用需要组织领导层乃至全社会观念的转变，并逐步营造尊重、支持进而培育创新创业人员自我成长的软环境。

对于企业各级管理者来说，应该更关注员工个体的情感需求。国外一项研究表明，67%的员工认为，来自主管的称赞和许可比财务奖励更能让他们感受到激励；给予员工足够认可的企业的离职率比其他企业低31%。实际上，每个个体都具有创新潜能，企业中有很多优秀的人才，只有企业及其管理者能够构筑一个平台来激发人的创造性、主动性，个体的创新潜能才能够真正转化为现实的创新。

2.2.5　给予创新人员宽松、自由、积极的工作环境

创新性的工作需要宽松、自由的工作环境，如果在工作中对创新人员干预过多，他们往往会觉得积极性受挫，因此企业应当主动给其提供机会来扩大其创新自由度；尤其对于重大创新项目，更应当舍弃众多"条条框框"，给予创新人员更大的工作空间。此外，创新人员通常也希望能有更大的工作自主性、充分地掌控分配给他们的项目，包括工作时间、工作方式和工作地点。因此工作中不妨多尊重他们的意见和建议，尽一切努力减少可能会打击创新人员积极性的限制、控制或妨碍因素。管理者通过访问或调研的方式来了解创新人员希望加强的积极因素，如更好的硬件设备、更多支持和帮助、与其他创新人员合作的机会以及与高管层进行更顺畅的沟通；同时找出并尝试尽量减少让创新人员感到乏味、沮丧或被认为是浪费时间的消极因素，如过多的会议、书面文件等，从而提升其生产力。

高素质的研发、设计人员往往对专业领域的技术发展趋势更为了解，因此在

工作中给予他们一定的自由工作时间，这段时间研发人员可以从事任何由个人兴趣决定的项目具体工作，以支持和鼓励由研发人员个人创意带来的可能的产品创新活动，此类做法早已在 HP、3M、Google 等创新型公司中形成制度规定。事实上，上述公司推出的许多创新产品，最早都诞生于 15% ~ 20% 的员工"自由工作时间"里。此外，给研发人员提供非正式交流的平台，HP 著名的"走动式管理"（Working Management）便是有效的管理举措。

2.2.6　建立工作团队及竞争机制

在"大科学"时代集体性、合作性研究占主导地位的背景下，团队创新成为科技创新的一种更为有效的形式，通过整合知识和个体间不同的技能、观点和背景来提供新思想的环境，可以产生有益的新产品和新程序。研究表明，团队运作模式有利于团队成员之间的合作与互动，也有利于增强团队和组织的创新能力，使团队和组织更快、更好地做出决策。已有研究表明，团队支持较之于组织支持能够更加直接地作用于员工，促使其创新意愿的增强；团队创新氛围能够影响员工个体的态度、动机、创新行为，进而促进整个组织的创新能力和创新绩效的提升，最终形成组织的核心竞争力和可持续发展的能力。因此，在追求创新绩效方面，企业更应当建立以团队为单元的微观组织运行机制，并且引导团队间开展良性竞争，以激发科技创新人员的进取心，促进个体合作与交流。

2.2.7　营造整个组织的创新文化氛围

开放、自由、宽容的组织文化有利于创新，这早已被理论和实践所证实。为了吸引和留住人才，就要为人才创造最好的工作环境，给予他们最大的信任，赋予他们足够的权限，营造"尊重人才"的氛围并培育"人才成长"的土壤。另外，企业间的交互式学习是创新系统的微观基础之一（Lundvall，1992；1988）。创新依赖于交互式学习，在可以预见的将来，国内各类企业（包括外资企业与国有企业、民营企业之间，以及大型企业与中小型企业之间）之间的相互依赖将不断增强。有研究指出，产业集群内的企业可以利用附近的重要知识资源更快地进行创新活动，而集群中的隐性知识对企业技术创新和竞争优势的价值要高于显性知识。隐性知识溢出的主要渠道是人与人之间的接触、交流和人员的流动，企业的知识吸收能力则是由知识分享和组织内部的沟通能力决定。因此，企业为创新人员提供各种开放交流的机会与平台就显得相当重要。

2.3 政府在创新创业人才激励中的作用及政策建议

2.3.1 加强创新创业服务平台建设

科技创新是一项投资大、风险高、见效慢的工作，不仅需要企业家、管理者、技术及研发人员具有坚定的创新意愿，更需要企业具备创新的实力，其中资金、技术、管理经验的积累不可或缺。因此，我国目前社会上看到的实际情况往往是发展越好、具备相当实力的大企业越重视技术及管理创新工作，并能从中持续获益，逐渐形成良性循环；而广大中小企业往往无暇或无力重视创新尤其是技术创新工作。因此，政府可以通过资金支持①、税收支持以及政策引导等大力促进各类创新参与主体间的合作交流，推动高校、科研机构、生产性企业、服务型企业（包括咨询机构、金融机构）之间开展深入合作，包括技术合作项目、管理咨询项目合作、各层次人员培训等，以有效推动各类企业开放式创新活动的开展，尤其可以解决中小企业创新人才匮乏的难题。

科学—产业关系是绝大部分创新网络和集群的核心。科学家和工程师之间的交流、公共研究机构分离出的创业企业、大学的许可和专利、合同研究、研究人员的流动、公共—私人部门的合作研究、培训和教育合作等均提供了科学界与产业界交流的机会，而由于科技体制所限，目前国内学术界与产业界的樊篱深植，交流甚为有限，这严重阻碍了科技与经济的紧密结合。因此，政府应发挥主导优势，创造机会、搭建平台鼓励产业界与学术界开展深入对话和沟通交流，以真正推进产学研各方深入开展实质性合作，切实加强科技与经济的联系。

2.3.2 完善"创业产业链"，提升创新创业服务软环境建设

创业链是指从个体创业行为发生初始，直至创业成果显现期间所形成的一整套程序和路径，包括创业项目筛选、项目可行性研究、创业资金的募集、创业培训、项目实施、评价与反馈等。企业经营是一项具有极大挑战性的工作；创业更是一项高风险的事业，任何一个环节稍有差池往往就会导致中途折戟。因此，政府想要扶持创业创新，就必须鼓励更多机构参与更多环节的创业支持与帮助，否

---

① 德国约有 3 万家中小企业设立了研发机构，另外还有 10 万家创新型企业每年都会向市场推出新产品和提供新服务。90% 的创新型企业都使用自有资金进行研发。为帮助中小企业提高创新能力，德国经济技术部专门制定了"创新计划"。用于该计划的资金 2011 年为 3.89 亿欧元，2012 年超过 5 亿欧元。

则创业成功只能是小概率事件。

2.3.2.1　推动"创业前服务"，完善创业服务产业链

目前政府支持科技创业项目主要集中于创业孵化过程的后半段，也就是创业者已有基本明确的科技创业项目，各类园区则提供场地、启动资金和优惠的税收政策等。但实际上目前面临的最大问题还是真正具有孵化成功可能性的科技创业项目总数太少、总体质量不高，其根本原因仍然是创新创业者相互之间的跨界、跨学科交流和思想碰撞较少，因此不易产生高质量的商业创意。

目前已有一些成功做法将创业服务向上游延伸。例如中关村的"车库咖啡＋创新工厂＋天使投资/创投资金"＋"园区孵化"（场地、资金、税收支持）模式，在创业活动的前期就搭建各类人才无障碍沟通交流的平台（类似于 HP、3M、Google 等创新型公司中早已形成的制度规定，以支持和鼓励由研发人员个人创意或沟通交流带来的可能的新产品项目），促进创业项目的产生；还有一批富有经验的创业导师为创业者提供辅导与咨询；同时由市场经验较为丰富的天使投资人或创投机构挑选出好的创业项目提供资金和企业管理经验的帮助；之后才由园区政府提供后续扶持帮助。经过这样的程序甄选后的项目再进入政府孵化器，当然可以相当程度地降低创业项目失败的概率，避免国家财政资金的低效使用。

2.3.2.2　逐步完善创新创业服务的市场化机制

上述"创业产业链"涉及的服务全流程，政府不可能"大包大揽"，也不应"大包大揽"，政府提供资金支持的无疑应当是风险较低的项目和环节；园区引进的应当是确实具有较好市场前景的创业项目；此外，在园区引进创业项目，尤其是提供项目资金支持时，也应由更加富有经验的市场专业人士进行决策选择，尽可能避免引进那些不可能市场化或根本不具备市场竞争力的项目，导致政府土地、财政资源的浪费。总之，应通过大力推动现代服务业的发展，从根本上解决包括创业服务在内的"服务市场化"的问题；通过机制设计促进政府、市场和社会的有机结合，持续地构建和优化创新创业企业的生态系统。

中关村的成功经验表明，正是遵循上述原则，为创新创业者提供良好的平台，从体制机制上释放人才创新潜力，才使全世界优秀的创新人才集聚中关村，形成良好势头。2013 年新创办的科技创业企业有六千多家，其中不乏成绩斐然者，以小米手机为例，2011 年小米公司销售额为 5.5 亿元；2012 年升至 126.5亿元；2013 年达到 316 亿元，预计 2014 年在 500 亿元以上。"正是中关村成就了小米的奇迹。"小米科技创始人、董事长雷军这样说。

2.3.2.3　继续加大创新创业政策支持力度

国家或区域层面的创新活动应该是宏观层面上各行业、各领域创新主体的创新活动之间相互影响、相互作用而构成的创新链。从经验来看，一方面政府所颁

布的创新政策对于企业创新和发展发挥了不容忽视的重要作用；另一方面创造环境比打造创新型的领军人物更为重要。影响企业创新的环境要素包括要素环境、市场环境、需求环境、产业环境和政府的角色等，营造良好的创新环境需要政府通过制定产业发展规划及相关政策引导形成良好的产业基础、宽松的政策环境、多层次的融资渠道、领先的商业意识、完善的市场机制、优越的区位优势和有利的创新文化；并加大对创新活动的政策及资金支持。

美国科技投入长期以来居于世界前列，其研究与开发（R&D）投入占国内生产总值（GDP）的比例在 20 世纪 90 年代就达到 3% 以上[①]，并且鼓励产业界、学术界和各种社会力量共同参与科技发展。美国 R&D 人员人均研究经费也是发达国家中最高的，1995 年就达到了 17.32 万美元。而表 2－4 中的数据显示，直至 2012 年，江苏省的研发经费支出占地区 GDP 比重也仅为 2.38%，地方财政支出中科技支出所占比重也只有 3.66%，两项指标数据不仅远低于北京、上海，后一数据也低于竞争省份中的浙江，面对全面创新型省份建设战略的实施而言，仍需要进一步的政策指导及更广泛的资金支持。

表 2－4　区域创新资源监测指标　　　　　　　单位：%

地区 \ 指标	研发经费支出与地区 GDP 比值	地方财政支出中科技支出所占比重	地方财政科技支出与 GDP 比值	国家创新基金占研发经费支出比重
北京	5.95	5.43	1.12	0.20
天津	2.80	3.57	0.59	0.50
上海	3.37	5.87	1.22	0.52
江苏	2.38	3.66	0.48	0.36
浙江	2.08	3.99	0.48	0.51
山东	2.04	2.12	0.25	0.25
广东	2.17	3.34	0.43	0.28

数据来源：《中国区域创新监测数据（2013）》

另据前文表 2－2 中数据 X1 即各省区企业研发经费支出占地区研发经费支出比重显示，北京、上海、天津、浙江、江苏、广东、山东这一指标数据（由低到高，单位为%）分别为：18.56、54.68、70.98、81.46、83.88、87.20、88.76；由此计算可得，上述 7 省（市）政府投入的研发经费占地区研发经费支出比重

---

① 20 世纪 90 年代，克林顿政府进一步加大了全美科技投入力度，制定了 R&D（研究与开发）经费达到 GDP 的 3% 左右的指导性计划，并鼓励产业界、学术界和各种社会力量共同参与科技发展。

（由高到低，单位为%）分别为：81.44、45.32、29.02、18.54、16.12、12.8、11.24。由数据可见，北京市政府投入研发经费占地区研发经费支出的比重（81.44%）远远高于其他省市；上海、天津其次（45.32%和29.02%）；其余四省的数据均介于10%～20%；与直辖市相比，四个省这一比重明显偏低，说明政府支持高校、科研机构的R&D经费偏少；尤其江苏省作为教育、科研大省，省内高校、科研院所数量远远高于浙江、广东、山东等省份，但政府投入的研发经费支出占地区研发经费比重仅为16.12%，一方面说明省政府总体研发经费投入严重不足（政府资金可能更多直接投向经济活动）；另一方面也说明政府对高校、科研院所的投入还有很大提升空间。

因此，政府部门一方面应当继续加大研发投入；另一方面需要着力营造有利于创新的环境。当然，政府向企业直接投入研发经费应当以更加市场化的形式进行，比如以商业合同的方式进行；而对于高校的科研投入，则应以支持基础研究和应用基础研究为主，同时，还可以运用税收政策鼓励创新。例如美国的《国内税收法》规定：一切商业性公司和机构，如果其从事研发活动的经费同以前相比有所增加的话，可获得相当于新增值20%的退税。如果个人从事已经商业化的研发活动，其投入同样可以享受20%的退税。其他政策还有科技创新人才引进与培养、公共信息咨询与服务、科技成果评价、科技创新人才激励等。

综上所述，通过明确江苏省区域创新体系中各类参与主体的职能定位，最终目标是建立以市场为主导、企业为主体、大学和科研机构为支撑、中介服务机构为纽带的区域创新体系，为全省进一步建设和完善区域创新体系奠定坚实的物质和体制机制保障。

2.3.3 完善科技创新创业人才队伍建设

包括中关村、南京市、无锡市人才特区建设在内的多个项目实践证明，科技创新创业人才队伍建设必须以引进和培养与本地区战略性产业发展相匹配的高端人才为重点，以人才政策和体制机制创新为动力，以拓宽人才开发与发展平台为支撑，营造有利于各类人才创新创业的良好环境。

2.3.3.1 根据江苏省战略性新兴产业发展规划合理制定人才规划

近年来，各地纷纷出台人才引进项目，海外引才力度空前。为提高人才的使用效率，首先应当考虑的是人才的专业领域与地方产业经济发展方向的契合度。江苏省根据原有经济基础、产业优势和未来发展趋势，确定了"十二五"期间重点发展的十大战略性新兴产业分别为新能源、新材料、生物技术和新医药、节能环保、新一代信息技术和软件、物联网和云计算、高端装备制造、新能源汽车、智能电网和海洋工程装备。但综观全国各省区"十二五"发展规划，很难看出不同省区在制定的重点产业发展领域方面有多少实质性的差别。实际上，不少省区规划的新兴产业方向雷同，并未完全体现不同地区产业发展的现状和各自的优势。因此，在重大项目布局以及引进、开发人才方面，各省区恐又将陷入恶性竞争的局面，也会给少数原本无心创业、只是为了获取政府资金的人带来可乘之机。因此，应当进一步深入挖掘、分析和比较江苏省目前在全国具有扎实基础和领先地位的科研优势领域，深入每个产业的细分领域中，再结合江苏省企业的产品和品牌，具体到项目上，来确定更加聚焦的科技发展重点产业方向。唯此才能使江苏省培育的重大项目及人才优势更加突出，最终形成国内乃至世界领先的优势产业集群。

2.3.3.2 深入实施战略性新兴产业人才引进及开发的系统工程

2011年3月，中央和国家15部委与北京市联合下发《关于中关村国家自主创新示范区建设人才特区的若干意见》（以下简称《意见》），在重大项目布局、科研经费使用、股权激励等方面制定了13项特殊政策进行试点，以深化人才发展的体制机制改革，探索人才的发现、激励使用、服务等措施。《意见》根据新时期的发展需要，规定了科技成果的处置权、收益权（1+6的先行先试政策），并出台了企业转让所得税试点新四条等政策；此外还制定了"京校十条"等创新政策以全面深化改革。以上一系列政策措施使中关村人才特区平台成了目前全国最好的全面促进人才发展的平台。这些政策具体可分为以下四个方面：

第一，完善新兴产业科技创新创业人才选拔、引进、开发机制。

在重点产业领域科技创新创业人才的引进及选拔方面，除了注重人才专业领域与产业发展方向的适配度之外，还应注重考查引进人才所带项目未来的市场适应性，即综合考虑项目技术的先进性和市场目前的接受程度。而这一切也应当吸收商业经验较为丰富的市场专业人士共同来做出判断。

人才开发方面，一方面应为其提供良好的工作环境和氛围，使其能够全身心投入创新创业工作；另一方面应引导各类生产服务性机构（创投、咨询公司、科技服务公司、培训机构等）与科技创新创业企业建立业务联系，为其提供业务经营方面的市场化服务，使其在成长过程中不断提升管理水平。

第二，做好引进人才"后服务"保障。

对引进的高层次人才，人才管理各部门应开展"客户关系管理"，不仅要热情引进，还要做好后续跟踪服务等全过程管理，以提高引进人才的"满意度"、"忠诚度"和"归属感"，使其充分发挥专业价值。新兴产业是建立在传统产业之上的产业体系整合升级，需要依托多产业、多学科的交叉来实现。新兴产业的创新创业人才（包括科技企业家、科技领军人才等），其培养背景更加依赖于产业、学科的大融合。因此，人才管理部门一方面应当逐步建立健全引进人才库，根据产业类别和地区分布确定固定的人才联络员，为其解决生活服务各方面问题；同时更应当通过引进人员联谊会以及其他产业界、学术界、政府等多方参与的活动为创新创业人才提供跨界交流的平台，为其创新创业和实现更好发展提供保障。

第三，推进科技创新综合评价体系改革。

高校、科研院所、企业是国家（区域）创新系统中创新成果的主要提供者。就我国目前科研体制现状来看，包括高等院校（含依托高校设立的研究机构）、中国科学院系统各研究院（所）、隶属于各政府部门的研究院（所）以及企业内设研究院（所）等。这其中，偏重于知识创新的基础研究主要应由研究型大学和中科院系统的研究机构承担；偏重于技术创新的应用基础研究主要应由高校、隶属于各政府部门的研究院（所）以及企业承担；完全属于技术创新的应用研究应由企业主要承担。但目前由于国内企业技术创新和技术能力吸收普遍较弱，所以高校承担了相当部分的技术创新职能。因此，高校科研创新评价体系能否真正起到引导和激发科研人员激情、促进创新绩效产生的效果就显得尤为重要。

我国对科技工作和科技人才的评价受计划经济体制的影响，一直是政府主导、部门认可的体制，对高校科研创新的评价主要考虑产出和结果方面，对于将科技投入要素转化为科技产出成果的过程类因素则较少纳入评价体系。诸如科研环境、创新氛围、合作交流等对于创新绩效的产生无疑具有重要作用，但目前对这些的考量较少，评价体系片面追求 SCI 论文数量、科研项目数量及经费额度、专利成果；评价结果与职称、待遇等切身利益密切相关。上述做法直接导致科研风气浮躁、急功近利，甚至出现造假、抄袭、剽窃等恶性问题的大量出现，使得科研人员中"为科研而做科研、为论文而写论文"的现象普遍存在，这也是我国科研产出质量不高、科技创新成果转化不畅的深层次原因之一。要真正发挥高校的科技创新作用和优势，必须进一步完善现行的科技创新评价体系。

第四，探索科技创新创业人才激励机制。

硅谷无数成功的创业案例源于其独特的创业环境。最新的一项研究报告显示，从 20 世纪 30 年代至今，仅斯坦福大学校友和教员，就已经成功创办了 4 万多家公司，提供了 540 多万个工作岗位，共计产生 2.7 万亿美元的年收入。如果把斯坦福系的创业公司组成一个独立国家，那么这个国家已经成为全球十大经济强国之一了。硅谷的创业神话归功于多方面：美国崇尚创新创业、容忍失败的文化，信任合作、互惠互利的社会环境和法制基础①。更重要的是，硅谷人在过去

---

① 美国法律系统的完善和执行力度，为保障各方利益提供了坚实基础。例如，知识产权保护法为科技创造提供法律保障，使人们愿意投入资金、时间和智慧去创造并享受成果；严密的合同法和坚实的契约文化，让每一份合同都得到保障，让签约各方能全力以赴为目标奋斗，而不是在合同的执行过程中尔虞我诈。

的百年之中，逐渐制定了一系列不成文但有效的游戏规则，例如，公司的利益分配机制，包括投资者和创业者如何分担风险和成果，初始创业者和后来的加入者又如何分配等。健康的游戏规则使得合作和交易的信任成本和风险都大大降低。从源头上，斯坦福大学开放包容的制度创新也是重要原因之一。学校制定了以利益共享为原则的专利许可收入分配制度，对于教师或学生在校期间获得的专利，技术转让后，学校只从毛利中扣除 15% 作为专利申请费和办公费用，其余获利均归所在院系和专利所有者。学校还设置专门机构服务师生参与创新创业活动。学校设立了研究激励基金、鸟饵基金、缺口基金等孵化基金，为创业者提供资金支持。这些做法很好地培育了学校的创新创业氛围。

在国内，中关村人才特区建设过程中也为激励科技人才创新创业提供了有效的政策保障。为了改善长期以来产、学、研脱节的问题开展了股权激励试点工作，把中关村科技园区内的高等院校、科技院所和企业都纳入在内，对做出突出贡献的科技人员和经营管理人员，实施期权、技术入股、股权奖励、分红权等多种形式的激励。江苏省在这方面也有可借鉴的经验，如南京市的"科技九条"，但由于目前对高等院校的考核评价仍以教育部为主导，注重发表的科研论文和承担的项目，尤其是纵向课题数量及经费，因此虽已显现出一定的政策效果，但仍未成为主流。

此外，我国目前的科研管理体制中的经费管理等方面也存在很多不合理之处。例如科研人员最为头疼的"人头费"问题，目前规定这部分费用只能占整体经费支出的 10% ~15% 。然而科学研究工作中最重要的投入就包括研究人员的智力资本，因此项目研究中各类人员的人力成本实际支出远高于上述比例。发达国家科研经费中人工费用比例普遍较高，高者甚至达到 60% ~70% ，正是由于认可了科研人员的智力投入和知识创造，才有科技人员高质量的创新产出。

我国正在努力实现从"中国制造"到"中国创造"的转变，江苏省也面临着率先建成全面创新发展省份的重大目标。要将江苏省打造成创新创业发展的沃土、自主创新和新兴产业发展的示范区，现实的原动力还是人才。科技创新人员是创新的主体，是创新的驱动力。要提高人才资源的竞争力，就必须进一步挖掘人才资源的内在潜力，理顺人才选拔、引进、培养、激励、保障的流程，完善人才培养模式，从根本上推进人才人事制度和科技体制改革，优化创新生态系统，营造鼓励创新创业的社会氛围，以最大限度地激发科研人员的创新活力。

3 打造江苏人才品牌，助企业创新，续长期发展

知识经济时代，企业的价值创造高度依赖创新，创新成为企业生存和发展的关键，而创新创业人才则是企业获取创新优势的基础。如何吸引和保留创新创业人才是企业的重要战略问题。同时，"加快培养具有创新创业能力的高新技术人才"也是我国"人才强国"战略的重要目标之一，各级政府在企业双创人才的吸引和保留活动中积极地发挥作用。江苏省就有"千人赴港计划"等高层次人才培养的促进和支持计划。

江苏省具有多方面的优势，在创新战略的实施和省域竞争力方面一直居于全国前列。但根据《中国省域竞争力蓝皮书》显示，相对于宏观竞争力、产业经济竞争力、知识经济竞争力、政府作用竞争力等稳居全国前列的方面来说，江苏的可持续发展竞争力在全国的排名居中（2011 年为第 13 位，2012 年下滑至第 16 位）。在可持续发展竞争力的三个指标中，江苏的人力资源竞争力排名在 2011 年为第 10 位，2012 年则掉出了前 10 名（前 10 名的省、直辖市分别为北京、上海、浙江、广东、天津、山东、河南、安徽、湖北、福建）。另据《中国区域创新能力报告》（2011、2012）显示，2011 年和 2012 年江苏省高新技术产业就业人数从 192.38 万人增长到 226.76 万人，与此同时，大中型工业企业研发人员数量从 29.20 万人减少到 23.94 万人，企业有技术中心或研究所的数量大幅下降，从 2011 年的 4435 家降至 2012 年的 1964 家。在整个社会进入转型新阶段时，大中型企业更加需要提升创新能力，实现转型升级，而研发人员和研发机构的减少则是一个需要引起警觉的信号。可见提升江苏省的可持续竞争力和省内大中型企业的创新能力是江苏省急需解决的重要问题。

江苏省的创新战略需要以人才为驱动，通过集聚高层次人才发展企业的创新能力，提升社会的创新绩效。同时，人才的可持续发展关乎整个社会的可持续发展。那么，江苏省政府在人才方面的一系列政策措施如何能更加有效地促进企业高层次双创人才的吸引和保留，为江苏凝聚更多的高层次双创人才？如何通过高

层次人才帮助企业提升创新能力，推动社会的可持续发展？要回答上述问题，必须深入理解高层次双创人才及创新创业活动的特征。

3.1 高层次创新创业人才的特点及企业吸引双创人才的策略选择

3.1.1 个体素质特征

高层次创新创业人才的个体素质特征主要表现在创新知识、创新能力、创新动机和创新的个性品质等方面，这些素质特征集中体现为高人力资本。

廖志豪根据对 87 名中科院院士、"863"等重大项目主持人、重点实验室带头人等高层次创新人才的研究，构建了创新型科技人才的素质模型，包括创新知识、创新思维、创新个性、创新能力四个主要方面。周霞等构建了创新人才的胜任力模型，认为优秀的创新人才在创新能力、创新人格、创新知识、创新精神、创新品德五个方面表现卓越。赵伟等认为，创新知识、创新技能、学术影响力、创新能力、创新动力、管理能力是评价创新型科技人才的重要指标。国内著名的人才学家叶忠海也指出，创新人才具有内在特征：高成就动机、创新与坚韧的个性品质、知识结构立体化。

高层次创新创业人才在各自的学科领域具有深厚的知识储备，除了坚实的学科基础外，他们通常对学术前沿具有高度的敏感性，而且他们对专业领域以外的知识涉猎广泛，通晓经济、人文、哲学、外语、计算机等许多领域。在创新知识方面表现得既深且广。对专业领域的深入和对广泛知识的涉猎形成了他们创新活动的知识基础。

在深厚且广博的知识储备基础上，高层次创新创业人才善于发现问题，善于利用知识进行深入思考，借助于强大的逻辑思维和批判思维能力，他们能够创造性地寻找和提出解决方案。并且高层次创新创业人才的一个突出特征是内部激励，他们对探索问题、解决问题本身更感兴趣，期待通过科学发现和发明创造活动体现自身价值，而不仅关注在创新创造活动中的经济收益，这表明高层次创新创业人才具有强烈的内在动机支撑他们的创新创业行动。

创新创业活动不同于一般性的生产活动，创新创业的过程常常曲折并伴随失败的体验。但高层次创新创业人才通常具有强烈的成就动机，他们在面对失败时更坚定，不轻易退缩，表现出更好的韧性和意志力，他们会反复尝试新的解决方案直到问题解决。他们对自己的创新创业活动充满信心，坚信自己的所作所为是对社会有所贡献、有独特价值的。不仅如此，在社会日益扁平化、网络化的背景下，高层次创新创业人才深知创新创业活动的成功需要获得他人的合作，他们善于把握机会，协调与他人的关系。这些鲜明的个性品质也成为他们独特的个体特征。

高层次创新创业人才的个体素质特征决定了他们拥有比常人高得多的人力资本，也因此在人才市场上具有更高的竞争性，更强的议价能力。根据雇佣关系和心理契约的研究，当前企业和雇员之间的关系变得越来越短期化、交易化，越是拥有高人力资本的人，越可能通过流动的方式提高交易价格。这也意味着企业要争取到这样的人才，需要付出更高的成本。

3.1.2　人才发展特征

高层次创新创业人才的发展特征主要表现在：人才发展具有阶段性特点；流动方式具有市场化、社会化特征；发展具有情境依存性，受科研环境影响大。

高层次创新创业人才的发展具有阶段性特点。一般来说，高层次创新创业人才需要通过在学校或科研院所的学习、教育和科研训练完成基础知识和技能的积累，完成思维方式的训练。之后，通过科研或企业的实践活动，将知识和技能与实践相结合，聚焦问题并探索解决方案，在这一发展阶段他们的知识结构发生了进一步调整，理论知识得以深化，知识面大大拓宽，也完善了多方面的能力。而进入成熟期之后，高层次创新创业人才能够追踪前沿、抓住机会，开始创新创业活动，并在创新创业活动中不断成熟。而之后，高层次创新创业人才才会走向衰退或重新进入创新创业周期的循环。

由于高层次创新创业人才的知识技能水平高，发现问题和解决问题的能力强，具有强烈的创新创造动机，拥有较高的人力资本，在人才市场上是用人单位花大力气争夺的对象。而高层次创新创业人才通过市场化、社会化的流动方式，能够更好地体现其价值，也能通过市场配置更好地发挥其能力，取得创新绩效。

此外，具体的创新创业活动虽然可能由较少的几个人实现，但个体和团队的创新创业行为高度依赖于创新氛围和科研环境。高层次创新创业人才通过对创新氛围和科研环境的感知，判断社会、组织是否允许、支持和鼓励其创新创业活动。良好的创新氛围和科研环境能够激发人才的创新创业动机，鼓励人才运用其洞察力产生创造性想法，有助于他们建立创新创业的效能感并鼓励他们的知识共享行为。从知识和创新管理的角度而言，知识流动对于创新活动非常有必要。这些都直接有助于创新绩效的产生。不仅如此，未来的创新创业活动越来越依赖与他人的合作，创新园区、创业园区等一些有形或无形的创新创业生态更成为未来创新的肥沃土壤。翁清雄和席酉民针对产业集群内员工的研究指出，产业集群内部员工感知到的机会更多，职业成长更好，他们对自己的工作和单位有更高的承诺。如此一来，生态圈内的创新氛围就更为关键。

阶段性、流动性和情境依存性特征也说明，高层次创新创业人才要想长期保持自身在人才市场上的竞争力，就需要不断进行开发，不断提升自己的能力，使得自己具备长期可持续的发展。在就业能力的框架下理解，高层次创新创业人才对就业能力的追求是强烈的。企业要吸引和保留这些人才，需要在发展性上大做文章。

3.1.3　创新创业活动特征

创新创业活动具有创造性、激励性、风险性、协同性的特征。

无论从哪一种定义来看，创新都意味着创造和改变，而创业涉及创建的过程。创新创业不是对过去经验的简单重复，而是在过去经验的基础上，集合创新创业人才的知识和智慧，发挥他们的洞察力、问题解决能力和创造性思维，产生新的产品、新的服务、新的企业组织、新的商业形式等新东西的过程，是为社会和人类创造福利的过程。可以说，创造性是创新创业活动最核心的特征。

创新创业活动的第二个重要特征是激励性。创新创业活动通常创造价值，其成果和绩效会给创新创业人员带来经济上的收益和效益。除了受到来自创新创业成果和绩效的激励之外，创新创业人才还受到创新创业活动本身的激励。如前所述，创新创业活动过程会激发人才的自我效能感，带来自我价值实现的积极体验。由于创新创业成果通常造福于社会，这种价值感和意义感也会提升创新创业者的个人体验。新的产品、新的服务、新的企业、新的商业模式等新事物的出现，也会激励其他人的创新创业活动，共同推动社会前进。

创新创业活动是创造性的、突破性的，创新创业活动会产生新的东西、新的发明创造、新的事业。相比于其他生产活动，创新创业活动更接近从无到有的过程，这意味着无论是创新还是创业，其活动过程肯定都伴随着风险和失败。风险性是创新创业活动的重要特征，而不畏惧风险，不断接受失败和挑战，是创新创业活动得以成功的重要前提。

在当前网络化的背景下，创新创业活动还表现出高度的协同性特征。创新创业活动受创新创业人才的知识、技能、资源等多方面因素的影响。在网络化时代，创新创业人才可以通过网络（无论是互联网络还是人际网络，真实网络或虚拟网络）快速吸收、分享和创造知识。不同专业领域、不同知识背景的人通过网络交流、共享和碰撞，能产生更多更富生命力、创造性的想法，并通过跨学科领域的合作把这些神奇的想法转变为实践。从第三次产业革命目前的趋势来看，多学科、多领域的交叉影响是创新的温床。并且，在网络化背景下，越来越多的人通过各种正式与非正式的方式参与到创新创造的过程中，例如，顾客为企业提供了大量产品改进和创新的想法。而创新也将经历更多人的评判和检验。协同性是当前和未来网络化背景下创新创业活动的另一个值得重视的重要特征。企业要吸引和保留高层次创新创业人才，要向人才要效益，期待他们驱动企业创新，就必须尊重创新创业活动的基本特征。

3.1.4 企业吸引高层次创新创业人才的策略选择

高层次创新创业人才具有高人力资本和高价值性特征，具有高发展性要求。并且，在当前环境下，高层次创新创业人才和创新创业活动的网络化程度高、协同性强。企业在吸引高层次创新创业人才时，不能套用普通员工的吸引和保留的一般策略，而必须采用有针对性和更加有效的吸引策略，在上述这些方面动脑筋。

举例来说，一般企业偏好采用高薪策略来吸引和留住人才。但仅采用高薪，不足以留住创新创业人才。原因在于，对高层次创新创业人才这一特殊群体而言，其行为更容易受到内在动机的驱动。高薪作为外在动机，其激励作用是短期的、暂时的，仅给付高薪而忽略对其内在动机的激发，往往并不能够收到良好效果，更无法实现长期的激励。在高薪的基础上，采取措施有效地激发内在动机，例如，营造更好的科研环境，给予创新创业人才在研发相关工作上更大的自主性等，能够使激励效果更长期和可持续。在各国家、各地区、各企业纷纷争夺这些高层次创新创业人才的背景下，雇主品牌就成为吸引和保留高层次创新创业人才、实现人才可持续发展的重要策略选择。

雇主品牌是人力资源市场上的企业品牌，代表着企业在人力资源市场上的认知度、美誉度和忠诚度。雇主品牌对企业现有员工和潜在员工均存在影响，在企业现有员工中称为内在品牌，而对企业潜在员工的影响则是外在品牌。雇主品牌的概念源于20世纪90年代的美国，这一概念源起的背景恰恰是知识型员工缺乏组织忠诚，流动性强。当前，无论是国际还是国内，以员工忠诚为核心的传统雇用模式已经发生改变，外部劳动力市场成为主导。对高层次创新创业人才而言，更是如此。具有高人力资本、高价值性的高层次创新创业人才更倾向于通过市场的方式实现流动、体现价值。企业要获取高层次创新创业人才，主要不是靠内部培养，而是来源于市场。在这样一种外部劳动力市场主导的逻辑下，雇主品牌能够有效地吸引和保留员工、增强凝聚力，自然就成为企业持续吸引高层次创新创业人才的上佳策略选择。目前，我国国内有智联招聘、前程无忧等联合专业研究机构打造的年度最佳雇主评选等活动，当选企业良好的雇主品牌可吸引大量优秀人才。

根据研究，打造雇主品牌的主要途径有绩效薪酬型、情感文化型、创新发展型、工作乐趣型等。无论是强调给付员工与绩效挂钩的高薪酬，还是主打情感牌，强调建立员工和组织的情感联系，又或者关注员工的职业生涯发展，帮助员工提升就业能力，以及营造工作场所乐趣等，其目的无外乎吸引有价值的员工、保留核心员工、帮助员工发展这几方面。尤其是发展员工方面，员工的发展直接关乎企业的发展，要把员工真正视作资源，就要发展员工，使员工发挥更大的作用。而吸引优秀员工、保留核心员工、帮助员工发展反过来强化了雇主品牌，增强了企业在外部劳动力市场上的吸引力，增强了企业对内部在岗员工的凝聚力。对于高层次创新创业人才而言，良好的雇主品牌释放了一个信号，即企业高度重视员工，重视创新创业活动，企业肯建立与高层次创新创业人才的个别协议，企业愿意提供平台和环境帮助高层次创新创业人才施展职业抱负、实现自身价值，企业愿意与个人共成长。这样的信号对于强调内在动机的高人力资本拥有者和创新创业活动而言无疑具有很强的吸引力。

3.2 江苏高层次创新创业人才引进和培养及雇主品牌建设的现状和问题

3.2.1 江苏省高层次创新创业人才引进和培养及雇主品牌建设现状

江苏省在高层次创新创业人才的引进和培养方面走在了全国前列，表现不俗。

第一，江苏省从政策层面高度重视人才工作。江苏省现有国家级的"千人计划"、"杰出青年基金"项目、"长江学者奖励计划"、"百千万人才工程"，省级的"双创计划"、产学研人才工程、科技企业家培育工程、"企业博士集聚计划"、"333工程"、"汇智计划"、"江苏特聘教授计划"、"江苏产业教授计划"、江苏"科技镇长团计划"，江苏各地市的"530计划"（无锡）、"姑苏人才计划"（苏州）等多项人才政策，为江苏的人才引进和培养发挥了重大作用。

第二，江苏省在人才数量和质量上取得了显著的成果。据江苏省人力资源和社会保障厅的资料，截至2013年6月，全省拥有院士91人，其中科学院院士42人、工程院院士49人，居全国第3位。"973计划"（国家重点科技创新计划项目）首席科学家53人，国家"杰出青年基金"获得者189人，"长江学者奖励计划"特聘教授 120 人，国家"百千万人才工程"培养对象 208 人，国家级有突出贡献的中青年专家 201 人，省级有突出贡献的中青年专家 1952 人，享受国务院政府特殊津贴的专家 3549 人。根据江苏省科技厅的统计数据，截至 2012 年，江苏省有 67201 人供职于省内 500 多家研究与开发机构，其中科技活动人员 36770 人、大学本科及以上学历 29457 人、R&D 人员 25712 人，占从业人员的比重分别为 54.72%、43.83% 及 38.26%。在创新创业人才方面，江苏省迄今已经举办了五届"江苏创新创业人才奖"评选活动，有 50 名企业、高校和科研院所的高层次创新创业人才先后获奖，其中多人成长为两院院士，他们为江苏省的发展做出了重要贡献。

第三，江苏企业已具有一定的雇主品牌意识。在宏观政策的指导下和具体政策措施的帮扶下，江苏企业也从自身挖掘潜力，越来越重视雇主品牌建设，为自己吸引和凝聚人才。近年来，在国内有影响的各种雇主品牌评选中江苏有多家企业榜上有名。在前程无忧主办的"中国最佳 100 人力资源典范企业"评选中，先声药业、徐工集团、艾欧史密斯等当选为"2012 年中国最佳 100 人力资源典范企业"；徐工集团、艾欧史密斯等当选为"2013 年中国最佳 100 人力资源典范企业"。在智联招聘联合雇主品牌专业学术机构发起的"中国年度最佳雇主"评选中，徐工集团入选"2011 年中国年度最佳雇主"前 30 强；徐工集团、苏宁电器入选"2012 年中国年度最佳雇主"前 30 强；另外，艾欧史密斯当选"2013 年度最受大学生关注雇主"单项奖等。

第四，江苏已形成人才发展的地理区域效应。2009~2012 年，江苏连续四年在区域创新能力上居全国第一，2012 年的科技进步贡献率达 56.5%。全省有 49 项成果获国家科学技术奖，总数居全国第一，全年认定国家重点新产品 201 项，省级高新技术产品 6938 项。江苏省共有产业技术研究院 9 个，企业研究院 24 个，国家和省级重点实验室 92 个，国家和省级工程技术研究中心 1639 个，国家和省级科技公共服务平台 286 个，企业院士工作站 310 个，国家级高新技术特色产业基地 92 个。各类科技创业园、大学科技园、软件园、创业服务中心等科技创业载体 349 家，总量居全国第一。全省专利申请量和授权量、企业专利申请量和授权量、发明专利申请量持续保持全国第一。全省高新技术企业超过 5100 家，产值占规模以上工业总产值的比重达 37.5%。

除了江苏省整体在人才发展上的地理优势以外，省内也出现了区域性的人才品牌。2013 年开始，智联招聘等发起的"中国年度最佳雇主"评选中增加了一个非企业奖，即"最佳雇主人力资源支持机构"。在当年参评的全国数百家同类园区中，江苏苏州的"苏州科技城管理委员会"当选为四家"2013 最佳雇主人力资源支持机构"之一，另外三家当选机构分别是四平市人民政府、陕西省中小企业服务平台和张江孵化器。2011 年，苏州开始实施"苏州市姑苏创新创业领军人才计划"、海外高层次人才引进工程（"1010 工程"）、"姑苏重点产业紧缺人才计划"等一批人才计划；2012 年，苏州开始启动柔性引进海外智力的"海鸥计划"等。无锡的人才品牌也具有相当的影响力。无锡在人才工作上的思路是重点建设科技企业总部、孵化园等，整合科技资源，推进区内企业协作。无锡的人才战略主要包括"7＋1"政产学研战略联盟和吸引海外留学归国创业领军型人才的"530 计划"等。无锡的工作重点不是个体人才的引进，而是把创业中心的建设作为提升整体竞争力的主要途径，已投资 100 多亿元建立了无锡工业设计园等一批高质量的"三创"载体。无锡高新区是江苏省国家级高新区中率先获得国家"火炬计划实施 20 周年先进开发区"殊荣的，是省内首家中央确定的"海外人才创新创业基地"。省会南京高校和科研院所云集，具有吸引高层次人才的良好氛围和环境。南京市于 2011 年出台了"321 计划"等八项重点计划，实施"人才引领、科技创业"和"制度先试、园区先行"两大关键举措。2012年又颁布"科技九条"，在全国引起深刻反响。可以说，苏州、无锡、南京等地已经形成了吸引高层次人才的地理区域品牌，在高新技术企业和高层次双创人才中具有良好的知名度、美誉度和忠诚度。

3.2.2 江苏省高层次创新创业人才引进和培养及雇主品牌建设存在的问题

虽然在创新战略的实施、高层次双创人才的引进和培养等方面，江苏走在了全国前列，但一个明显的问题在于：江苏的人才活动主要靠政府，企业作为创新经济主体其作用没能得到释放。这也是江苏可持续发展中必须要面对的重要问题。

创新创业活动的实际主体是企业，实施人才驱动带动创新经济发展，最终要落实到企业。政府的人才政策更加侧重引领和指导，更加偏向宏观面，而人才的活动和企业的活动则更加具体。基于高层次创新创业人才的特点，即创新知识、能力、动机等个人特征，其发展具有阶段性、流动具有市场化和社会化特征且发展对环境的依存性较高，其创新创业活动则具有创造性、激励性、风险性和协同性等特征。江苏省现在采取的系列政策措施，通过严格的标准规定了高层次创新创业人才的定义，比如 B 类企业创新人才被界定为：①拥有能够促进企业自主创新、技术升级的产权明晰的核心技术成果，或者在国内外知名企业担任中高级职务、工作业绩突出、在业界有一定影响；②企业应具备以下条件之一：a. 由国家"千人计划"和"万人计划"专家、省"双创计划"人才、"333 工程"培养对象、"科技企业家"、"产业教授"创办；b. 国家或省认定的创新型企业、高新技术企业、农业科技型企业、计算机信息系统集成企业、信息系统工程监理企业、软件企业、动漫企业；c. 拥有企业院士工作站、博士后科研工作站、研究生工作站、技术中心、工程中心、工程技术研究中心等省级以上企业创新平台；d. 部门、市、县（市、区）、园区引才计划资助过的企业。优先支持"本人有资金投入并占有股份的创新人才，企业高薪聘用的人才"。这为严格识别和选拔高层次人才提供了切实的依据，确保政策支持的人才确实属于高层次创新创业人才，确实能够为各个领域的发展提供人才驱动。但这些人才的实际录用、流动性、环境依存性、激励性和协同性方面则需要进一步加强。这些工作更需要依赖企业发挥主体地位。

赵曙明等对江苏省 625 名列入国家、省市人才计划以及承担或参与国家省市重大科技项目的创新型核心科技人才进行了调研。调研结果指出，江苏留住高层次人才的前三位要素分别是发展空间、工资水平和人才政策，在不同行业和不同科技活动类型中，这三个因素都是吸引和留住人才的主因。这一发现与江苏在创新和人才方面的优势特征是高度吻合的。

调研还发现，创新型核心科技人才倾向于市场化、社会化的求职形式，但通过市场化、社会化途径找到工作的比例仍不高。例如，倾向于通过猎头寻找职业机会的人有 12.8%，但真正通过猎头找到工作的只占 1.6%；反过来，只有 2.4% 的人倾向于组织选配，但通过这一途径找到工作的占 12.5%。此外，虽然绝大多数人才在企业工作，但这些人在考虑再就业的新一轮职业决策时，科研院所的吸引力上升，企业的吸引力则明显下降。

该调研还指出，科研环境是制约江苏创新型核心科技人才发展的阻力。除了科研经费这一资源问题外，缺少科研氛围等是科研软环境不佳的主要表现，包括缺少科研学术氛围、资料缺乏及最新科技信息不灵、管理制度不灵活、国际交流不够、很难争取到科研课题、科研方向不被重视、设备较差、研究和工作时间无法保证、不受重用、工作流动困难等。

江苏境内高校、科研院所云集，人才的集聚效应，对教育和科研而言确实是件好事。但对经济发展和企业创新而言，如果人才不能被吸引进企业，不能为企业所用，就会出现科研项目与企业实际结合不够，科研成果难以转化等一系列问题。企业对高层次人才缺乏吸引力、缺少科研氛围正是江苏企业在人才工作上缺乏活力和主动性的表现。

这就提出了一个问题：江苏省人才政策的重点究竟是在人才本身还是在高校、科研院所，又或者是在企业？据郑代良和钟书华的研究，我国高层次人才政策存在"弱企业化现象"，即政策支持的重点集中在高校、科研院所，在企业或跨国公司吸引国内外高层次人才方面，人才政策的支持力度不足，而高层次人才也多集中于高校、科研院所，在企业工作的较少。由于缺乏对企业人才工作的政策支持，缺乏对企业人才流动的市场环境的塑造和保护，企业缺乏引进和培养高层次人才的自主动机，所以不愿意对人才工作加大投入，不愿意花力气打造雇主品牌，于是难以吸引更遑论保留高层次创新创业人才。企业在人才工作上花的力气越少，在高层次人才中的知名度越低，对高层次人才产生的吸引也越小，这就使得政府花大力气引进的人才通常不愿意长期在企业工作，难以通过企业的创新活动造福社会。企业作为创新主体对人才的吸引和培育作用还需要进一步发挥，需要从政策层面加大力度支持和激励企业对高层次人才的自主培育和国际引进。

在各大雇主品牌评选中也可以看到，大多数当选企业都是跨国公司在中国的分公司，其中世界 500 强公司占到了很大比例。江苏企业在当选数量上不占优势，江苏本地企业和品牌更是稀少，只有徐工集团、苏宁电器等有限的几家企业。以南京为例，2013 年智联招聘评选的 "2013 年中国年度最佳雇主南京地区10 强榜单" 包括趋势科技（中国）有限公司、通灵珠宝股份有限公司、长安马自达汽车有限公司、江苏紫金农村商业银行股份有限公司、百胜餐饮集团苏皖市场、好享购物股份有限公司、江苏五星电器有限公司、金盛置业投资集团有限公司、焦点科技股份有限公司、北京四季沐歌太阳能技术集团有限公司十家公司。这十家公司中，属于江苏省重点发展的十大战略新兴产业且总部在江苏的只有焦点科技股份有限公司一家。作为创新驱动的大省，江苏集聚了大量创新型企业和高科技企业，这些企业自身的品牌效应是值得挖掘的。

3.3　打造江苏人才品牌的建议

为继续保持创新优势，以人才驱动区域的可持续发展，江苏迫切需要解决的问题是发挥企业在人才工作中的主体作用。对此提出以下四点建议：

3.3.1　明确政府的政策对象

政府需要厘清自身的功能定位和进一步明确人才政策的服务对象，应重点支持企业的人才工作，为企业的人才工作提供服务而非替代企业直接开展人才工作。当前政府的各种人才政策对吸引人才到江苏来起到了很好的效果，形成了江苏的地理区域性人才品牌。然而政府必须明确，吸引高层次创新创业人才不是政府的最终目的，政府制定各种政策措施吸引人才的目的是为了让这些高层次人才在江苏发挥作用，为经济和社会发展做贡献。企业是他们施展才华、大展身手的真正舞台。高层次创新创业人才的作用必须通过企业的创新创造活动来实现。从这个意义上来说，除了高层次创新创业人才，有高层次人才需求的企业也应该是政府政策的直接对象，并且，后者对创新战略的意义可能更大。从服务型政府的角度而言，政策应该更多考虑这些企业的实际需求。这里有两点需要注意：一是大型企业的创新能力还没能得到充分挖掘，政府需要对大中型企业高层次创新创业人才的需求、创新创业活动的实践进行深入调研，采取政策激励大中型企业高层次人才的高效率使用；二是关注小微型高科技和高新技术企业，目前江苏省人才政策更偏向于有一定规模和一定业绩的企业，而小微企业将是创新浪潮中不可忽视的重要力量。通常，小微企业因为其规模、资金的限制，在吸引和获取人才上不具备优势，但小微企业本身具有战略柔性，对新科技更加敏感，更容易走在创新的潮头，如何能够让优秀的人才通过小微企业发光，并产生辐射效应是需要特别加以关注的。

3.3.2 提供企业多方位的人才服务

江苏具有天然的人才优势，在创新上的成绩全国领先。要保持领先，获得可持续发展，江苏省需要全面提升企业高层次人才服务的服务水平。以江苏省现有的人才服务机构为例，各开发区、产业集群都有配套的人力资源服务机构，但总体来说，这些人力资源服务机构的服务对象以中低端人才为主，高层次创新创业人才比较少。

江苏省若要为有高层次人才需求的企业提供多方位的人才服务，首先应该深入掌握各类企业的人才需求。比如上面提到的小微企业，高科技的小微企业在创业之初，其核心创业团队中往往包含了掌握关键科学技术的高层次人才，但因为专业领域的限制和职业生涯背景的原因，他们对如何经营企业、如何组建团队、如何融资等经营管理问题缺乏知识和经验，同时也有着强烈的需求。这符合高层次人才的知识和动机特点，也符合高层次人才发展的阶段性特点。那么，政府是否可以提供管理方面的咨询服务或者搭建投融资平台来帮助小微企业度过创业初期呢？又比如，大型企业的一个问题在于体制相对僵化，其本身所拥有的良好平台对于高层次人才是具有强烈的吸引力的，但体制上的僵化往往造成高层次人才有心无力、施展不开，以至于郁郁不得志而离开。政府是否可以采取政策激励大企业生成孵化器，鼓励内部创新，帮助大企业和高层次人才实现双赢？

除了深入掌握各类企业的人才需求，政府还需了解和掌握现有人才在各类企业中的发展路径和实际效能，以便及时调整政策。例如，困扰人才工作的一个主要问题是如何评估高层次人才的绩效。实际上，对于高层次创新创业人才的工作表现企业是非常有发言权的，那么，可以考虑搭建这样的平台，收集企业、社会公众、人才自身对高层次人才工作表现的评估意见，并将之公开化、透明化，帮助企业和高层次人才更好地认知彼此，达成更好的合作。

另外，考虑到高层次双创人才的发展需求，政府可以考虑采取某种政策激励企业进行人力资本投资，帮助高层次人才延续其职业生涯，发展和提升其创新创业能力。考虑到高层次人才知识活动的特点，如高层次人才有他们自己的专业圈子，有专业上紧密合作的对象和伙伴，可通过引进的重点人才开发人力资源渠道，引进其圈子或伙伴，产生连带效应，拔一颗带一串，提升人才引进的效率。总之，人才工作不能以引进为主，引进、培养、服务需要并重。甚至，在某种程度上，培养和服务对于高层次人才的可持续发展价值更大。

3.3.3 强化江苏地理人才品牌

江苏省人才工作的一个亮点是已经形成了一些地理区域性人才品牌，这是江苏未来人才工作的重要利好。当前，组织结构的变化趋势是小微企业日渐增多，企业集群和生态圈日渐成为主流，企业间高度依赖的情况越来越多见。而从高层次创新创业人才的角度来说，依赖知识网络和关系网络，越来越多的高层次人才将会以扎堆的形式落户。政府打造地理区域的人才品牌，能够以"人才团"的形式成批地吸引到人才。而知识活动具有一定的嵌入性，在某个领域内的专家学者往往是高度嵌入在这个领域的。通过人才团引进的不仅是人才，更是这些人才所在的专业圈子，这样，即便发生个别高层次人才流失，由于知识圈子的存在，人才更可能在江苏区域内流动，而不至于流到江苏以外。通过政府的人才品牌可带动和帮助战略新兴产业打造雇主品牌。

3.3.4 鼓励企业进行雇主品牌塑造

由于人才工作主要靠政府，江苏企业在人才工作上的积极性还需要提升。激励企业进行雇主品牌塑造是一个重要的途径，通过这一途径，政府可以鼓励企业树立起自身的主体性，发挥主动性，自发自觉地做好人才工作，特别是高层次人才工作。

徐工集团是江苏省企业中雇主品牌建设的领先者，曾连续获得2011年、2012年"中国年度最佳雇主"等称号。徐工集团拥有研发人员6000多人，有100多名国内最高端工程机械领军型技术人才和100多位德、美、日等工程机械专家。依托"千人计划"等专家资源成立了先进的研究院。徐工集团的技术中心依托徐工研究院、徐工南京研究院等机构，获得发展和改革委员会、科技部授予的"国家技术中心成就奖"。该技术中心既是研发机构，又是高新技术产业孵化器、对外技术合作与交流中心，吸引和凝聚了100多名高端人才，并已成为江苏省第二批"江苏省高层次人才创新创业基地"。徐工集团的人力资源战略特别重视高层次人才的引进和培养，公司 2014～2018 年的目标是："保持员工总量处于行业低位，推动核心人才数量从 15% 增加到 25%，研发类顶级人才、精英人才数量翻两番，人才使用效能大幅提升，人才竞争优势显著增强，为公司战略目标的全面实现奠定坚实的人才基础"。这一目标的实现不仅依赖高效率的人才引进，更依赖内部高质量的人才培养，徐工集团为员工提供技术、管理和营销三个序列多种类型的培训以帮助激发人才从内部挖潜掘力。

像徐工集团这样致力于雇主品牌建设并取得相当成就的企业，政府应该总结和向其他企业推广相关经验，鼓励更多的企业投资雇主品牌，形成自身吸引力，借政策之东风强化自身人才能力，为创新创业建设强有力的人才驱动夯实基础，做好准备。

4　江苏企业技术创新主体
地位测度指数研究

——基于无投入 DEA 模型

4.1　江苏企业技术创新主体地位测度
指数构建的必要性分析

　　企业是建设创新型国家的基本力量，也是创新驱动发展大背景下，江苏省进行创新型先进省份建设的重要力量。支持企业成为技术创新主体是当前和今后一个时期科技体制改革的一个重点任务。随着江苏创新体系建设的不断推进，测度分析企业技术创新主体地位便成为一个重要的问题。

　　建立企业技术创新主体地位测度分析框架及其监测指标体系，并进而构建江苏企业技术创新主体地位指数，不仅是研究课题，也是为江苏科技创新政策制定提供一个分析工具。

4.2　江苏企业技术创新主体地位的测度
分析框架与监测指标体系构建

4.2.1　江苏企业技术创新主体地位的测度分析框架

　　近年来，国内对技术创新主体的研究取得了很大进展，促进了对技术创新主体的认识，也提出了很多建设性的主要对策建议。但在研究方法上还存在不足，主要表现在：大多数文献在对我国现状进行分析论证时，都将企业技术创新主体简单分为投入主体、R&D 主体、成果转化主体、受益主体和风险承担主体等进行分析比较，或者只是对某一方面进行单独分析，如 R&D 经费投入、R&D 人员投入、专利按部门分布等，不能综合全面地反映我国技术创新主体的情况；或者只采用了某一年的横截面数据，不能反映近若干年的动态变化情况；或者虽然构建了指标体系，却缺乏翔实的数据以进行实证分析。另外，在相关研究中较少有分析评价研究区域企业技术创新主体建设、不同类别企业技术创新主体建设以及高新技术产业对企业技术创新主体建设的作用等问题。

在国家或区域创新系统中，技术创新主体是指能完成技术创新过程，在技术创新活动中占据主导地位、发挥核心作用，最后在市场上实现经济发展的社会组织。作为技术创新活动的主要承担者，企业具备成为技术创新主体的基本条件：具有创新需求、具备创新能力以及借助其他中介或服务组织进行变革的能动的活动者。

依据对技术创新主体的界定，测度企业技术创新主体地位可以从以下三个研究视角来构建：

（1）基于国家创新体系，即从国家创新系统理论角度出发，分析政府、企业、大学、科研院所、中介机构等技术创新参与者之间的相互关系和作用。

（2）基于技术创新过程，即从创新理论角度出发，考察完成技术创新的全过程，而不是在技术创新过程的某一个阶段或环节中，分析政府、企业、大学、科研院所、中介机构等技术创新参与者在国家创新系统中的地位和作用。

（3）基于企业群体，将所有企业作为一个独立的整体进行比较分析，这体现在所有的分析数据和理论研究的处理上。

从这三个研究视角出发，并参考相关学者的研究，将企业技术创新主体测度分析内容分为两大部分：其一，反映企业在国家创新系统中地位的指标，即创新系统要素指标；其二，反映企业在技术创新全过程中功能和作用的指标，即创新活动要素指标。前者侧重从总量上分析企业在国家创新系统中的主体地位，指标从静态上可以反映企业主体地位的状态，从动态上可以反映企业技术创新主体地位强弱的变化过程。后者侧重从结构变化上分析企业在技术创新过程中发挥的功能与作用，包括反映企业在技术创新的投入、活动、产出、营销和国际竞争力等方面的静态状况和动态变化，两者共同完成对企业技术创新主体地位的静态及其变化状态的测度。

在收集江苏统计数据的支撑下，我们可以监测江苏企业技术创新主体地位的逐年变化情况，为江苏科技政策的制定与实施提供信息和依据。

4.2.2　江苏企业技术创新主体地位监测指标体系构建

4.2.2.1　构建方法

利用统计分析方法在候选指标集内对同一准则层的指标进行筛选和约简，并在完成构建后对所选指标的合理性进行判定。这样，结合主观定性分析的综合性、可分析性、可比性和代表性的原则选取指标，可在较大程度上保证指标的独立性、可采集性和可操作性，以及指标体系的科学性、系统性和合理性。

具体来讲，企业技术创新主体监测指标体系的构建可以通过以下两个阶段实现：

第一阶段：以经济合作和发展组织（OECD）、美国科学基金会（NSF）等国际权威机构和国内外学者在企业技术创新评价中的高频指标为基础，根据所分析的问题，结合文献梳理，在充分考虑指标选取的科学性、可获得性和可比性的原则下完成指标体系的初选。

第二阶段：利用聚类分析方法将每个准则层内的指标分为若干子类，根据指标之间的关系选出代表性最强的指标，再把反映各个方面的指标加以组合，以保证指标体系的完整性。

4.2.2.2　指标选取原则

构建企业技术创新主体监测指标体系遵循以下原则：

全面性。企业技术创新主体指标应全面、完整地反映企业在江苏创新系统中的角色，在技术创新过程中的主体地位和功能。

科学性。选取的指标可以客观地反映和描述江苏企业技术创新主体地位和功能的动态变化。

可操作性。使用频率较高、便于数据采集的指标。

可比性。江苏企业技术创新主体监测指标既要考虑横向对比，又要考虑纵向对比。横向比较主要是为了显示地位和功能的相对关系，纵向比较主要是显示企业技术创新主体地位和功能作用的动态变化。

4.2.2.3　监测指标的选择与说明

基于企业技术创新主体测度分析框架，采用多层次目标评价体系结构，将监测指标体系划分为准则层和指标层。准则层包含创新系统要素、创新活动要素两个方面，指标层对准则层的两个方面进行具体分解细化。依据全面性、科学性、可操作性和可比性原则，经过两个阶段分析，共遴选出 20 项指标。

创新系统要素指标，考察创新系统中各个参与者之间的相对作用，反映创新系统中的主体地位。基于创新过程理论，在对已有研究指标的频率分析基础上，选择可以体现在江苏 R&D 经费支出和 R&D 人员投入中企业作为技术创新主体所起作用的江苏大中型企业 R&D 经费支出占江苏 R&D 经费支出的比重（%）、江苏高技术产业企业经费支出占江苏 R&D 经费支出的比重（%）和江苏大中型工业企业 R&D 人员全时当量占江苏 R&D 人员全时当量的比重（%）、江苏高技术产业企业 R&D 人员全时当量占江苏 R&D 人员全时当量的比重（%）；反映企业技术创新产出与应用的江苏企业职务专利授权量占江苏职务专利总授权量的比重（%）。

创新活动要素指标，考察创新网络互动与市场竞争中企业技术创新实力与能力，反映技术创新的主体功能与作用。同理，选择国际上惯用的标准衡量江苏大中型工业企业 R&D 经费支出占主营业务收入的比重（%）、江苏高技术产业企业 R&D 经费支出占主营业务收入的比重（%）与江苏大中型工业企业 R&D 人员占从业人员的比重（%）、江苏高技术产业企业 R&D 人员占从业人员的比重（%）；反映企业技术创新组织建设的江苏大中型工业企业中有研发机构的企业占全部企业的比重（%）、江苏大中型工业企业办科技机构数与全部企业数的比率（%）；反映企业创新组织建设与创新能力的江苏大中型工业企业有科技活动的企业占全部企业的比重（%）；反映企业开展基础研究和应用研究情况的江苏企业基础研究占企业 R&D 经费的比重（%）、江苏企业应用研究经费占企业 R&D 经费的比重（%）；考察企业二次创新的江苏大中型工业企业引进技术消化吸收经费与引进技术经费支出的比值（%）；反映企业整体 R&D 效率的江苏大中型工业企业每万 R&D 人员发明专利申请量（件/万人年）、江苏高技术企业每万 R&D 人员发明专利申请量（件/万人年）；反映企业技术创新产出经济效果的江苏大中型工业企业新产品销售收入占主营业务收入的比重（%）、江苏高技术产业企业新产品销售收入占主营业务收入的比重（%）；反映企业创新活动和创新管理成效的江苏高技术产业企业全员劳动生产率（万元/人）和反映企业技术创新水平和绩效的江苏高技术出口交货值占高技术产业主营业务收入的比重（%）。

4.3　江苏企业技术创新主体地位指数的构建

——基于无投入 DEA 模型方法

企业技术创新主体监测指数是在企业技术创新主体测度分析框架基础上，运用综合指数评价方法建立的。它可以动态地跟踪分析企业技术创新主体地位与功能的变化和演进，达到反映江苏企业技术创新主体发展态势的目的。该指数是通过对特定现象（主要是社会经济现象）多个方面的数量表现进行高度抽象综合，进而以定量形式反映现象综合变化的方向和水平的统计分析方法。运用综合指数分析方法构建江苏企业技术创新主体地位监测指数，主要需解决三个问题：首先要确定各个指标的权重；其次是对指标的无量纲化处理；最后利用指标权重和无量纲化处理的指标合成综合指数。

4.3.1 传统指数构建方法

4.3.1.1 指标权重确定

指标权重系数是评价体系中单项指标反映客体信息的能力，它体现评价主体对单项指标重要性程度的认识。指标权重和指标数据是影响评价结果的两大因素。指标权重合理与否，将直接影响评价结果的合理性。常见的指标权重确定方法有德尔菲法，又称专家评价法，它是集中专家的经验与意见，确定各指标的权数，并在多次反馈与修改中得到比较满意的结果。其过程是一个调查、征集意见、汇总分析、反馈、再调查的反复过程。专家们是处于相互隔离的状态，每个人的信息都是他自己的知识、经验、专长以及调查机构反馈给他的汇总情况的集中体现，该方法便于集中多数人的智慧。

4.3.1.2 指标无量纲化处理

指标的无量纲化就是把不同计量单位的指标数值，改造成可以直接加总的同量纲数值，它是综合评价的前提。在无量纲化过程中，通过数学变换消除计量单位对原数据的影响。

无量纲方法归结起来有三类：直线型无量纲方法、折线型无量纲方法、曲线型无量纲方法。折线型无量纲方法适用于指标在不同区间内的变化对综合水平影响不同的情况；曲线型无量纲方法适用于指标实际值对评价值的影响不是等比例的情况。这两种方法与企业技术创新主体监测指标体系不太相符，并且所需要用的公式及参数难以准确确定，故使用较少。直线型无量纲方法由于简单直观，比较适用于企业技术创新主体地位监测指标体系，因此使用较多。而在运用多元统计方法进行综合评价时，用得最多的直线型无量纲化方法是标准化方法。

4.3.1.3 合成方法

合成方法是由单项指标评价值计算综合评价值的方法。从简单有效的角度考虑，现在用得比较多的是加权算术平均法。

上述提到的传统指数构建方法均存在一些局限性。德尔菲法虽然有简单易行、避免权威影响等好处，但也有其局限性：不能相互交流意见，共同讨论问题，取得共识，缩短评价时间；易受主观因素的影响，不具备该方面知识的人的意见很难从总体意见中剔除出来；有些信息意见缺乏深刻论证，有的专家由于工作忙或对之不太重视，对表格的填写没有经过深入的调查和思考，这样就影响到评价结果的准确性。加权算术平均法适用于各指标间相互独立的场合，若各指标间不独立，结果必然是信息的重复，难以反映客观实际。采用加权算术平均法，权数的作用比其他合成方法要更明显，突出了评价分数较大、权数较大者的作用，对较大数值的变动更为敏感，对不同被评价对象间指标评价值的差异反应不大敏感。

虽然现在层次分析法（AHP）也开始广泛应用于指数构建中，作为一个系统性的方法，它基本可以综合解决指标权重确定、指标无量纲化处理以及单项指标评价值合成的问题。但是也存在一些局限性，如定量数据较少，定性成分多，不易令人信服，受专家主观经验影响大；如指标过多时数据统计量大，且权重难以确定；如特征值和特征向量的精确求法比较复杂。

4.3.2 无投入 DEA 模型方法

4.3.2.1 DEA 模型及其优点

数据包络分析法（Data Envelopment Analysis，DEA）于 1978 年由著名运筹学家 A. Charnes 和 W. W. Cooper 等学者所提出。DEA 方法是以相对效率为基础，以凸分析和线形规划为工具的一种效率评价方法，它通过保持相同类型决策单元（Decision Making Units，DMU）的输入或输出不变，借助于数学规划模型和统计数据确定相对有效的生产前沿面，将各个 DMU 投影到 DEA 的生产前沿面上，并通过比较 DMU 偏离 DEA 前沿面的程度来评价它们的相对有效性。

DEA 模型分为投入导向型和产出导向型。在实际操作当中，管理者根据投入或产出可控的难易程度来选择模型的导向问题。同时 DEA 是一种效率测评的非参数模型，与参数模型相比，DEA 模型具备以下优点：①DEA 不需要事先指定具体的投入产出生产函数形式，因而它能够测评较复杂生产关系决策单元的效率。这样既省去设定函数形态的烦琐，同时又避免了因函数形态设定不适而出现的偏差；②DEA 衡量决策单元的效率不受所选投入产出指标数据单位的影响；③DEA 模型不必事先设定投入、产出的权重，其权重根据指标数据在软件中自动产生，从而避免了主观赋权的影响；④DEA 适用于多投入、多产出的模型；⑤DEA 能够实现差异性分析、敏感度分析和效率分析。从而了解决策单元资源的使用情况，可以为资源优化配置政策提供参考。

4.3.2.2 常见的 DEA 模型

（1）C^2R 模型。

1）C^2R 模型的基本思路。

若有 n 个 DMU，每一个 DMU 都有 m 种投入和 S 种产出。每个 DMU 的投入和产出向量可表示为 $X_j = (x_{1j}, x_{2j}, \cdots, x_{mj})^T$，$Y_j = (y_{1j}, y_{2j}, \cdots, y_{sj})^T$，其中

$X_j > 0$，$Y_j > 0$，$j = (1, 2, \cdots, n)$。根据 DEA 模型的基本思路，可以构造如下线性规划模型：

$$(D')\begin{cases} \min\theta = V_D \\ \text{s. t. } \sum_{j=1}^{n}\lambda_j X_j \leqslant \theta X_{j0} \\ \sum_{j=1}^{n}\lambda_j Y_j \geqslant Y_{j0} \\ \lambda_j \geqslant 0, j = 1,2,\cdots,n \end{cases} \tag{4-1}$$

其中，λ_j 为 n 个 DMU 权重的某种组合，$\sum_{j=1}^{n}\lambda_j X_j$ 与 $\sum_{j=1}^{n}\lambda_j Y_j$ 分别是某个 DMU 按照该权重组合的投入和产出向量，X_{j0} 和 Y_{j0} 是第 j_0 个 DMU 的投入与产出向量。模型（4-1）所表达的含义是：找出 n 个 DMU 某种组合，使它的产出在不低于第 j_0 个 DMU 产出的条件下尽可能减少投入量。引入松弛变量 $S^+ \geqslant 0$，$S^- \geqslant 0$，则以上模型可转化为：

$$(D)\begin{cases} \min\theta = V_D \\ \text{s. t. } \sum_{j=1}^{n}\lambda_j X_j + S^- = \theta X_{j0} \\ \sum_{j=1}^{n}\lambda_j Y_j - S^+ \geqslant Y_{j0} \\ \lambda_j \geqslant 0, j = 1,2,\cdots,n \\ S^+ \geqslant 0, S^- \geqslant 0 \end{cases} \tag{4-2}$$

其中，$S^- = (s_1^-, s_2^-, \cdots, s_m^-)^T$，$S^+ = (s_1^+, s_2^+, \cdots, s_m^+)^T$，$s_i^-$ 和 s_r^+（$i = 1, 2, \cdots, m$; $r = 1, 2, \cdots, s$）为松弛变量。

该模型便是最为经典的 C^2R 模型，但是通过该模型来判断某个 DMU 是否有效，必须能够一次性判断 S^- 和 S^+ 同时为 0，这对于模型（4-2）而言并非易事，因而在实际中经常使用的是具有非阿基米德无穷小 ε 的模型：

$$(D_\varepsilon)\begin{cases} \min[\theta - \varepsilon(\hat{e}^T S^- + e^T S^+)] = V_{D\varepsilon} \\ \text{s. t. } \sum_{j=1}^{n}\lambda_j X_j + S^- = \theta X_{j0} \\ \sum_{j=1}^{n}\lambda_j Y_j - S^+ = Y_{j0} \\ \lambda_j \geqslant 0, j = 1,2,\cdots,n \\ S^+ \geqslant 0, S^- \geqslant 0 \end{cases} \tag{4-3}$$

其中，$\hat{e}^T = (1, \cdots, 1)_{1*m}$，$e^T (1, \cdots, 1)_{1*s}$ 分别表示元素全取 1 的 m 维和 s 维列向量。

2）C^2R 模型判断 DMU 有效性。

根据模型（4-2）或模型（4-3）计算结果可知最优值 $V_D \leqslant 1$，用以评价 DMU_{j0} 的综合效率值。具体包含以下三类含义：

①当 $V_D < 1$ 时，DMU_{j0} 为 DEA 无效或称非 DEA 有效。这说明存在某个虚构的 DMU（n 个 DMU 的某种组合），其产出不低于 DMU_{j0} 的产出量 Y_{j0}，而且各项投入均小于 DMU_{j0} 的投入量 X_{j0}。

②当 $V_D = 1$ 时，设模型最优解为：λ^*，S^{*-}，S^{*+}，θ^*，若 $S^{*-} \neq 0$ 或 $S^{*+} \neq 0$，则称 DMU_{j0} 为弱 DEA 有效；如果 $S^{*-} \neq 0$，$S^{*+} = 0$，这说明可以用 λ^* 各分量为权重对 n 个 DMU 进行组合，得到一个虚构的 DMU，使得其投入小于 X_{j0}，但其各项产出却等于 Y_{j0}；如果 $S^{*-} = 0$，$S^{*+} \neq 0$，则说明可以用 λ^* 各分量为权重对 n 个 DMU 进行组合，得到一个虚构的 DMU，使得其投入等于 X_{j0}，但是其产出却高于 Y_{j0}。

③当 $V_0 = 1$ 且 $S^{*-} = S^{*+} = 0$ 时，则称 DMU_{j0} 为 DEA 有效。这说明不存在虚构的 DMU 比 DMU_{j0} 更好，即若要保持 DMU_{j0} 各项产出 Y_{j0} 不减，则其投入量 X_{j0} 各分量不仅不能整体按比例减少，而且连部分投入也不能减少，就是说当前 DMU_{j0} 投入达到最优组合并取得最大产出量。

3）投影定理。

定义：λ^*，S^{*-}，S^{*+}，θ^* 为模型（4-3）关于 DMU_{j0} 的最优解，设
$$\begin{cases} \hat{X}_{j0} = \theta^* X_{j0} - S^{*-} \\ \hat{Y}_{j0} = Y_{j0} + S^{*+} \end{cases}$$
，则称 $(\hat{X}_{j0}, \hat{Y}_{j0})$ 为 DMU_{j0} 在生产可能集 T_{C^2R} 的生产前沿面上的"投影"。

投影定理：DMU_{j0} 的投影 $(\hat{X}_{j0}, \hat{Y}_{j0})$ 为 DEA 有效。

通过投影定理，我们可以改变原有投入或产出量，使得非 DEA 有效的决策单元变为有效的决策单元。记 $\Delta X_{j0} = X_{j0} - \hat{X}_{j0} = (1 - \theta^*)X_{j0} + S^{*-}$ 为投入冗余量（输入剩余），$\Delta Y_{j0} = \hat{Y}_{j0} - Y_{j0} = S^{*+}$ 为产出不足量（输出亏空）。

（2）BC^2 模型。

BC^2 模型将 C^2R 模型的不变规模报酬假设改为报酬可变（VRS），将技术效率分解为纯技术效率（Pure Technical Efficiency）和规模效率（Scale Efficiency）的乘积，用以衡量 DMU 的技术效率与规模效率。常见 BC^2 如模型（4-4）所示：

$$(D)\begin{cases} \min\theta = V_D \\ \text{s. t. } \sum_{j=1}^{n} \lambda_j X_j + S^- = \theta X_{j0} \\ \sum_{j=1}^{n} \lambda_j Y_j - S^+ = Y_{j0} \\ \sum_{j=1}^{n} \lambda_j = 1 \\ \lambda_j \geqslant 0, j = 1,2,\cdots,n \\ S^+ \geqslant 0, S^- \geqslant 0 \end{cases} \quad (4-4)$$

引入非阿基米德无穷小 ε，则可得到如下模型：

$$(D_\varepsilon)\begin{cases} \min[\theta - \varepsilon(\hat{e}^T S^- + e^T S^+)] = V_{D\varepsilon} \\ \text{s. t. } \sum_{j=1}^{n} \lambda_j X_j + S^- = \theta X_{j0} \\ \sum_{j=1}^{n} \lambda_j Y_j - S^+ = Y_{j0} \\ \sum_{j=1}^{n} \lambda_j = 1 \\ \lambda_j \geqslant 0, j = 1,2,\cdots,n \\ S^+ \geqslant 0, S^- \geqslant 0 \end{cases} \quad (4-5)$$

可见，若技术效率等于纯技术效率，则 DMU 的规模效率值等于 1，说明它是规模有效的；若技术效率不等于纯技术效率，则规模效率值小于 1，即 DMU 规模非有效，说明该 DMU 并不处于最佳生产规模上。

对于 DMU 规模报酬情况（规模报酬不变、规模报酬递增、规模报酬递减）的判定，通常 BC^2 将模型中的 $\sum_{j=1}^{n} \lambda_j = 1$ 改为 $\sum_{j=1}^{n} \lambda_j \leqslant 1$ 得到一个新的模型，再比较新模型计算出的技术效率值是否与原模型技术效率值相等，这种方法一般称为 DEA 的规模报酬非增模型（NIRS），新模型如下：

$$(D')\begin{cases} \min\theta = V_D \\ \text{s. t. } \sum_{j=1}^{n} \lambda_j X_j + S^- = \theta X_{j0} \\ \sum_{j=1}^{n} \lambda_j Y_j - S^+ = Y_{j0} \\ \sum_{j=1}^{n} \lambda_j \leqslant 1 \\ \lambda_j \geqslant 0, j = 1,2,\cdots,n \\ S^+ \geqslant 0, S^- \geqslant 0 \end{cases} \quad (4-6)$$

其对应的引入非阿基米德无穷小 ε 的新模型为：

$$(D_{\varepsilon}')\begin{cases} \min[\theta - \varepsilon(\hat{e}^T S^- + e^T S^+)] = V_{D\varepsilon} \\ \text{s. t.} \sum_{j=1}^{n} \lambda_j X_j + S^- = \theta X_{j0} \\ \sum_{j=1}^{n} \lambda_j Y_j - S^+ = Y_{j0} \\ \sum_{j=1}^{n} \lambda_j \leqslant 1 \\ \lambda_j \geqslant 0, j = 1,2,\cdots,n \\ S^+ \geqslant 0, S^- \geqslant 0 \end{cases} \qquad (4-7)$$

DEA 的 NIRS 具体方法为：对于某个待评价的 DMU，若由模型（4-5）和模型（4-7）计算出的效率值相等且等于由模型（4-2）计算出的效率值，则规模报酬不变；若由模型（4-5）和模型（4-7）计算出的效率值相等但不等于由模型（4-2）计算出的效率值，则规模报酬递减；若由模型（4-5）和模型（4-7）计算出的效率值不相等，则规模报酬递增。

（3）超效率 DEA 模型（Super-Efficiency DEA Model，SE-DEA）

C^2R 对决策单元规模有效性和技术有效性能够同时进行评价，但使用该模型只能将 DEA 有效和 DEA 无效的 DMU 区分出来，并对 DEA 无效的决策单元按照效率值的大小进行排序，而对于同为 DEA 有效的 DMU 却无法进行排序。为此，Anderson 和 Petersen 根据 C^2R 模型的方法，提出超效率 DEA 模型，计算出的效率值范围不再局限于 [0, 1] 这个区间，而是允许效率值超过 1。该模型所计算出的效率值对于 DEA 无效的 DMU 而言，与 C^2R 模型计算的结果是一样的；而对于 DEA 有效的 DMU 来说，所计算出的效率值将会大于 1，这样便能够对于同为 DEA 有效的 DMU 进行排序。

根据 C^2R 所得到的 SE-DEA 模型如下：

$$(D)\begin{cases} \min\theta \\ \text{s. t.} \sum_{\substack{j=1 \\ j\neq j0}}^{n} \lambda_j X_j + S^- = \theta X_{j0} \\ \sum_{\substack{j=1 \\ j\neq j0}}^{n} \lambda_j Y_j - S^+ = Y_{j0} \\ \lambda_j \geqslant 0, j = 1,2,\cdots,n \\ S^+ \geqslant 0, S^- \geqslant 0 \end{cases} \qquad (4-8)$$

4.3.2.3 无投入 DEA 模型

(1) 构建无投入 DEA 模型的必要性分析。

在绩效评价中，指数指标在商务评价、人类发展评价、健康服务评价、国家竞争力与财富评价等方面都有大量的应用。让 x_i 和 y_r 成为 DMU 的投入与产出，则指数数据具有 $e_{ir} = y_r / x_i$ 的形式，例如人均 GDP、每篇文章的引用次数等。此外，在国家实力或学生绩效的评价过程中，通常只有产出指标会得到使用。因为此时数据并不涵盖明显的投入—产出关系，因此标准的 DEA 模型很难得到应用。

在实际应用中，一些加和技术经常被用到以便将指数数据合并为一个单一的绩效分数。一个最常用到的技术就是去计算指数的加权和，例如用 $w_{ir}e_{ir}$ 来进行一个 DMU 的绩效加和测量。然而，在此技术的应用中，如何去选择权重 w_{ir} 则成为一个主要的困难来源。确定权重的一般方法如上述提到的通过德尔菲法或层次分析法（AHP）来进行同行评议，或使用回归分析或主成分分析等统计方法，或者是熵方法等。上述方法均给所有的 DMU 设置了相同的权重，而这常常成为最终评价结果争议的来源。

DEA 作为一个确定有效前沿面而非归中趋势的非参数方法，只有有效前沿面上的 DMU 才会被归为有效的。在该方法中，DMU 能够自由选择其权重以最大化其绩效分数。自从第一篇 DEA 论文在 1978 年发表在 EJOR 上以来，它已经成为无论在营利部门还是非营利部门都极具吸引力的绩效评价工具。标准的 DEA 模型要通过 DMU 的投入和产出数据来构建。然而，正如上文所述，数据集常常没有给出投入数据，或者说最初的投入—产出数据不能够简单地被恢复。正如本书研究中所用到的 20 个相关指数数据，很明显，要从这些指数中直接恢复出最初的投入和产出是一件非常困难的事情，因为像 R&D 人员数在某些指数中是作为分母，而在另外一些指数中是作为分子存在的。与此同时，本研究中有些指数压根就没有考虑到投入指标，如江苏高技术产业企业新产品销售收入占主营业务收入的比重（%）等。而且在有些实际应用中，只有部分指数是有意义的。

(2) 无投入 DEA 模型的构建。

虽然在考虑指数加和的过程中没有明显的投入要素，但从另一方面，我们可以很自然地去应用 DEA 原理来直接处理指数。

对 $j = 1, \cdots, n$，让 $(x_1^j, x_2^j, \cdots, x_m^j)$ 与 $(y_1^j, y_2^j, \cdots y_s^j)$ 分别表示 DMU_j 的投入与产出。对于指数数据的 DEA 模型可以直接使用一些指数 $e_{ir}^j = y_r^j / x_i^j$ 去评价 DMU_s 的绩效。这里，我们假定所有的投入与产出都是期望的，以至每个 DMU 都希望最大化加权和。因此，每个 DMU 都会通过求解下面的 DEA 模型去估计绩效分数：

$$\max \quad h = \sum w_{ir} e_{ir}^{0}$$

$$\text{s. t} \quad w_{ir} e_{ir}^{j} \leqslant 1, j = 1, \cdots, n$$

$$w_{ir} \geqslant 0, i = 1, \cdots, m; \quad r = 1, \cdots, s \qquad (4-9)$$

因此，在模型（4-9）中，对于 DMU_0，我们要确定 w_{ir} 以得到最大化分数。我们很容易得到模型（4-9）的对偶形式：

$$\min \quad \sum_{j=1}^{n} \lambda_j$$

$$\text{s. t} \quad \sum_{j=1}^{n} \lambda_j Y_j \geqslant Y_0, j = 1, \cdots, n$$

$$\lambda_j \geqslant 0, j = 1, \cdots, n \qquad (4-10)$$

如果我们让 $t = \sum_{j=1}^{n} \lambda_j, \lambda_j^{'} = \lambda_j / t$，且 $\theta = 1/t$，并且用 λ_j 替换 $\lambda_j^{'}$，则模型（4-10）可以转换为模型（4-11）：

$$\max \quad \theta$$

$$\text{s. t} \quad \sum_{j=1}^{n} \lambda_j y_{rj} \geqslant \theta y_{r0}, j = 1, \cdots, n$$

$$\sum_{j=1}^{n} \lambda_j = 1$$

$$\lambda_j \geqslant 0, j = 1, \cdots, n, r = 1, \cdots, s \qquad (4-11)$$

模型（4-11）也可转化为模型（4-12）：

$$\theta^* = \max \theta$$

$$\text{s. t} \quad \sum_{j=1}^{n} \lambda_j Y_j \geqslant \theta Y_0, j = 1, \cdots, n$$

$$\sum_{j=1}^{n} \lambda_j = 1, \lambda_1 \geqslant 0,$$

$$j = 1, \cdots, n \qquad (4-12)$$

为了提升该模型的辨识力，我们可以得出上述模型的超效率模型 SE - WEI-DEA：

$$\theta^* = \max \theta$$

$$\text{s. t} \quad \sum_{\substack{j=1 \\ j \neq 0}}^{n} \lambda_j Y_j - S^+ = \theta Y_0, j = 1, \cdots, n$$

$$\sum_{\substack{j=1 \\ j \neq 0}}^{n} \lambda_j = 1, \lambda_j \geqslant 0,$$

$$j = 1, \cdots, n \qquad (4-13)$$

4.3.2.4 江苏企业技术创新主体地位测度指数构建

如前所述，为了构建江苏企业技术创新主体地位测度指数，按照全面性、科学性、可操作性、可比性原则，本研究从创新系统要素与创新活动要素两个方面，选取了 20 项指标。它们分别是：江苏大中型企业 R&D 经费支出占江苏 R&D 经费支出的比重（%）（y_1）、江苏高技术产业企业 R&D 经费支出占江苏 R&D 经费支出的比重（%）（y_2）、江苏大中型工业企业 R&D 人员全时当量占江苏 R&D 人员全时当量的比重（%）（y_3）、江苏高技术产业企业 R&D 人员全时当量占江苏 R&D 人员全时当量的比重（%）（y_4）、江苏企业职务专利授权量占江苏职务专利总授权量的比重（%）（y_5）、江苏大中型工业企业 R&D 经费支出占主营业务收入的比重（%）（y_6）、江苏高技术产业企业 R&D 经费支出占主营业务收入的比重（%）（y_7）、江苏大中型工业企业 R&D 人员占从业人员的比重（%）（y_8）、江苏高技术产业企业 R&D 人员占从业人员的比重（%）（y_9）、江苏大中型工业企业中有研发机构的企业占全部企业的比重（%）（y_{10}）、江苏大中型工业企业办科技机构数与全部企业数的比率（%）（y_{11}）、江苏大中型工业企业有科技活动的企业占全部企业的比重（%）（y_{12}）、江苏企业基础研究经费占企业 R&D 经费的比重（%）（y_{13}）、江苏企业应用研究经费占企业 R&D 经费的比重（%）（y_{14}）、江苏大中型工业企业引进技术消化吸收经费与引进技术经费支出的比值（%）（y_{15}）、江苏大中型工业企业每万 R&D 人员发明专利申请量（件/万人年）（y_{16}）、江苏高技术企业每万 R&D 人员发明专利申请量（件/万人年）（y_{17}）、江苏大中型工业企业新产品销售收入占主营业务收入的比重（%）（y_{18}）、江苏高技术产业企业新产品销售收入占主营业务收入的比重（%）（y_{19}）、江苏高技术产业企业全员劳动生产率（万元/人）（y_{20}）以及江苏高技术出口交货值占高技术产业主营业务收入的比重（%）（y_{21}）。

所有指标均选择了 2003～2012 年十年的数据，个别指标的某些年份数据存在缺失。

（1）相关指标变量的描述性分析。

本部分将对所选指标的时间序列数据进行描述性分析，以反映江苏省相关指标数据的变化情况。

1）江苏大中型企业 R&D 经费支出占江苏 R&D 经费支出的比重（y_1），如图 4-1 所示。

2）江苏高技术产业企业 R&D 经费支出占江苏 R&D 经费支出的比重（y_2），如图 4-2 所示。

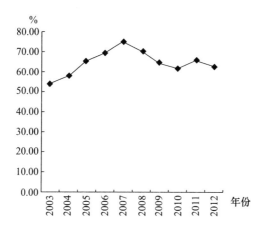

图 4 – 1 江苏大中型企业 R&D 经费支出占江苏 R&D 经费支出的比重

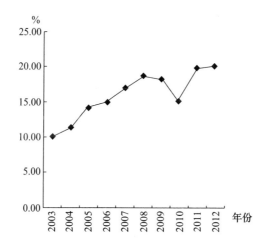

图 4 – 2 江苏高技术产业企业 R&D 经费支出占江苏 R&D 经费支出的比重

3）江苏大中型工业企业 R&D 人员全时当量占江苏 R&D 人员全时当量的比重（y_3），如图 4 – 3 所示。

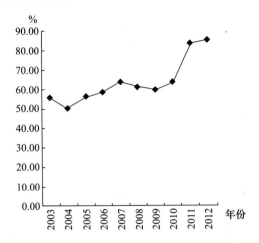

图4-3 江苏大中型工业企业 R&D 人员全时当量占江苏 R&D 人员全时当量的比重

4）江苏高技术产业企业 R&D 人员全时当量占江苏 R&D 人员全时当量的比重（y_4），如图4-4所示。

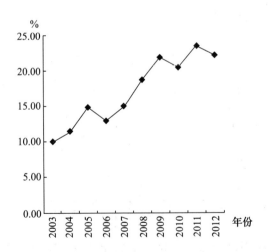

图4-4 江苏高技术产业企业 R&D 人员全时当量占江苏 R&D 人员全时当量的比重

5）江苏企业职务专利授权量占江苏职务专利总授权量的比重（y_5），如图4-5所示。

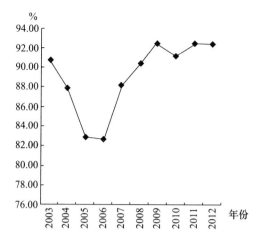

图4-5 江苏企业职务专利授权量占江苏职务专利总授权量的比重

6）江苏大中型工业企业 R&D 经费支出占主营业务收入的比重（y_6），如图 4-6 所示。

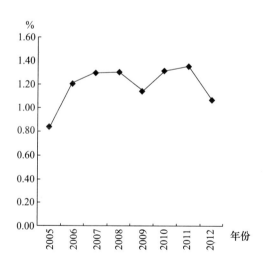

图4-6 江苏大中型工业企业 R&D 经费支出占主营业务收入的比重

7）江苏高技术产业企业 R&D 经费支出占主营业务收入的比重（y_7），如图 4-7 所示。

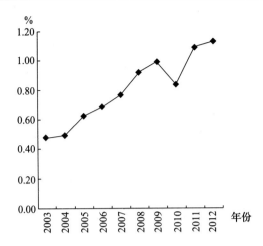

图4-7 江苏高技术产业企业 R&D 经费支出占主营业务收入的比重

8）江苏大中型工业企业 R&D 人员占从业人员的比重（y_8），如图4-8所示。

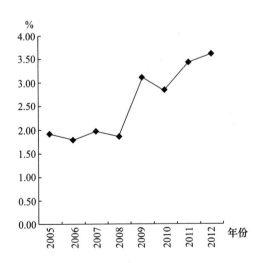

图4-8 江苏大中型工业企业 R&D 人员占从业人员的比重

9）江苏高技术产业企业 R&D 人员占从业人员的比重（y_9），如图4-9所示。

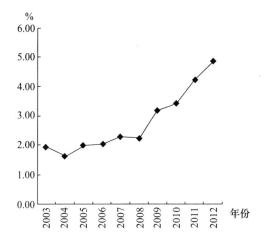

图 4 – 9 江苏高技术产业企业 R&D 人员占从业人员的比重

10）江苏大中型工业企业中有研发机构的企业占全部企业的比重（y_{10}），如图 4 – 10 所示。

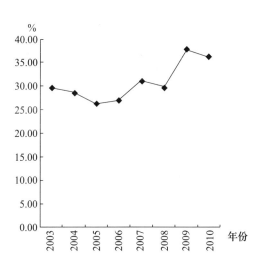

图 4 – 10 江苏大中型工业企业中有研发机构的企业占全部企业的比重

11）江苏大中型工业企业办科技机构数与全部企业数的比率（y_{11}），如图 4 – 11 所示。

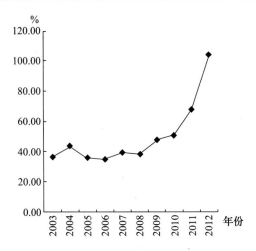

图 4 – 11　江苏大中型工业企业办科技机构数与全部企业数的比率

12）江苏大中型工业企业有科技活动的企业占全部企业的比重（y_{12}），如图 4 – 12 所示。

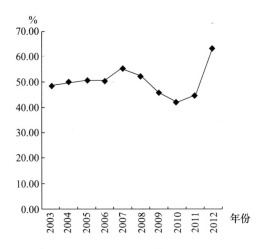

图 4 – 12　江苏大中型工业企业有科技活动的企业占全部企业的比重

13）江苏企业基础研究经费占企业 R&D 经费的比重（y_{13}），如图 4 – 13 所示。

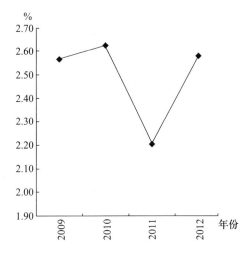

图 4 – 13　江苏企业基础研究经费占企业 R&D 经费的比重

14）江苏企业应用研究经费占企业 R&D 经费的比重（y_{14}），如图 4 – 14 所示。

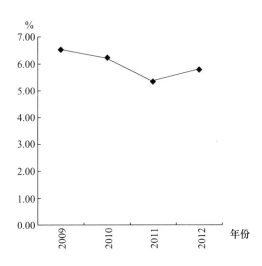

图 4 – 14　江苏企业应用研究经费占企业 R&D 经费的比重

15）江苏大中型工业企业引进技术消化吸收经费与引进技术经费支出的比值（y_{15}），如图 4 – 15 所示。

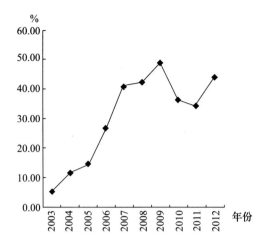

图4-15 江苏大中型工业企业引进技术消化吸收经费与引进技术经费支出的比值

16）江苏大中型工业企业每万 R&D 人员发明专利申请量（y_{16}），如图4-16 所示。

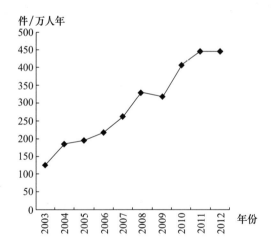

图4-16 江苏大中型工业企业每万 R&D 人员发明专利申请量

17）江苏高技术企业每万 R&D 人员发明专利申请量（y_{17}），如图4-17 所示。

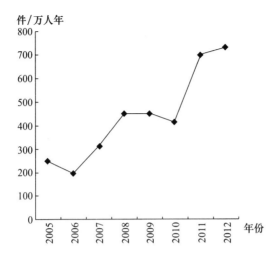

图 4 - 17 江苏高技术企业每万 R&D 人员发明专利申请量

18）江苏大中型工业企业新产品销售收入占主营业务收入的比重（y_{18}），如图 4 - 18 所示。

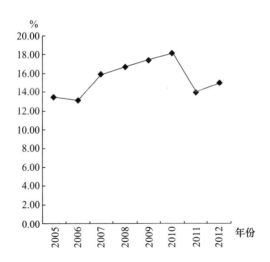

图 4 - 18 江苏大中型工业企业新产品销售收入占主营业务收入的比重

19）江苏高技术产业企业新产品销售收入占主营业务收入的比重（y_{19}），如图 4 - 19 所示。

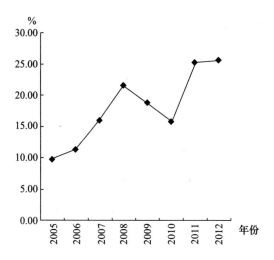

图 4 - 19　江苏高技术产业企业新产品销售收入占主营业务收入的比重

20）江苏高技术产业企业全员劳动生产率（y_{20}），如图 4 - 20 所示。

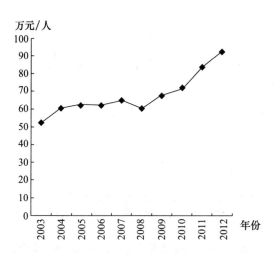

图 4 - 20　江苏高技术产业企业全员劳动生产率

21）江苏高技术出口交货值占高技术产业主营业务收入的比重（y_{21}），如图4-21所示。

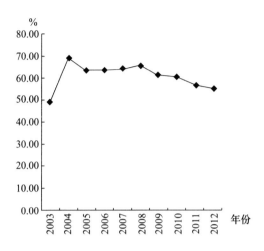

图4-21　江苏高技术出口交货值占高技术产业主营业务收入的比重

（2）相关指标变量数据缺失数据的处理。

在上述相关指标变量中，有些指标变量在某些年份存在数据缺失的情况。为了便于后续利用无投入DEA模型进行数据处理，我们对某些数据缺失年份较少的数据，利用差补法进行差补，对于缺失年份较多的数据，对该指标变量进行删除，不将其纳入测度指数的构建中。

1）存在缺失数据的相关指标变量。在上述相关指标变量中，存在缺失数据的指标变量有：江苏大中型工业企业R&D经费支出占主营业务收入的比重（%）（y_6），该指标缺乏2003年与2004年的数据；江苏大中型工业企业R&D人员占从业人员的比重（%）（y_8），该指标在计算中缺乏江苏大中型工业企业从业人员2003年与2004年的数据；江苏大中型工业企业中有研发机构的企业占全部企业的比重（%）（y_{10}），该指标在计算中缺乏江苏大中型工业企业中有研发机构的企业数在2011年和2012年的数据；江苏企业基础研究经费占企业R&D经费的比重（%）（y_{13}），该指标在计算中缺乏江苏企业基础研究经费2003~2008年的数据；江苏企业应用研究经费占企业R&D经费的比重（%）（y_{14}），该指标在计算中缺乏江苏企业应用研究经费2003~2008年的数据；江苏高技术企业每万R&D人员发明专利申请量（件/万人年）（y_{17}），该指标在计算中缺乏江苏高技术企业R&D人员数与发明专利申请量2003年与2004年的数据；江苏大中型工业企业新产品销售收入占主营业务收入的比重（%）（y_{18}），该指标缺乏 2003 年和 2004 年的数据；江苏高技术产业企业新产品销售收入占主营业务收入的比重（%）（y_{19}），该指标缺乏 2003 年和 2004 年的数据。

2）存在缺失数据的相关指标变量的处理。对于存在缺失数据的相关指标变量，我们将根据缺失数据的不同状况分别采取不同的处理方式。

对于缺失数据比较多的指标变量，如江苏企业基础研究经费占企业 R&D 经费的比重（%）（y_{13}），该指标在计算中缺乏江苏企业基础研究经费 2003～2008 年的数据；江苏企业应用研究经费占企业 R&D 经费的比重（%）（y_{14}），该指标在计算中缺乏江苏企业应用研究经费 2003～2008 年的数据，由于两个指标在计算中缺失的数据较多，故在构建江苏企业技术创新主体地位测度指数时将其排除在外。

对于其他存在缺失数据的指标变量，由于缺失的数据均只涉及两个年份，缺失较少，为保证已收集到的信息，故采取相应的插补方法进行插补。除了江苏高技术企业每万 R&D 人员发明专利申请量（件/万人年）（y_{17}），在计算中缺失数据用序列平均值差补外，其他相关指标在计算中缺失的数据均用一元线性回归拟合线差补。

（3）构建江苏企业技术创新主体地位测度指数。

1）构建江苏企业技术创新主体地位测度指数的指标变量值。经过对相关缺失数据的指标变量的处理，在构建江苏企业技术创新主体地位测度指数中所用的指标变量及其指标值如表 4-1 所示。

2）江苏企业技术创新主体地位测度指数的构建。为了构建江苏企业技术创新主体地位测度指数，我们将每一年度视为一个 DMU（决策单元），相应的指标变量作为产出变量，利用模型（4-13）中的无投入超效率模型 SE-WEIDEA 来进行各年份指标变量的权重设定和指标值的加和处理以得到最终的测度指数。由于本问题中的 DMU 数量相对产出指标而言较少，为了提升 DEA 模型的鉴别能力，将超效率计算引入模型（4-13）中。

利用模型（4-13）进行计算，我们可以得到产出导向的无投入超效率模型 SE-WEIDEA 的各年效率值，取效率值的倒数即为各年的实际效率值，如果 2003 年的指数为 100，则可以得出江苏企业技术创新主体地位测度指数，如表 4-2 所示。

相应的测度指数描述如图 4-22 所示。

从图 4-22 可知，江苏企业技术创新主体地位指数在 2003～2012 年的十年曾出现 3 个阶段性的高点，即 2004 年、2009 年和 2012 年，特别是在 2012 年，江苏企业技术创新主体地位得到了极大的提升。

表 4 – 1　构建江苏企业技术创新主体地位测度指数相关指标及其指标标值

单位：%

指标 年份	y_1	y_2	y_3	y_4	y_5	y_6	y_7	y_8	y_9	y_{10}	y_{11}	y_{12}	y_{15}	y_{16}	y_{17}	y_{18}	y_{19}	y_{20}	y_{21}
2003	53.60	10.08	56.22	10.01	90.75	1.04	0.48	2.18	1.94	29.69	36.45	48.33	5.42	126.26	528.27	13.99	6.33	52.34	48.92
2004	57.94	11.31	50.50	11.32	87.88	1.07	0.49	1.69	1.61	28.32	43.49	49.70	11.59	186.33	528.27	14.25	8.45	60.26	68.61
2005	65.17	14.13	56.54	14.76	82.88	0.84	0.62	1.89	1.99	26.20	35.36	50.25	14.58	194.51	249.19	13.45	9.70	61.76	63.16
2006	68.99	14.94	58.56	12.91	82.68	1.20	0.69	1.81	2.02	26.80	34.29	49.86	26.72	216.67	195.27	13.10	11.30	61.86	63.40
2007	74.81	17.05	63.85	14.93	88.20	1.29	0.77	1.97	2.28	31.12	38.72	54.97	40.72	261.07	312.53	15.89	15.94	64.96	64.21
2008	70.41	18.57	61.20	18.68	90.40	1.30	0.92	1.85	2.23	29.44	37.92	52.34	41.99	328.14	449.30	16.61	21.57	60.38	64.80
2009	64.32	18.17	59.66	21.84	92.50	1.14	0.99	3.10	3.19	37.69	47.68	45.77	48.88	316.41	446.91	17.36	18.84	67.65	60.73
2010	61.40	15.05	63.69	20.42	91.10	1.31	0.83	2.84	3.43	36.25	50.46	41.66	36.34	407.34	415.37	18.04	15.84	71.78	60.15
2011	65.77	19.78	83.86	23.25	92.36	1.35	1.09	3.41	4.20	30.11	67.57	44.37	34.25	444.64	696.01	13.89	25.24	83.51	56.39
2012	62.33	20.00	85.16	22.22	92.41	1.07	1.13	3.59	4.86	30.84	103.75	63.17	43.82	445.48	730.55	14.96	25.67	91.96	54.76

科技人才协同管理研究

表 4 – 2　江苏企业技术创新主体地位测度指数

年份	2003	2004	2005	2006	2007	2008	2009	2010	2011	2012
效率值	1.02	0.93	1.03	1.03	0.94	0.93	0.86	0.90	0.87	0.65
实际效率值	0.98	1.08	0.97	0.97	1.06	1.07	1.17	1.11	1.15	1.54
测度指数	100.00	110.09	98.64	99.08	108.46	109.32	119.03	113.35	117.45	156.46

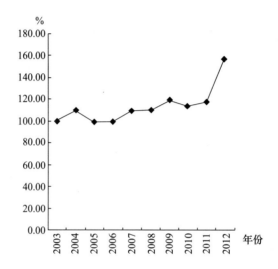

图 4 – 22　江苏企业技术创新主体地位测度指数

4.4　政策建议

　　从研究结果来看，总体而言，江苏企业技术创新主体地位在 2003～2011 年呈小幅缓慢提升的趋势，但是在 2012 年有了大幅的提升。但如果具体分析构建江苏企业技术创新主体地位指数的相关指标变量，我们还是可以发现有些指标变量的变化趋势同总体指数的变化趋势相比呈停滞状态或相反变化：

　　第一，从 2007 年开始，江苏大中型企业 R&D 经费支出占江苏 R&D 经费支出的比重一直呈现下降趋势。

　　第二，从 2005 年开始，江苏大中型工业企业 R&D 经费支出占主营业务收入的比重基本在一个窄幅的区间内进行窄幅震荡。

· 128 ·

第三，2009~2012年，江苏企业应用研究经费占企业R&D经费的比重呈现下降趋势，只不过在2012年有较弱的反弹。

第四，2010年以来，江苏大中型工业企业新产品销售收入占主营业务收入的比重呈现下降趋势，2012年略有反弹。

第五，2004年以来，江苏高技术出口交货值占高技术产业主营业务收入的比重一直呈现下降趋势。

第六，与江苏高技术产业企业相关的各种指标变量基本均呈现与江苏企业技术创新主体地位指数相同的变化趋势，而上述与主体地位指数相比呈现相反或停滞状态的指标基本与江苏大中型企业相关。这充分说明，江苏企业技术创新主体地位的不断提升在很大程度上是由高技术产业企业技术创新的主体地位的不断提升来体现的，而江苏的大中型工业企业对于江苏企业技术创新主体地位的提升还有相当大的潜力可挖。

因此，根据上述分析，可提出下列政策建议：

第一，应继续保持江苏高技术产业企业在提升江苏省企业技术创新主体地位中的排头兵作用，在江苏创新驱动的大背景下，在相关政策继续向高技术产业企业倾斜的同时，应进一步努力优化高技术产业企业的经营环境，通过不断营造市场化和产业化的竞争和发展氛围，不断激发其内生增长动力，使其能获得可持续的成长。

第二，应加强江苏大中型企业在江苏企业技术创新主体地位提升中的作用。由于江苏大中型企业在整个江苏经济中所占的比重相当大，如果能增强其技术创新能力并使之成为江苏技术创新的主体，则将大大推进江苏创新驱动战略的实现。

第三，要提升江苏大中型企业的技术创新主体地位，可重点从以下几个指标入手：提升江苏大中型企业R&D经费支出总额，提升其R&D经费支出占主营业务收入的比重，提升江苏大中型工业企业新产品的开发、制造与销售能力。

第四，继续提升江苏企业应用研究经费占企业R&D经费的比重。

第五，进一步加大江苏企业高技术产品的出口，不断提升高技术出口交货值占高技术产业主营业务收入的比重。

第三篇

关键协同管理问题研究

5　创造力工作环境缺失及其建构路径研究

——基于中国技术研发人员需求偏好视角

中国经济经历了 30 余年的高速扩张与繁荣，但是技术与创新的严重不足却成为我国整个社会的难言之痛。一些行业核心技术被外资企业控制垄断，另一些行业仿造山寨成风，代工模式成为我国制造业扩张的主导模式。"中国制造"成为低水平、低价格、仿造山寨的代名词，性价比成为中国企业竞争的仅有手段。

究竟是什么原因导致中国技术严重落后？缺思想？我国理论研究紧随世界一流水平。缺技术人才？大量立志技术、立志创新的优秀的工科年轻人堆积在企业。缺技术？我们可以造载人飞船上天。但是产业发展的事实是我们真的造不出一款质量可靠的汽车，也没能把研发航天科技积累的技术普遍应用于民用科技和企业中。

我国企业创新动能不足的主因究竟是什么？溯本求源，我们把研究的视角投向技术研发的主体——技术研发人员，探讨中国情境下，哪些因素影响技术研发人员的相关工作态度，并进而抑制了我国技术研发人员的创意热情和工作绩效。为此，我们拟定本章的四个研究主题：

主题一：探讨我国技术研发人员需求偏好结构、特点。

主题二：分析影响技术研发人员相关工作态度的情境因素，探讨我国创造力工作环境的因素构成。

主题三：分析我国创造力工作环境缺失的现状，探讨引发我国创造力工作环境缺失的根源。

主题四：探讨上述各概念间的关系，并配合前三项研究结果，提出政府、企业在政策和管理上可能的改进方向。

5.1　创造力工作环境及其决定因素

5.1.1　创造力工作环境概念的提出

Guilford 在 1950 年的美国心理学年会上呼吁学术界加强创造力的研究，并提出了创造力的"智力结构模式"，开启了近代创造力研究的先河。此后，创造力的相关研究与日俱增，逐渐在管理领域占有一席之地。

但是创造力是一种相当复杂的建构。在早期，学术界大多从个人特质角度来解释创造力（Cumming 和 Oldham，1997）。Guilford 首先提出"智力结构模式"理论，提出创造力由个人的流畅力、独创力、变通力、综合力、分析力、现存概念的再组织再定义、复杂度及评量等构成。Torrance（1981）采用 Guilford 的理论，认为创造思考测量应包含四个方面，分别是变通力、流畅力、独创力与敏感力。他们将创造力从智力的概念里抽离出来，并主张创造力是可以被测量的。此阶段为当代创造力研究的奠基时期。

近年来对创造力的研究逐渐由单一特质向度转至多向度、动态交互作用的研究。哈佛大学教授 Amabile 偕同其他教授进行了长达 20 年关于组织创新与创造力的研究，他于 1989 提出创造力的三成分理论，认为创造力是"领域相关技能"、"创造力相关技能"和"内在动机"三者互动的结果。进入 20 世纪 90 年代，与早期将研究焦点放在"人的因素"上不同，他将自己的研究转向"情境因素"。1996 年他修正了早年的创造力三成分架构，将"社会环境"成分加入其中。指出创造力不但需要创造性的人格特质和智能知识，更需要适当的创造性环境为诱因（Amabile，Conti，Coon，Lazenby 和 Herron，1996）。环境因素通过对创新人员内外动机的影响，影响创造历程的各个阶段。他因此提出"创造力工作环境"（KEYS）的概念，界定创造力工作环境是组织成员对其所处的工作环境的感知，是所有影响员工创造力的企业内部环境因素的总和。

5.1.2　创造力工作环境的构成

虽然学术界已有的研究都强调环境对于创造力产生的重要意义（Csikszentmihalyi，1999；Shalley、Zhou 和 Oldham，2004）。但是鉴于创造力概念的复杂性，关于创造力工作环境构成因素的研究结论并不统一。

Scott 和 Bruce（1994）整合了创造力、组织氛围、员工激励需求等相关研究，提出创新氛围（也即 Amabile 随后提出的创造力工作环境）概念，并将其划分成"创新的支持"和"资源的支持"两个因素。Amabile、Conti 和 Coon 等（1996）认为，创造力工作环境涉及工作环境中与创造力相关的所有因素，并通过研究把它们归纳为组织鼓励、主管鼓励、工作团队支持、自由度、充足的资源、挑战性工作、工作压力、组织障碍八大因素，其中前六大因素为促进因素，后两个因素为阻碍因素。Shalley、Zhou 和 Oldham（2004）则提出如下几个值得探讨的环境因素：工作复杂性、与主管关系、与同事关系、评估、奖酬、组织及工作目标、工作环境概况。

之后，许多学者聚焦某一特定的环境因素，验证某单一情境变量对员工创造力的影响，包括组织特性（如组织文化、组织结构、奖励机制、反馈机制等）；任务特性（如工作自主性、挑战性工作、决策权等）；还有一些学者提及团队协作、领导等人际互动因素（同事友谊、团队合作、团队领导、领导风格）等。创造力工作环境的研究得以逐渐累积。

进入 21 新世纪以来，我国提出创建"创新型社会"的发展目标，创造力被认为是维持组织发展的关键，是组织创新活动的前提，是建构知识社会的关键驱动力量，创造力研究引起了我国学者越来越多的关注（郑建君、金盛华、马国义，2009；刘文兴、廖建桥、张鹏程，2012；谢俊、汪林、储小平、黄嘉欣，2013）。但是，我国学术界对于创造力的研究还处在起步阶段，在创造力工作环境领域，目前的研究热衷于验证国外学者已经提出的某一环境变量对创造力的影响，但对环境因素的归纳未能有效针对中国的情境特征和中国研发人员的工作环境及需求偏好。

另外，在现有文献中，研究大多从正面出发，从创造力支持的角度归纳创造力的影响因素。本研究认为，在我国创造力严重不足的背景下，我们需要对中国情境下抑制创造力的因素做全面深入分析，了解我国创造力工作环境缺失的现况及其对员工工作态度及行为的影响，为建构我国创造力工作环境的因子模型及对科技创新人员的有效管理提供依据。

5.2　研究方法设计

5.2.1　研究流程与方法

本研究关注的焦点是导致我国技术研发人员工作不满和职业承诺低的工作情

境因素以及创造力工作环境缺失的现状。尽管西方学术界对创造力工作环境及其构成因素已有过系统归纳，但是由于国情、社会文化、员工企业组织特点及员工与环境的互动方式上，我国与西方国家存在着相当巨大的差异。我国员工对于创造力工作环境的诉求应该与西方企业员工有着较大的不同，所以我们的研究具有相当程度的探索特质。鉴于此，我们决定采用质化的访谈方法进行资料的收集，寻找中国情境下影响我国研发人员工作相关态度的工作环境因素。

因为技术研发工作复杂，岗位差异较大，为了使我们获得的资料相对全面，并使每种观点获得一定程度的验证，我们共采访了26个具有工科专业背景、5年以上工作经验、本科及以上学历的在职员工。请受访对象广泛谈论影响其职业期望、职业选择和职业认知的环境因素，并解释原因。

5.2.2 研究变量及内涵

本研究以创造力工作环境为核心变量，以技术研发人员的偏好需求为其决定前因，以工作满意度、技术职业承诺和研发绩效等技术职业的相关态度行为为结果变量。从研发人员的职业期望、职业经历、工作相关态度的对比出发，分析我国研发人员偏好需求，并以偏好需求作为创造力工作环境的决定前因，分析创造力工作环境缺失的现状及原因，进而探索创造力工作环境的建构路径。资料分析架构如图5-1所示：

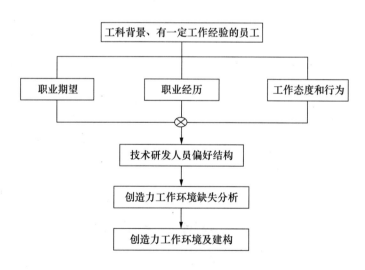

图5-1 访谈资料分析架构

在研究中，职业期望、工作满意度、技术职业承诺、研发人员的工作绩效均由访谈对象主观描述确定。分别根据他们对工作的打算、工作满意情况、是否打算坚持技术职业和工作绩效如何等问题的主观陈述归纳推断。

5.3　研究结果与讨论

5.3.1　访谈对象的背景描述

26 个访谈对象中有 11 人来自国有或国有控股企业，7 人来自合资或外资企业，其余为民营企业员工；在工作年限方面，最短为 5 年，最长的为 23 年；分别来自机械、电子、自动化、通信工程、化学工程、计算机、建筑、质量工程等专业。访谈对象基本符合多样性、异质性要求。

5.3.2　我国员工的职业期望、职业经历及工作相关态度概述

在我们所访谈的 24 位工科背景员工中，谈及最初的职业期望，只有 3 人表示最初就规划把技术当跳板。他们认为拥有较高的技术水平进而成为某一领域的专家是通往企业高层或创业的坚实路径。3 人坦承工科选择主要受环境、父母、同学及老师影响，没有充分思考未来职业的发展方向。18 人明确表示，选择工科就打算踏踏实实做工程师。他们认为，做工程师有自己的专长，有可以依靠的自身能力和经验，职业稳定，有较高的工作安全感和一定的社会地位。

但是在现实工作经历中，只有 6 人对技术研发工作比较满意，并打算继续坚持研发岗位或技术管理岗位。

"自动化设备前期做到后期调试，然后做到技术管理公司中层，很满意目前的状况，准备继续"（XD，12 年，自动化，外企）。

"独立研发，主打新品，做过许多项目，做技术挺好"（QY，6 年，化工，民企）。

但是，对技术研发工作具有较强不满并有明确转行意愿甚至已经付诸行动的却达 18 人之多。GY 先生、XN 先生和 FJ 先生各有长达 10 年、20 年和 15 年的技术工作经历，他们均表示对自己坚持做技术的深深无奈和悔意。

"一直做工程师，十年才能独当一面，现在想转行，但代价太大，转不了了"（GY，10 年，自动化，外企）。

"一直做模具，后悔坚持技术岗位，没有资源转行"（XN，20 年，机械，民企）。

"15 年一线程序员，前途茫茫"（FJ，15 年，计算机，外企）。

其中 6 人已经脱离技术岗位转向管理、行政或销售等工作，甚至有人为了转行管理，"跳槽"中小型民企。另有 8 人有强烈的转岗倾向，剩下的或者迷茫纠结，或者心有不甘，工作满意及职业承诺低得令人诧异。

"打算先转行做业务，有条件跳槽，再不行自己干"（OM，8 年，化工，国企）。

"时刻在准备各种经验和知识，准备创业"（LT，8 年，机电，外企）。

"感觉前途未卜，想离职转行，被领导留住，不甘心就这么放弃，想再试一试"（KP，10 年，工程机械，国企）。

工科生初期的研发意愿与其现实认知之间差距巨大。职场之初只有少数 3 人有从事管理或创业的打算，绝大多数期望以技术为终身职业。但是工作 5 年或者数十年以后，大多数人对工作有较强的不满，职业承诺极低，职业意愿却发生了巨大的转变。

5.3.3 技术研发人员的需求偏好分析

根据人类行为的一般理论，如此低的工作满意度和职业承诺源于员工的某些主导需求未被满足。通过访谈资料分析，我们归纳如下：

5.3.3.1 收入与利益分配

24 个访谈对象中 21 人明确提出收入和利益分配因素。无论工作满意者还是不满意者，收入都成为提及最普遍的因素。

"收入 15～20 万元，逐年稳定增长，比较满意"（GF，机械设计，6 年，民企）。

"收入 25～30 万元，水平中上，挺好"（XD，自动化，12 年，外企）。

"月薪 4000 元，干脏活累活，已转业务"（KC，建筑，6 年，民企）。

"薪水曾经较高，但近十年没有增长，现在工资跟普工相同，后悔坚持技术岗位"（XN，模具设计，20 年，民企）。

因此可知，技术人员普遍关注收入。他们对薪资的关注有两个焦点：一是对不公平的抱怨，认为付出多、收益少。二是对于稳定性的诉求。他们普遍并不追求极高工资，公平、稳定、水平中上是许多技术人员的薪酬诉求，生存与安全的需要是促使他们关注薪酬的主要原因。

5.3.3.2 职业保障与工作安全

出乎我们意料的是访谈对象对于工作安全的偏好。有 19 人提及研发工作的职业保障和工作安全方面的特征，但各自的观点却大相径庭。其中 5 人认为技术职业稳定，具有较强的职业保障，并表示出较高的工作满意度和职业承诺，并认可自己的工作绩效。

与此形成对比的是，有 4 人表示对于技术薪酬比较满意，但由于工作不安全感较强，他们仍然或者已经选择转行，或者在积极做转行的准备。而薪酬不满者工作不安全感和职业转换意愿更强。尤其引起我们注意的是，一些高研发绩效者却具有较低的工作安全感。技术似乎并不能给他们带来安全和保障。

"连续 3 年被评为 ＊＊最有价值开发专家，月薪 20 万元。但仍然想说，还是别搞技术吧。你老了，就该滚了"（TH，10 年，计算机，外企）。

"专家又怎么样，工程师只精通自己了解的那一块，对公司过于依赖，处于被动地位，随着年龄的增长，日益被排除在核心利益圈外"（RS，10 年，计算机，民企）。

根据上述现象，我们认为技术研发人员对于职业保障和工作安全的关注甚至强于薪酬。安全与保障方面的需求极为显著。

5.3.3.3　工作特征因素

多达 16 人提到技术职业的工作特征，包括工作压力、工作复杂性、工作完整性、所需知识技能、任务的重要性等。由于技术岗位复杂多样，特征各不相同，所以对该因素的认知内容繁多，我们把其归纳为如下四种观点。

第一类观点认为，技术岗位工作简单、重复，知识面窄，技能单一，知识老化速度快等，持该类认知者无论薪酬满意度与工作绩效如何，均具有较低的技术职业承诺。

"技术水平低，知识面窄，照搬国外，帮老外做实验，自身发展缓慢"（PU，8 年，工控，外企）。

"技术只是产品流水线的一个环节，路太窄"（LS，5 年，通信，民企）。

"感觉技术可替代性强，更新太快，技术积累不值钱"（LT，8 年，机电，外企）。

第二类观点则认为，研发工作对知识技能要求高，知识面广，需要创造力。认为技术积累虽然很辛苦，但回报丰厚，值得坚持。

"研发人员发展到高水平需要很长时间。若干年编程经验、对机械电气设备工艺充分了解等。但坚持是值得的。10 年前一起共事的 5 个同事只留下我一个，走的时候各种抱怨，其中 3 个离开后多次'跳槽'，至今也不是很尽如人意"（CH，10 年，工控，外企）。

"需要较强的学习能力，需要坚持和积累。虽有压力，但技术过硬的人在哪里都是很好混的"（QL，15 年，机工，民企）。

"做技术要对你所做的工作有改善，或者有创造力，而不是熟练操作"（RF，8 年，工控，国企）。

第三类观点提出的职业特点与第二类基本相同，但因为收入不满意，因此工作相关态度截然相反：技术工作付出太多，而且风险大，收益不确定。因此放弃或打算放弃技术职业。

"技术出成绩的路途太长，已转管理"（NI，6 年，材料，国企）。

"产品设计开发较难，费心费力加班熬夜，想转行"（KP，10 年，工程机械，国企）。

第四种观点提到了技术职业的另一个让人心生去意的特点，技术研发工作圈子较窄导致人脉关系缺乏，使得技术人员在关系的时代发展前景黯淡。

"技术做久了，圈子变窄了，人生没有宽度了"（KP，10 年，工程机械，国企）。

"35 岁以后还搞技术，没有人脉，没有商业意识，基本上死路一条"（WD，8 年，计算机，民企）。

很显然，不同的认知源于不同的技术岗位和各不相同的工作特征，进一步将相关工作态度与职业特征认知联系起来，发现技术层次较低和较高所导致较高的职业不满和转行意愿，其很大一部分原因在于它们不能满足技术人员的经济和安全等低层次需求。

5.3.3.4 企业重视与社会地位

企业重视与社会地位也是研发人员较为关注的一个因素。技术研发人员对于该因素的认知也有较大差异。一部分人认为企业重视技术，研发人员地位较高。另一部分则表示研发人员在企业没有地位，甚至在社会上受到歧视。

"掌握产品设计思路，公司比较重视"（QY，6 年，化工，民企）。

"独立做项目，公司很重视"（XZ，9 年，机械，国企）。

"手上有两个项目，但技术部门是软柿子，有问题就背黑锅，企业并不重视"（MK，5 年，机械，自动化仪表，国企）。

"公司热衷于搞一些表面文章，对技术不重视，做好 PPT 比专心研发的人混得好多了"（ZJ，8 年，电气，国企）。

"在中国做一辈子技术是无能的表现，到处被人看不起"（HL，10 年，质量工程，民企）。

我们把上述看法与前述薪酬和职业保障联系起来，发现技术研发人员所说的重视尊重基本上可以跟满意的薪酬和高的职业保障相对应。因此，尊重与地位的诉求除了指向尊重与社会地位需求外，同样也包含着较强的经济和安全方面的要求。

5.3.3.5 资源与组织支持

访谈对象中 13 人提到了技术研发人员获得的资金资源和组织支持的问题。

"公司比较重视，项目有资金倾斜"（QY，6 年，化工，民企）。

"老板很支持,人际关系比较简单,部门之间配合良好"(QL,15 年,机工,民企)。

"有价值的建议不被领导认可"(JG,5 年,电子,国企)。

"产品开发需要从设计到售后整个流程的严格管理控制,但技术部门却往往得不到应有的资源和其他部门的配合"(KP,10 年,工程机械,国企)。

"搞技术需要资金,闷头搞出来的是没门槛的东西。我们全班都是奥林匹克数学物理竞赛奖得主,985 工科,同学之中没有 1 个能拿到 1000 万元的项目。没钱搞什么研发啊"(ZJ,8 年,电气,国企)。

与工作态度相联系,我们发现,对第五类因素较满意者,不仅具有较高的工作满意度、职业承诺,其研发绩效也较高。因此我们认为,该类因素的满足不仅具有保留吸引员工的作用,还有较强的激发员工创造力的效果。

综上所述,本研究归纳出影响我国技术研发人员相关工作态度的主要因素为:收入分配、职业保障、尊重与地位、工作特征和资源获取以及组织支持。而且将五个因素与员工工作相关态度联系起来可发现:高研发承诺、高工作满意者与低研发承诺、低工作满意者所关注的因素几乎没有差别。每一因素的提出者都既有低满意者,也有较高工作满意者。不过关注后两类因素的人员中,高工作绩效占更大的比例,他们的手上基本都握有独立研发项目。

我们进一步将这五个因素与西方学者提出的创造力工作环境因素相比较,发现与西方研发人员更关注的工作自由度、充足的资源、挑战性工作、团队主管支持等需求相比,我国研发人员更偏重安全和稳定方面的需要,包括稳定的中等的能够保障生活水平的收入、较高的职业保障。即使他们关注工作特征、重视和尊重、人脉与社交关系及职业发展等方面的问题,但对于这些问题的关注更多地指向满意的收入福利和职业保障。对于是否具有挑战性、自主性,是否可以实现自我理想则普遍不是人们关注的重点。根据马斯洛的需求层次理论,这种现象表明我国研发人员的低层次的生存和安全方面的需求尚没有得到充分满足,虽然有一定程度的高层次需要,但它们还未能普遍成为技术研发人员的主导需求。

5.4 创造力工作环境缺失原因剖析及建构路径

许多研究表明,个体的不满意、职业承诺及工作绩效与许多因素有关,如个体素质、个体能力等。但是如此大范围高比例的技术人员低满意、低职业承诺、低研发绩效现象,让我们有理由相信,这应该不是由个体因素引起的,而是与技术研发的整体环境因素有关。本研究中，所谓创造力工作环境缺失是指工作环境未能有效满足技术研发人员的主导需求，导致技术研发人员普遍的工作不满意、职业承诺和工作绩效较低等现象。通过访谈，我们认为，我国存在着高比例大范围的技术人员的工作不满意、低工作绩效甚至逃离技术职业等现象，这会直接危害整个社会的产业竞争力和持续发展，表明我国创造力工作环境的严重缺失。

5.4.1 创造力工作环境缺失原因分析

首先，不良的产业环境和无序的市场竞争会妨害企业的创新动能，并进而影响员工的工作行为。访谈中不少人员提及了这方面的因素，比如外企员工抱怨国内没有核心研发；国企员工反应企业主要凭政策支持以关系和垄断换取利润，技术部门在企业属于不重要的边缘部门；民企员工则反映企业为了生存热衷于仿造。工程师们普遍反映："国内企业基本没有研发，只有低层次的技工，这就注定所谓的工程师只能站在利益环节的末端"（KP，10 年，工程机械，国企）。

其次，根据访谈反映，层次较高的技术岗位具有投入高、积累时间长、工作枯燥等职业特点，并且创新创造活动的产出有着较大的不确定性。另外，产业环境快速变动，产品生命周期不断变短，知识老化速度加快，研发压力和风险不断加剧。层次较低的技术岗位人员则反映技能单一、知识面狭窄、技术低下等职业特点导致了他们收入低下、工作不安全、被轻视等后果。技术研发人员普遍认为：技术研发工作为高风险职业，当前形势下选择技术生涯需要毅力和勇气。

最后，研发创新过程往往漫长枯燥，因此，员工创新行为在某些特征上类似于组织公民行为，它是一种员工的自发自觉行为。因此需要组织提供较稳定长期的人力资本投资，建立长期稳定的员工关系。这样在互惠的原则下，员工才会给予组织长期的、范围宽广的努力作为回报。

综上，创造力工作环境的缺失源于三个方面的因素及其相互之间的作用：第一是在不良和无序的宏观经济环境下，研发创新无法成为企业的核心竞争力，致使企业丧失技术创新的动能；第二是技术工作自身的某些特点和工作设计的非人性化，研发职业与科技人员需求的直接冲突；第三是社会政策、企业文化及其人力管理系统也未能从管理上契合创新研发的工作特点。三个方面的因素相互作用，致使技术职业成为社会的弃儿，更谈不上尊重知识、尊重技术、促进创新的社会价值取向，创造力工作环境处于严重缺失的状态。

5.4.2 创造力工作环境的建构路径

根据前述分析我们认为，建构我国的创造力工作环境需要循序渐进的三个步骤：第一步首先建构良好有序的宏观社会经济环境，包括保护知识产权、健全市场机制等，促进企业间的良性竞争，引导企业着眼于长远，向学习与创新的有序之道转变。这是建构创造力工作环境的前提。第二步需要为员工潜心于技术职业提供适度的诱因与支持，在全社会范围内营造出尊重知识、尊重技术的社会价值取向，让技术职业成为让人向往的理想职业，吸引大量骨干人才走入并坚持技术职业，这是建构创造型工作环境的基础。具体手段在企业方面有工作改善和再设计，并在培训、薪资、绩效、雇佣等方面强化长期、公平、稳定、保障的特点，建构技术导向的人力资源管理体系。政府部门则可以采用收入调节、社会保障系统、培训和资金资源支持等政策方面向技术职业倾向。第三步要致力于对创新创造力的支持，这一步的方法在相当多的西方文献中有深入论述，包括设计有挑战性、自主性的工作，建设创新型文化，给予创新活动充分的资金资源支持和组织支持等。

我们将上述分析用图形的方式做更清楚直观的表达，结果如图 5－2 所示。

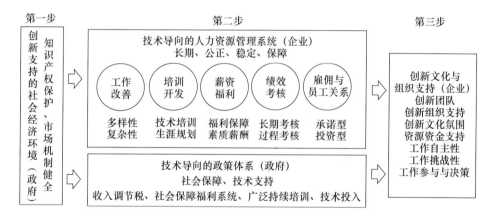

图 5－2　创造力工作环境及其建构路径

5.5　结论

上述创造力工作环境建构路径中，支持创新的社会经济环境和组织文化环境的建构等议题已经引起相关部门和研究者的极大重视。而一般的基础技术人员的偏好需求及其管理问题却很少被关注研究。但是，没有大量的中层技术骨干，高层次创新人才就失去了丰富的来源；没有技术扎实稳定的基础技术人员，也无法改变中国只能大量制造廉价产品的现实。因此，引导形成一个数量庞大的、稳定的基础技术人员的队伍是建设创新型社会的基础。所以本研究认为我国创造力工作环境的建构，需要企业和相关政府部门携手，从更基础的工作做起，以建构我国尊重知识、尊重技术的工作环境和吸引形成庞大的基础技术人员队伍为首要目标，促进整个社会的价值取向朝着技术与创新的方向转变。

本研究采取较大范围的样本访谈，但鉴于技术研发岗位的多样性和差异性，研究结果受研发人员经历和生存状况的主观影响与诠释，也不可避免地受访谈技巧、经验、知识背景与研究能力的限制，因此本研究的结论还需要通过更大范围的资料收集和定量分析方法，增加可信度，同时建构路径的具体方案还需要进一步深化与细化的研究。

6 共性技术型科技人才组织 开发管理研究

企业不仅为人才的价值实现提供机会，同时也应该成为人才投资的主体，对人才的投资不仅是最重要的投资行为，也是企业发展的战略重心。但现实中，从对人才的投资到获得实际的收益，企业要面对来自组织、市场和技术等方面的风险，加上不同规模、决策的短期化等因素影响，导致企业不愿为人才投资买单，在人才投资方面出现了市场失灵。另外，当政府将产业升级作为其社会目标之一时，政府就会积极地参与到企业的人才投资和技术开发中，但是事实表明政府的直接介入效率并不高，而且还会影响企业自我激励机制的形成。通过对技术结构的分析，我们认为政府和企业应该承担对不同技术层次、不同的人才类型和人才发展阶段的投资职能和开发责任，而共性技术的相关理论为这一分析提供了新的视角。

6.1 问题的提出

当前江苏产业升级是产业发展的需要，这更加依赖于科技人才。政府从各个方面积极推进科技人才的引进、培养，积极鼓励企业加大对相关技术的开发以及对相应科技人才的培养。如政府设立各种人才培养计划、大量的经费投入、各种平台的建设、各种激励保障措施。但是从现实来看，政府的努力与企业的实际需求和决策步调并不一致。例如，从全国各省市的专利实际授权比例看，江苏省要低于北京市、上海市以及浙江省，但江苏省的专利申请量很大。这说明江苏的投入很大，但科技创新的产出之一——专利授权量并不高。专利的人均授权量（＝专利授权量/R&D 人员）也不高。企业在经营过程中由于经济风险、人事风险、法律风险等原因，并不积极参与政府的鼓励行动，或并不能够产生实际的技术与人才的开发行动。政府依据怎样的理念、制定怎样的政策、采取怎样的行动，才能促进企业成为实际的科技人才的开发主体，在全社会确立企业的人才开发主体、受益主体的地位，这是当前政府和企业共同面对的问题。

在明确企业作为科技人才开发主体的基础上，我们认为，这种主体地位的确立需要企业形成内在的自我激励机制，而政府大量的直接投资对企业产生了挤出效应，即指政府对科技人才开发投入的增加对企业的科技人才开发产生了一定程度上替代和排挤作用，从而导致政府对科技人才开发投入产生的效率不及企业对科技人才开发投入带来的效率。这样，企业不再是科技人才的开发主体，同时企业也没有成为真正的受益主体，因为这与企业的实际需求存在错位。

鉴于存在上述问题，我们对于科技发展规律的认识需要深化。从科学技术分类看，通常分为基础研究，解决基本的概念、理论与方法；共性技术，解决支撑一个或部分产业共有的技术；专有技术或专用技术，直接创造差异化产品和服务的技术，由此才能够有差异化的市场和差异化的定价，并产生超额利润。政府对技术和人才的开发因技术层次不同，应该有选择地实施鼓励与激励政策，而不是完全代替企业进行开发。因为共性技术通过降低创造成本，进而降低整个社会的经济运行代价，并实现时间资源的节约。

6.2　研究的意义

通过对技术类型的分类，更加明确企业对相关技术的选择性需求，如同市场的细分，可以更加明确目标对象的特性，从而提升政策的针对性和实效性，可以使政府的工作方向更加明确，工作效率更高。同时，企业的科技活动能够逐步建立起开发主体与受益主体相统一的自我激励机制，并形成具有良性循环的长效机制，这样不仅对提高产业的水平、产业的升级有积极意义，而且对企业逐步形成以专用技术为方向的核心技术竞争力也具有促进和引导作用。

6.3　研究的理论基础

6.3.1　共性技术

本研究的基础是对共性技术的认识。共性技术（Generic Technology）最早由美国国家标准与技术研究院（NIST）高级经济学家 G. 坦森（Gregory Tassey）、A. 林克（Albbert Link）等提出。1992 年，他们将共性技术研究视为技术研究开发的第一个阶段，目的是证明有潜在市场应用价值的一种产品或过程的概念，在进入后续的应用性更强的研发前降低大量的技术风险，因此又被称为前竞争技术。Tassey（1992，1997，2000，2003）还进一步解释科学技术的几个层次：科技基础、基础技术、共性技术和专有技术。美国国家标准与技术研究院（NIST）在先进技术计划（ATP）中将共性技术定义为科学现象的一个概念、要素或进一步的观察，其具有被应用于广泛的产品和生产过程的潜力，一项共性技术需要后续的研究、开发来实现商业应用。

共性技术是指在很多领域内已经或未来可能被广泛采用，其研发成果可共享并对一个产业或多个产业及企业产生深刻影响的一类技术（李纪珍，2004）。李纪珍认为，产业共性技术有四个特点：基础性、开放性、外部性和关联性。

（1）基础性：是指在技术体系中共性技术处于基础地位，为后续的应用技术开发提供基本手段和技术支持，为后续应用技术的推广应用提供产业技术基础。但是，这并不是说共性技术就不会直接面向市场。共性技术同样会成为技术市场的交易对象，只要设置一定的条件，共性技术会比后续的应用技术带来更大的垄断利润。从产业角度看，共性技术为多项其他技术的进步、产业的发展提供支撑，具有广阔的应用前景，为多用户所用，规模效应明显。共性技术在其所关联产业部门中的基础和关键地位，决定了其技术突破可以迅速推动一系列新产品、新工艺的创新，并带来产业的升级换代，甚至是一个新的产业的产生，也会导致企业的新陈代谢。

（2）开放性：共性技术提供技术平台，在此平台上，相关的产业或企业会根据自身的发展战略进一步开发产品应用技术。作为技术源的共性技术必须是开放的，这样才能服务于多个产业、多个企业以及相关研究机构，才能够对产业的发展和升级起到关键性的作用，也才能够为企业的人才投资和技术开发提供技术空间。也就是说，共性技术的开放程度决定了其应用的广度、范围和相关企业的技术开发的深度，也就是决定技术转变为生产力的现实基础。如 CAD 技术的开放，使得其广泛应用于建筑、机械、化工、汽车、航空等多个领域，直接推动了相关领域的发展。

（3）外部性：指研发主体不能独占共性技术成果及其带来的全部收益，而容易通过技术扩散和收益溢出为其他社会主体所共有的特性，也就是经济学中所指的公共产品的特性。这种特性很大程度上决定了一般企业没有积极性去开发这一类技术，他们对于具有专用技术或有技术壁垒的成果项目更感兴趣。这也是需要政府投入或参与的原因。当然，共性技术具有的外部性特征并不具有排他性，也并不是纯粹的公共产品，设置一定条件就可以赋予其竞争性，如特许、垄断等，这也是大企业有意愿投资，政府组织相关企业、研发机构参与的原因和理论基础。

（4）关联性：是指共性技术与多产业的专有和应用技术关联，同时共性技术内部也是多层次的，不同层次之间也具有关联关系。这一特点说明共性技术是复杂的，关联关系对于其外溢效应和扩散效应起到了积极作用，既可以使关联（如上下游）产业受益，延长产业的寿命周期，而且还能催生新产业和产业链，引起产业的升级和结构性变化。同时也意味着共性技术的开发投入可以依据关联关系组织多主体共同参与。

由于共性技术是一种能够在一个或多个行业中广泛应用的，处于竞争前阶段的技术，有较大的经济效益和社会效益，企业或研究机构在共性技术研究成果上，可以根据自己生产或产品的需要进行后续的商业化研究开发，形成企业间相互竞争的技术或产品，因此，根据对产业经济的重要程度和外部性大小，研究者又将共性技术划分为关键共性技术、一般共性技术和基础性共性技术（马名杰，2004）。在我国政府的政策文件里，有关键技术、共性技术和公共技术之分。我们认为，关键技术是指决定产业发展或企业产品升级的重要而且不可或缺的技术节点；而公共技术是指会影响到全社会的而且为全社会所共有的技术。由此看这三者有交叉，关键技术可以是对一个企业而言，也可以是对产业或全社会而言的，如果只是影响到一个企业则只能是专用关键技术，而影响到一个产业或部分产业则是共性技术，如果影响的是全社会则会变为公共技术。共性技术就是局部的公共技术，公共技术就是在全社会扩散使用的共性技术。

对于共性技术的界定，日本产业技术研究院（AIST）认为：标准化、可测量的基础技术。在共性技术的筛选方法上有德尔菲专家法，政府、企业、专家三结合法等，筛选标准上有共性程度、技术水平与性能、经济与社会效益三原则（魏永莲、唐五湘）；专利引文分析法、专利家族分析法和专利制定有效国数量分析法等。很多学者基于技术开发复杂性的考虑，并不赞成使用某种模型或者筛选标准对共性技术进行选择，而是主张效仿日本等国的"技术预测"和"技术普查"等做法，获得产业急需的共性技术的名录。

6.3.2 共性技术科技人才

目前，共性技术人才并没有一个明确定义，这是因为共性技术本身的范围、性质、数量等随着时间和科学技术的发展在不断变化，而科技人才通常依据专业性划分，具有长期的稳定性，因此，共性技术在项目研究和政策层面意义重大，但是在相关的人才管理上会有一定的难度。这里我们给出一个理论上的一般定义：共性技术人才就是指从事共性技术研究、开发的专业技术人才。这里对共性技术人才范围的界定完全依赖于共性技术的范围和类型，而共性技术的变化性使得很难对共性技术人才做出明确的界定。本研究中，我们从政府政策和宏观人才管理的角度，将政府所发布立项的重大科技计划项目的研究者团队作为统计意义上的共性技术人才。

6.4 江苏共性技术人才管理开发现状与问题

6.4.1 江苏共性技术人才管理开发现状

在共性技术的管理体制中，政府的主要着眼点是共性技术的选择和政策引导、共性技术的项目与计划管理、共性技术的公共服务平台建设等环节，对于在共性技术研发中起关键作用的科技人才的管理还是通过特定的计划项目间接实现，实际上对于共性技术人才的管理开发并未独立进行，而是和其他科技人才一样按照专业技术人才、R&D人员以及科技活动人员的概念和统计口径混在一起；或者是依据政府的特定科研项目（如江苏省科技计划项目）和人才计划（如333人才工程、青蓝工程）实现对特定人才的规划、选拔和培养。从人才管理开发的效果看，不论是不同层次的人才数量、质量，还是人才开发的效率，江苏都走在全国前列，一定程度上也能说明从事共性技术开发的科技人才具有全国领先优势。但我们也看到，统计角度上人均授权专利数和专利申请与授权比例却不如北京、上海、浙江等地区。江苏的各项人才计划已经吸引了大量的科技人才（见表6-1），但对于科技人才特别是共性技术人才的管理开发还有很大空间，还有很多工作可做。

表 6-1 江苏人才资源总况（2009~2012年）

指　标 ＼ 年　份	2009	2010	2011	2012
人才总量（万人）	760	810	987	908.18
专业技术人才（万人）	421.53	440	468	500.37
高层次专业技术人才（万人）	35.31	40	55.39	60.65
从事科技活动的人员（万人）	67.17	73.31	81.62	98.23
从事研发活动的人员（万人）	42.87	40.62	45.51	54.92

年 份 指 标	2009	2010	2011	2012
企业从事科研活动的人员（万人）	36.24	32.37	37.76	46.53
每百万从业人员中科学家和工程师（人）	3170	3197	4142	—
每万从业人员中研发人员（人）	91.96	66.31	95.65	109.72
院士总量/科学院院士/工程院院士（人）	91/43/48	87/40/47	91/42/49	91/42/49
"973计划"首席科学家（人）	34	48	53	69
国家"杰出青年基金"获得者（人）	162	173	189	207
"长江学者奖励计划"特聘教授（人）	109	120	120	143
国家"百千万人才工程"培养对象（人）	53	208	208	210
国家级有突出贡献中青年专家（人）	100	201	201	201
省级有突出贡献中青年专家（人）	1753	1952	1952	2152
享受国务院政府特殊津贴专家（人）	3447	3197	3549	3973

数据来源：《江苏省人才发展统计公报》（2009～2012）

除了因统计口径的原因无法真正对共性技术科技人才的管理开发现状进行细致的描述外，江苏省在共性技术的研发和服务的组织建设方面成绩显著。

在公共服务平台的建设方面，国务院在《关于加快培育和发展战略性新兴产业的决定》（国发〔2010〕32号）中明确提出，要加强产业集聚区公共技术服务平台建设；科技部在《关于发挥国家高新技术产业开发区作用，促进经济平稳较快发展的若干意见》（国科发高〔2009〕379号）中指出，要大力支持国家级高新技术产业开发区公共创新平台建设，切实增强为企业技术创新的服务能力。工业和信息化部在《关于进一步做好国家新型工业化产业示范基地创建工作的指导意见》（工信部联规〔2012〕47号）中指出，要以关键共性技术研发应用及公共设施共享为重点，着力发展一批运作规范、支撑力强、业绩突出、信誉良好的公共服务平台，重点增强公共服务平台在研究开发、工业设计、检验检测、试验验证、科技成果转化、设施共享、知识产权服务、信息服务等方面的服务支撑能力。

江苏积极落实和实践共性技术服务平台的建设。在"国家科技基础条件平台中心"的指导下，建设的"江苏省科技创新平台"集成了"公共研发平台"、"企业创新平台"和"公共服务平台"三大功能；并建设了"江苏省大型科学仪器设备共享服务平台"；参与了"长三角科技资源共享服务平台"的建设和资源共享。2007年7月，江苏苏州电子信息产业质量与可靠性共性技术服务平台批准

立项，工业和信息化部电子第五研究所华东分所承担建设。2009 年立项建设的
江苏省无锡发动机节能减排公共技术服务中心，主要提供节能减排技术咨询服
务，2010 年成功研制出的 SCR 尿素喷射系统通过了科技成果鉴定，填补了国内
空白。截至 2012 年底，江苏省拥有产业技术研究院 8 家；国家重点实验室 22
家，包括与省外单位合作共建国家重点实验室 2 家，数量位居全国第三；省部共
建重点实验室 5 家；省级重点实验室 71 家；国家建设的企业国家重点实验室 6
家；在企业创新平台中，江苏省建设有企业研究院 24 家，规划总投资 69.1 亿
元，其中省拨款 2.19 亿元，引导社会投入 66.91 亿元，其中 9 家企业研究院已
成为国家企业技术中心，2 家企业研究院成为企业国家重点实验室；建有省级以
上工程技术研究中心 2141 家，总投入 406.77 亿元，其中，国家级工程技术研究
中心建有 28 家（截至 2013 年底）。江苏省工程技术研究中心 28 个（截至 2013
年）；截至 2011 年 9 月，全省共建省级科技公共服务平台 286 家。在公共服务平
台建设方面，截至 2012 年，江苏省建设有公益资源服务中心 35 家（包括大型仪
器、工程文献、农业种质资源、知识产权和实验动物等 16 家科技资源共享服务
平台和 19 家公益研发服务平台），建设总投入 6.92 亿元；省级专业技术服务中
心 197 家，建设总投入 34.59 亿元；省级科技转移转化、科技金融等服务中心 64
家，总投入 3.79 亿元。江苏省的科技创新能力与成果如表 6 - 2 所示。

表 6 - 2 江苏省科技创新能力与成果（2009~2012 年）

项 目 \ 年 份	2009	2010	2011	2012
江苏区域创新能力（名次）	1	1	1	1
科技进步贡献率达（%）	52.3	54.12	55.2	56.5
国家科学技术奖 — 总量（项）	51	46	55	53
国家科学技术奖 — 自然科学奖（项）	4	4	3	4
国家科学技术奖 — 技术发明奖（项）	4	1	3	12
国家科学技术奖 — 科技进步奖（项）	43	41	43	37
江苏省科技进步奖（项）	159	199	219	222
专利申请/授权量（万件）	17.4/8.7	23.59/13.8	34.84/19.98	47.27/26.99
发明专利申请/授权量（万件）	3.18/0.5332	—/1.1043	—/0.721	—/1.6
全省/企业累计拥有有效发明专利（件）		19862/9387	29385/15237	45238/27177
新认定省级高新技术产品（项）	3487	4923	6938	7671
国家重点新产品（项）	247	201	201	144

数据来源：《江苏省人才发展统计公报》（2009~2012）

6.4.2 江苏共性技术人才管理开发中存在的问题

6.4.2.1 缺少对共性技术人才的规划

由于共性技术的概念与专用技术和基础研究的边界不容易区分，加上共性技术的变化性与特定人才职业的稳定性之间的矛盾，因此对共性技术人才做出特定的管理开发有一定的难度。但是在统计层面和现实的操作层面，完全可以根据产业发展的阶段性和技术路径，通过列举法来界定共性技术的范围，并通过科研项目和人才计划进一步界定出共性技术人才的范围。由此就可以对共性技术人才进行管理开发，并在人才激励、流动、培养、评价、选拔等具体管理环节开展工作。

人才的规划不仅是宏观和战略上的，也是要分类的。由于缺少对共性技术的分类管理，因此就难以细致了解企业需要哪些技术层次的人才，政府需要管理哪个技术层次的人才。实践中，政府在政策上往往会有促进所有的人才向市场靠近的倾向，以使用市场的评价方法来对人才绩效进行评价，并作为人才选拔的重要依据。近些年的科研院所的改制更加促使用人单位追求市场的短期经济利益，对于技术开发的投入远远不如对于市场开发的积极性，技术项目短期化明显，从而也在宏观上造成了企业的生命周期不长，而相关的科技人才或专业技术人才的职业稳定性也大受影响，科技人才的流动性过快，特别是中间层次的共性技术人才，其本身就与专用技术人才之间边界模糊，很容易放弃具有较长远影响的产业共性技术的研发，转而更注重专用技术的开发和市场化。

人才的规划涉及供给和需求两个方面，人才规划的目的就在于人岗匹配。近些年，江苏省在人才的供给方面通过人才培养和人才引进取得了很大的发展，人才总量和人才的质量也在不断提高，部分指标走在全国前列。但是在人才需求方面的工作有些不足，表现在两个方面：一是宏观上对科技人才的分类缺少共性技术人才这一视角，还是按照专业领域进行划分，这在政策上很容易使得政府的职能走到了企业的领域，也就是部分专用技术和共性技术层次的人才一并成为政府的关注对象，政府人才职能的边界与企业的边界模糊化，甚至替代企业等用人单位的职能，这样在人才需求的有效性方面就会把握不足；二是政府在人才规划中对各类科技人才的具体人力资源特征分析不足，而主要通过科学研究计划项目实现间接管理，各类人才计划也主要依赖人才所在单位实现管理。这里并不是说政府要越过人才所在单位直接管理人才，而是说在人才需求的分析和管理中，政府决策的微观基础支持需要加强。

6.4.2.2 共性技术人才的投资效率不高

从全国范围看，江苏省的人才工作走在前列，无论是人才的总量还是人才质量,都有很大的提高,但是从人才的投资效率看还有很大的提升空间。如果考虑到江苏的苏南、苏中和苏北三个地区在人才数量质量和人才投资方面的差异,人才密集的苏南地区在产业的调整上并不突出,可见,人才效率在短期经济上的表现并不能替代在中长期的产业升级中的作用。基于《江苏省人才发展统计公报》的数据,2009~2012 年,江苏省人力资本投资从 4359 亿元上升到 7614 亿元,增长了 74.7%;全社会 R&D 投入从 700 亿元增长到 1288 亿元,增长了 84%;人才贡献率从 26.2% 增长到 34.2%,增长了 30.5%;授权专利则从 8.7 万件增长到26.99 万件,增长了 210%。如果使用全社会 R&D 投入单位值所创造的高新技术产值来看,2009 年为 31,2012 年为 35,研发投入的效率的确在提高,但是考虑到高新技术多属于专用技术的范畴,反而说明,在共性技术上人才的投资需要加强。在大量引进人才的基础上,江苏省开始将引进人才的开发作为人才工作重点之一,这在一定程度上也是对人才效率不高的一种注解。从一定意义上讲,科技人才的人力资本投资效率不高不是因为市场化不足,而恰恰是因为市场化过度以及短期行为和决策过度的原因,共性技术人才的投资更是如此。

从统计角度看,江苏的人力资本贡献率在不断提高,但是基于人才的教育年限进行叠加计算的方法在真实反映人才贡献方面会有较大的差距,特别是以此来反映人才在科学技术方面的创新成果,就如同使用人才当量进行计算一样,人才的创造力以及群体和团队的创造性其实是很难叠加计算的,更需要进行分类说明解释。

如果说专用技术人才的投资效率更多地可以考虑短期的经济效益和专利成果的话,共性技术人才的投资效率除了经济效益和专利成果外,还应当考虑人才本身的开发绩效,共性技术未来的技术影响深度和产业与地域影响广度。

6.4.2.3 共性技术的组织管理中重视项目和过程,对人才本身管理开发不足

共性技术人才主要依托共性技术来确定范围,而共性技术主要是由科研院所、高校和大企业来实现。从当前的科技人才的管理体制看,共性技术人才的具体管理开发主要在实际用人单位中实现,政府对于这一部分人才的管理主要依靠两个途径:一是科技研发项目;二是各类人才计划。事实上政府通过科技研发项目对人才进行间接管理的功能是很弱的,政府主要关注的还是项目本身的进展、成果价值,对项目团队的管理也主要是对项目负责人,而且主要是依据项目的流程实现,项目结束,团队解散或转战,基本上与政府的人才管理工作没有关系,至多有一个人才静态信息的备案,而且可能会多年不更新。

共性技术供给中的关键因素就是共性技术人才的管理开发,而现有的文献研究中关注最多的则是共性技术本身研发的管理过程和组织形式,以及政府在其中

的角色。对于共性技术供给背后的科技人才鲜有特别关注，还是完全依照原有的专业技术人才的分类管理体制，对于共性技术人才在技术研发特殊层次的作用和社会地位，以及进行人才管理开发的特殊性也少有研究，政策上也是空白。由于共性技术具有公共产品的部分属性，因此对共性技术人才的管理很显然就不能够完全依照市场化的办法进行。共性技术人才的引进、培养、选拔、流动、评价以及激励和保障等管理环节，要与相应的工作特征相匹配，这样人才的效率才能够发挥，支撑产业调整和产业升级的共性技术供给才有保障。

在共性技术开发方面，政府层次的工作更有优势，也更需要细化，例如多团队绩效与创新依赖路径的横向比较、跨团队的合作等。政府不应完全依赖于自荐或用人单位的推荐，要有在共性技术人才方面的基本研究决策数据依据。

6.4.2.4 共性技术人才的引进和开发脱节

如前文所述，近些年，江苏省在人才引进方面不遗余力，通过科研项目、科研团队、项目合作、产学研合作、人才计划等多种形式吸引海内外的优秀科技人才落户江苏，或者开展项目合作研发，同时还提供了良好的工作生活条件和激励措施，也取得了较好的社会经济效益。但是由于人才管理不到位，随着支持力度的不断加大，不论是人才本身还是实际用人单位，以及地方政府，出现了某种程度的形式主义和机会主义倾向。共性技术人才这一层次的科技人才引进中同样出现了这种现象。例如，通过阴阳合同来获得省政府的人才计划项目的资助，或者获得优惠的创新创业专项金融支持以及税收优惠。

对人才的开发有培训、教育、工作轮换、绩效指导、干中学、职业生涯管理、组织开发等形式。政府通过各类人才计划引导实际的用人单位引进所需人才后，基本上是按照项目管理的模式，对其所承担的科研项目的结果进行评价，人才的开发基本上是干中学的自我开发，对项目过程中的人才开发关注较少，引进的人才以及形成的所谓团队，很多是个体户式的自我管理状态。还有些引进人才在享受完或者是享受了部分优惠政策资助后，就离开了实际用人单位甚至是江苏省，导致所承担的科研项目处于停滞状态甚至半途而废，对人力物力都是很大的浪费。

如果使用组织人力资本的概念来解释的话，这种状态是封闭的子系统，其形成和积累的个体人力资本也很难转化为组织人力资本，因此对组织而言，其持续的创新能力很难形成并凝聚，而且还会面临很大的人事风险，一旦出现人才流失，组织所有的也只是静态的知识，而没有沉淀形成持续的创新能力。这种情况既适用于解释具体的企业、科研院所的管理现状，同样也可以成为政府进行宏观的人才管理特别是共性技术人才管理的出发点。

6.4.2.5 缺少对共性技术人才的创新过程的研究和管理创新

共性技术人才的主要社会贡献体现在创新支撑产业升级发展的关键共性技术

上，而从人才成长的规律和技术发展的规律来看，共性技术人才在技术创新的过程中是存在一定的路径依赖的，对具有路径依赖的创新过程的研究分析则具有重大的社会价值，可以在一定的产业技术领域或者一定层次的科技人才群体中产生示范效应，形成具有社会研究和推广价值的技术创新模式，这本身既是知识产生的过程，也是知识传播的过程，而且政府具有宏观管理的优势，在研究样本、数据资料的获得等方面更加全面和具有权威性，对于实现政府的科技人才管理与开发创新很有意义，这也是政府的人才管理工作不同于具体用人单位的地方。

从共性技术人才的管理现实看，由于多数科技研究是以项目形式开展的，项目的结束或终止就意味着创新过程的阶段性终止，新的项目优势重复着前面的过程。对项目之间的连续创新过程的关注和研究较少，政府对科研计划项目的管理碎片化，人才团队的持续成长和内在科研优势很难形成组织管理层次的积淀，也就是区域创新的组织人力资本很难被加以凝聚和传递，同时在微观层面上形成的制度优势也难以反映和扩展到宏观层面，由下至上的管理创新和技术创新的方法的组织提升通道不畅，于是就会形成科技人才和研究团队管理各自为政，政府层面缺少人才管理的顶层设计，特别是在产业经济发展中起重要作用，也是科技人才中坚力量的共性技术人才，他们与政府之间的关系紧密，顶层的制度设计和管理创新需要涵盖这一人才群体，通过不断创新增强人才管理的制度优势，这是形成区域创新能力和区域竞争力的重要政府职能。

目前对于创新过程的研究和推广形式还主要是经验介绍。事实上，以发明专利连续获得的人才团队为样本，进行长期的创新过程分析和横向的比较分析，这在国际上已经有很多经验，而运用大数据进行的研究更有技术和时间优势，而获得和拥有大数据也恰恰是政府的优势之一，因此，在管理以及管理研究上，不断运用新方法实现对科技人才管理的创新，就会获得良好的科技创新工作绩效。

6.4.2.6 政府科技研究项目的持续性和人才开发的持续性一致性不足

政府发布的各类科学研究项目基本上都是用项目管理的思路来管理，具有明确的时间节点和结果要求，很多研究项目是阶段性成果，政府对科研项目的管理基本上是结果导向的管理，虽然近几年有了中期检查，但内容也基本上是技术性的。科技人才研究工作很可能会因为下一次无法申请到计划内项目而中止，至少会很大程度地影响原有的科学技术研究。在科技人才特别是进行共性技术研发的科技人才队伍中，更需要注重开发的持续性，也需要更加注重制度的稳定性，因为对人才的开发一是需要较长的时间，二是与其职业生涯相关，共性技术人才的工作特征表明共性技术的研发具有长期性和连续性，往往需要科技人员包括团队沿着一定的专业技术路径持续不断地努力，而不是像专用技术人才那样，技术生命周期较短，受到战略、市场变化等短期因素的影响。因此保证共性技术人才的开发特点与过程同共性技术研发的工作内容保持一致性，是技术研发规律与人才开发规律相协同的要求，也就是人岗匹配的体现。反观现实，科研计划项目具有明显的短期化和碎片化特征，而人才开发的市场导向导致一方面用人单位对科技人才缺少开发积极性（由于上文提到的经济的、人事的和技术的风险），另一方面政府本应该对共性技术人才开发的投入会因为工作内容的短期化和不连续性而实际转化为专用技术的开发。

6.5 政府支持共性技术研究的管理体制与组织模式

6.5.1 国外共性技术研发的组织运行机制

由于共性技术本身的技术与市场特点，各国政府对共性技术的支持有着共同的职能，即承担着共性技术筛选、研究、资助、组织等职能，并受共性技术市场失灵的程度、企业技术能力等因素的影响。

在管理体制方面各国都采取相对集中的模式，由两类部门构成：主要负责资助和管理可商业化的共性技术研究——美国是 NIST，日本是经济、贸易和工业部（METI）；政府部门在各自领域内支持相关的共性技术研究项目起到补充的作用，如美国的能源部、国家卫生研究院和国防部。

共性技术管理部门的模式有两种：一种是由政府行政部门集中管理。政府行政部门负责计划和经费的管理，其下属的国家研究机构承担基础性共性技术研究任务，如日本的 METI 及其下属的 AIST。另一种是由国家研究机构集中管理和资助。这类机构负有管理职责和基础性共性技术研究任务，如美国的 NIST 和加拿大的国家研究委员会（NRC）。

组织模式：对关键共性技术研究，政府往往通过设立专项计划或非政府的专门组织予以支持。

（1）专项计划。专项计划一般用于支持关键共性技术研究中的高风险、高回报的前瞻性和探索性研究。

（2）设立非政府的专门组织。这类机构一般由产业界完全负责管理，或由产业界参加管理，政府在其中只起监督作用。采取两种模式运作：一种是设立政府拥有大部分股份的组织，由政府提供长期稳定的经费，如日本的关键技术中心。另一种是由政府资助、企业组成的研究联合体，其中政府经费不超过运行经费的 50%，而且政府经费是有期限的。两种模式的共同特点是在机构成立的初始阶段，政府予以全部资助。

（3）国家研究所（院）。对于基础性共性技术这类更具公共产品性质、市场供给显著不足的研究，政府则依靠成立专门的国家研究所（院）来完成，经费全部或大部分由政府承担。如美国的 NIST、加拿大的 NRC 和日本的 AIST 等。

（4）促进合作研究。共性技术的合作研究开发是一种相对比较灵活的组织形式，它既可以是两个或多个企业为获得具有产业性质的共性技术而进行共同的人力与物力投入的研究开发，也可以是以高校为基础的产、学、研共同研究开发，以及其他组织形式的技术研发。合作研究开发灵活的组织形式有利于共性技术的扩散、经济效益的创造和产业的升级，同时也有利于共性技术人才的流动和优化配置。在政策环境方面，各国政府都会提供多种优惠和扶持措施来促进共性技术的研发、传播和产权保护。美国还通过《国家合作研究法》（1981 年）来保护和促进这一工作。

综合上述各国情况可以看出以下共同之处：首先，由政府提供全部或大部分经费，不要求自负盈亏，而且共性技术的外部性越高，政府资助程度越大，介入越深。美国和加拿大政府提供了全部研究经费；日本政府对研究机构虽然采用了企业会计制度，也不要求自负盈亏。其次，国家研究机构既要承担外部性高的共性技术研发，又负有与产业界进行技术合作，向产业界进行技术转移的职责。再次，促进合作研发和技术成果共享是政府政策的一个主要目标。因为只有通过共性技术的扩散，才能形成产业技术优势并推动产业升级。最后，战略联盟和产学研合作是政府吸收企业参与共性技术研发的主要形式。如美国政府与汽车制造商对复杂产品体系进行研发的战略联盟；美国的先进技术计划（APT）在 1990 ~ 1995 年资助的 266 个项目中有 36% 是给予三个企业以上形成的合作体的。

6.5.2 共性技术研发组织模式与运行机制选择

6.5.2.1 模式选择的基本原则

模式本身是为目标服务的，同样，模式选择的基本原则也有利于目标的实现，同时反映出我国产业发展的阶段性特点，以及参与主体的现状和利益诉求。孙福全等（2008）在其科技部的重大课题"产业共性技术研发组织与基地建设研究"的报告中提出了以下模式选择基本原则：

第一，政府要与其他主体之间形成良性互动。政府主要承担规划、资助、引导、协调、服务等职能；这些职能的实现必然要依靠其他共性技术的研发机构参与，并发挥技术研发的主体作用，因此，良好的互动关系是促进共性技术发展的条件。归根结底，共性技术的发展和产业的升级是政府的目标。

第二，多层次的共性技术需要多层次的研发组织形式。事实上，共性技术的共性的范围和层次是不断变化的，其外部性程度和市场的风险也是有高低之分的，这就决定了共性技术研发组织参与程度的不同。马名杰（2004）将共性技术划分为基础共性技术、一般性技术和关键共性技术，在不同的层次，政府的作用也不同。

第三，建立利益共享、风险共担的机制。市场应该在共性技术的供给中发挥主导性的作用。因此，利益纽带在共性技术研发的多主体组织形式中发挥主要的协调功能，这也是建立长效机制的需要。

第四，政府以项目为主，带动基地和共性技术人才队伍的建设。共性技术发展的长期性、前瞻性要求有稳定的人力、物力、财力的支持，而这与项目计划形式的短期性、针对性之间存在着一定的矛盾，因此政府应当以基地建设支持方式为主，辅之以项目形式，进行长期的、不间断的投入，才会有好的结果，特别是会稳定培养一支从事共性技术研究的人才队伍。

第五，政府的政策应当有利于面向产业需求的共性技术的合作研发。只有清楚产业的真正需求，才能够明确共性技术研发的类型与层次方向，才能够进一步选择组织形式与具体的合作方式。共性技术的投入多、难度大、风险高、外部性强等特点，决定了其研发应多采用合作研发的形式，也就要求政府应当出台相应的促进政策。

6.5.2.2　共性技术研发组织模式的选择

共性技术研发组织模式可以从储蓄型的角度划分为项目组织、技术联盟、研发基地和国家研究机构，这在一定程度上也是与共性技术的类型密切相关（孙福全等，2008）。

（1）项目组织：是相关参与方在规定时间内完成特定目标的共性技术研究组织形式。具有时效性、针对性、目标具体等特点，适合完成短平快的研究项目。在实践过程中，一是对于特定企业需求的、具有产业领先的关键共性技术的研发，一定时期内有创新成果的共性技术研发可以采用项目的组织形式；二是对于一般的共性技术需要依赖稳定的科技人才队伍长期研究的，可以分阶段地采用项目组织的形式。共性技术研究中项目组织形式的优势在于，目标明确、时间管理严格、考核方式简单。对企业而言，有助于在阶段性的战略目标指引下对时间、人力、物力和财力等资源进行管控，也有助于对市场续期的及时回应和经营目标以及技术研发目标的调整。但是，其不足之处也就是，可能会因为某些外部的变化影响共性技术研发的持续性，特别是共性技术人才队伍的变化是影响这种持续性的重要因素。

因此在使用项目组织形式进行共性技术研发时，一是要关注市场导向性，共性技术的研发要反映企业的需求，因为企业的需求就是产业的需求，也就是产业升级的源头。二是在参与主体方面可以采用多企业联合和产、学、研联合的形式，建立优势互补的运作机制。三是在经费方面建立政府支持基础上的多方投入机制。四是建立独立的第三方评估机制。五是建立相对稳定的共性技术人才队伍。

（2）技术联盟：是由相关企业、研究机构联合建立的合作研究组织，是一个利益共同体和共性技术研发卡特尔（Cartel）。技术联盟的优势在于：具有独立的法人地位和相对独立的利益，可以单独开展活动；实现了合作组织内部的技术成果共享，更有利于共性技术的开发和科技人才的成长，同时也降低了共性技术开发的成本；独立组织资源的统筹安排提高了共性技术的开发效率，节省了社会科技资源。技术联盟的不足在于组织成本较高，联盟各方需要维持长期信任的关系。因此，技术联盟适合进行多企业、多产业需求的一般共性技术或者具有重大影响的共性技术的研发，特点是其也需要政府的扶持。

在具体运作方面，完全采用独立法人的企业形式进行，利益、决策独立，共性技术人才可以采用借调、租赁形式，或者内部实行项目组织形式进行研发任务的分解、分包，资源使用方面，尽可能利用社会科技资源，特别是国家层面的实验室、大型科研仪器等资源。政府也可以通过社会资源使用的渠道对技术联盟形式的共性技术研发进行支持。

（3）科研基地：是指由政府或企业出资，依托企业、大学或科研机构的科技资源而建立的、以共性技术研发为主要任务的研发组织。这种形式的优势在于：经费来源有长期保障，科技人才队伍稳定且科研能力高，共性技术研发目标具有长期性和前瞻性，技术成果不针对特定的短期市场需求，未来的推广价值大，等等。不足在于：共性技术的筛选不一定来自市场需求或完全反映产业未来的发展方向，对政府政策依赖性强，资金的使用效率相对较低。由此可见，科研基地通常适合一般共性技术和基础性的共性技术的研发。

在具体的管理工作中，科研基地需要具备一定的财力与人力的独立性，才能够对共性技术的研发保持长期的稳定性和开放性。来自政府、企业以及依托单位的多头管理有可能干扰共性技术研发的独立运行，尤其是相关科技人才实质上主要在接受依托单位的管理制约，因此，依托单位的决策和支持是科研基地组织形式良好运转的关键。科研基地在稳定的人才队伍的培养开发方面作用明显。

（4）国家研究机构：是指由政府承担大部分或者全部经费、以基础性共性技术研发为主要任务的机构组织形式。国家研究机构的优势在于：研究经费充足，共性技术人才科研水平高、队伍稳定，战略层次的国家研究机构更适合胜任测试测量和国家基本标准方面的共性技术研究工作。其不足是在反映社会和市场的需求方面有滞后性，研究的技术路线具有传统惯性，管理上也容易产生官僚化。国家研究机构作为科研型的非营利机构，其运行应当具有一定的自主性，不要求自负盈亏，管理上以过程管理和岗位管理为主，分配制度上应坚持均衡原则。

根据国家研究机构承担的共性技术研究任务的特点，可引导建立以下保障机制：一是研究经费的稳定投入机制，确保组织的独立运行。除了国家政府之外，也可以吸引社会资金的投入。二是共性技术科技人才的开发机制。不仅要建立收入分配的保障机制，更需要形成人才队伍的不断稳定成长机制。三是共性技术的产业扩散和成果共享机制，保证国家研究机构在相关产业发展中发挥引领作用。

6.6　共性技术人才的开发管理建议

6.6.1　加强共性技术筛选，完善共性技术组织管理系统中的人才管理

基于共性技术的专业分类特点和市场特点，政府的主要投入应当集中在共性技术的研发领域，而对于共性技术的筛选和持续支持则是决定产业结构变化的方向。产业共性技术的发展离不开共性技术人才的努力，而对这些科技人才的开发与管理也是推进产业共性技术发展的工作重点之一，其中，对政府而言，宏观层面的人才规划是人才的开发与管理的首要任务。

人才的规划涉及供给和需求两个方面，人才规划的目的就在于人岗匹配。从共性技术人才的供给角度看，一是要加强人才的引进和开发。近些年的发展使得江苏省在人才引进上有了很大的成绩，人才总量也居全国前列，虽然还没有共性技术人才的具体数据，但可以推测相应的共性技术人才在规模上也是在不断增长，而共性技术人才开发工作需要进一步加强，即对引进的企业共性技术人才的开发和对高校、科研机构人才存量的开发和释放。二是强化大学生、研究生的人才培养，特别是在专业调整上不能完全面向市场，要加强对未来共性技术需求的前瞻性研究，使得培养出来的人才能够在共性技术领域有长远的发展。从需求角度看，一是加强基于共性技术的人才分类管理；二是不断加强实际用人单位的人才需求调研与分析；三是提高国家研究机构和与政府关系密切的基地的工作岗位的供给管理，包括工作岗位量的稳定供给和科研任务量的增加；四是积极鼓励和支持企业、企业联盟以及行业组织的共性技术的开发活动，从而提高对共性技术人才的需求。

6.6.2　确保共性技术科技人才的工作连续性

共性技术远离市场的特点和研发的长期性、前瞻性，在客观上要求相应的科

技人才的工作必须具有连续性，而不能随市场的短期需求而变化，科研人员的岗位工作时间不能过短且岗位变换不宜过于频繁。在科研的内容上，尽可能以团队形式实现对基层和一线共性技术人才的组织和任务分解，每一位科技人员都应该有固定的研究范围和方向，研究课题和经费也要加强对连续研发和创新的团队及方向倾斜。在宏观的人才管理上，政府要建立详细的基层共性技术人才的动态信息统计收集系统，并对其变化进行跟踪和分析，以此作为人才政策制定和调整的依据。

保持共性技术科技人才的工作连续性并不意味着不鼓励人才的流动，而是要在宏观上调控人才流动的基本方向和保持这一人才队伍的基本稳定，没有人才队伍的稳定也就没有相应的共性技术研发的发展。另外，科技人才的工作连续性也需要政策连续性和岗位连续性的保证。

6.6.3 从重视人才引进转向重视人才开发

人才的引进是为了人才的开发，而只有进行充分的人才开发，才能使人才驱动的力量传导到产业升级中。江苏省的人才引进已经取得了很大的成绩，如果不能很好地进行人才开发，既会影响产业的升级，引进的人才也会不断再流失。人才开发的主要手段是：人才的选拔，即识别发现和挑选人才；人才的培养，即对潜在人才和现有人才进行教育和培训，提高他们的水平；人才的使用和调剂，即人职匹配、发挥作用；人才的维护，即各种规章制度、档案管理等工作；人才测量和人才评价，即了解人才的性格以及能力，作为人才配置和绩效管理的基础。

共性技术人才的开发也包括这些活动，但是还要考虑到其特殊性。首先对共性技术人才的选拔不仅要关注其基本的专业素质，更需要考察其长期的绩效和对相关领域研究的持续性，确定其具备团队合作精神。其次在人才培养上，共性技术人才应当接受正规的科学研究方法的训练，强化对交叉领域研究的敏感度。再次在人才配置方面，需要在人才测量与评价的基础上，让共性技术人才通过自发组织形成团队，并保持团队之间的一定流动性。最后在人才维护上，要兼顾工作能力、工作关系、健康资本以及社会关系的维护，特别是要引入职业生涯管理，对共性技术人才职业发展进行长期的关注关心。

6.6.4 制定激励和保障共性技术人才的长效机制

从创新理论和人力资本理论来看，激励是获得人才绩效的重要手段。管理学中的精神激励和物质激励同样适用于共性技术人才。由于共性技术人才的职业特点和工作的长期性，物质激励应该作为稳定的基本激励手段，可以分为福利津贴、薪酬和利润分享等形式。其中福利津贴和薪酬部分应当体现稳定性和长期性原则，也就是更多体现公平和保障的原则；而利润分享或者是股权安排更多体现效率和激励性因素。特别是科技人才的专利和股权可以借鉴公司治理结构中的双股权制度模式，提升科技人才在决策和利益方面的话语权。精神激励则主要有目标激励、职位和职称晋升、荣誉等。

对共性技术人才以及其他科技人才的保障激励措施中，特别重要的是要体现人才本身的价值，即人力资本价值。除了专利技术入股之外，在研究经费的使用上要给科技人才一定的自由支配权。我国目前的科研经费主要用于研究过程的物质消耗和支出，并通过发票会计凭证进行报销，对于劳务支出、人头费之类的支出则是严格控制（一般在5%左右），而对于科技人才的劳动付出，即人力资本的价值则是不计入费用的，这在人工费用不断增长的前提下，对于科研项目来说，除了所在单位的岗位职责要求，对科技人才的激励是有缺失的，而且还会造成经费的不规范使用，科研管理成本加大，也会造成科技人才在现行制度下犯错误。

6.6.5 强化科技计划项目的事后管理

科研管理可以分为事前管理、事中管理和事后管理三个阶段。我国的科研管理实践中特别注重事前管理，这也是科研活动和知识创造活动的特点，即事前管理的标准化更容易实施；事中的管理则主要是经费管理和阶段性成果汇报；而对于事后管理则不够重视，除了成果鉴定，很多研究从此就变成了论文、研究报告和出版物而已。强化对科技计划项目的事后管理对共性技术的科研意义重大，更加关注研究成果的社会效益和经济效益，是促进研究成果产业转化的重要环节。

对于共性技术科研的事后管理主要包括以下三方面：一是科技成果的信息共享。作为具有公共产品特性的共性技术成果不仅要有产业经济效益，也要有社会效益，可以在一定的授权范围或者公开的平台上向特定的人群和机构开放，使之成为有限度的公共信息和公共知识。二是科技成果的筛选、应用推广，着重扶持社会第三方成果信息服务和应用推广机构的成长，使之成为科技成果资源社会化和市场化配置的主体。三是科技活动事后评估与跟踪评估，即对阶段性的科技研发项目计划本身的绩效评估（与预期绩效对比），以及推广应用过程中的产业与社会效益的评估，由此反馈并改进科研管理的事前管理与事中管理。

6.6.6 建立共性技术人才信息统计系统

共性技术人才作为新的人才群体，对其进行有针对性的管理的前提就是要厘清其人才特征，而人才的统计特征是其重要内容，因此，建立共性技术人才开发的信息统计系统就具有现实的必要性。根据前文对共性技术人才的解释，可以在定义范围内对相应的共性技术人才进行分类，定期分析其职业状态（能力、流动、绩效成果、创新活动）和群体结构状态（团队、年龄、性别和专业背景结构），形成有助于支撑科技人才工作的政策建议研究报告。

7 政府引导资金支持对不同阶段科技型企业技术创新的影响

经济学家熊彼特最先对创新与经济的关系进行了研究，他认为企业的创新活动是经济增长的根本动力，企业家通过引进新产品、采用新生产方法、开辟新市场等活动，能够显著推动经济增长。在这一理论的支持下，英国经济学家弗里曼从生产要素的角度对技术创新进行了定义，他认为技术创新是首次引进新产品或新工艺中所包含的技术、设计、生产、管理和市场等内容。我国学者傅家骥也从狭义和广义的范围对技术创新进行了阐释，认为狭义的技术创新是企业家抓住市场潜在盈利机会，重新组合生产要素，从而建立更优化的生产经营系统的活动过程，而广义的技术创新则是"研究与开发—狭义技术创新—创新扩散"的全过程。

研究与开发，简称 R&D，为 Research & Development 的缩写。根据联合国教科文组织（UNESCO，1978）的规定，R&D 活动是技术创新过程的核心部分，主要包括基础研究、应用研究和试验发展三类。其中，基础研究主要由各大高校、研究机构等通过科学论文、著作的形式进行；应用研究的主体由高校、科研机构和企业共同构成，其成果主要反映为原理性模型的成熟构造和专利的有效发明；试验发展，主要由企业运作，是在基础研究和应用研究中建立新的工艺和实质性的专利运用。

技术创新型企业是指以不断创新为主导思想，以新产品的不断开发、原有产品功能质量的不断改进或工艺设备的不断改善为主导策略的企业，它的本质特征是持续创新。

7.1 资金对科技型中小企业技术创新活动的影响

技术创新型企业中，科技型企业占有绝对的数量，其中科技型中小企业对创新成果的贡献又是巨大的。科技型中小企业的主要作用是将科技创新的成果商业化，提高人们的生活质量，同时也提供新的就业岗位，缓解就业压力，增加政府税收。

目前，科技型中小企业具有两个显著特点：①创新性。科技型中小企业可以持续推出新的产品或者服务。②高成长性。科技型中小企业具有很大的增长潜力，一项创新技术的应用可能会产生一个新的巨大的产业或者一个企业帝国。

目前我国企业研发投入明显不足，这与企业技术创新面临的不确定性、风险程度、研发周期等因素有关，然而更重要的因素是技术创新融资环境不健全、融资方式较为单一、融资渠道狭窄而导致企业技术创新融资动力不足，若中小企业融资问题长期得不到解决，则不利于我国企业创新的发展。

技术创新过程具有创新风险的不确定性、创新价值实现的时滞性、创新利润的非独占性等特征，同时，其还具有明显的阶段特征。技术创新过程中面临的不确定性、创新时滞性等因素导致企业在技术创新过程中承担的创新风险、创新投入、创新收益等也存在明显差异，这些特点决定了企业技术创新投融资活动的复杂性，从而对技术创新投融资行为产生重要影响。

因此，针对企业技术创新阶段性融资的研究十分重要，但以往学者在研究内容上多偏重于高新技术企业融资主体、融资渠道和融资方式等，虽然有个别学者基于企业生命周期特征提出了科技型企业融资方案，但基于企业技术创新过程特点进行融资模式研究的文献很少，本研究将为解决此问题提供借鉴。

资金是企业生存的血液，而技术创新又是一项高投入、高风险、高收益的活动，对资金的要求程度非常高，因此长期持续稳定的资金支持，是企业技术创新活动的基础，对中小企业来说更是如此。如图 7-1 所示，OECD（2007）对影响企业技术创新投入的因素进行了调查，发现制约企业创新活动的关键因素就是缺乏资金（19%）。刘志彪（2006）对江苏省制造业企业的问卷调查也得出了相似结果，56.67%的企业认为缺乏资金投入是产品更新和升级进程中的主要阻碍因素。

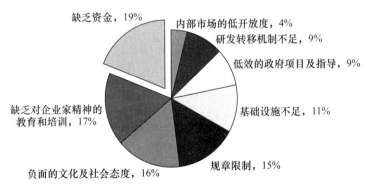

图 7-1 影响企业创新投入因素

7.2 政府资金支持政策对不同阶段企业技术创新的影响

按照风险投资的观点，从开创企业到企业成熟，直至消亡，企业技术创新过程大致可以划分为种子期、初创期、发展期和成熟期四个阶段。在技术创新企业成立初期，企业一般没有很多固定资产可以用于抵押贷款，债务融资困难，种子期的企业一般没有销售收入，初创期企业一般没有正的现金流，发展期则需要大笔的资金投入来扩大生产和开拓市场，而对成熟期的企业而言融资已经不是主要问题，它们需要的是寻找新的业务增长点，巩固自己的竞争优势。

7.2.1 对种子期企业技术创新的影响

种子期的企业还没有真正成立，绝大部分处于技术研发的中后期阶段，只有实验室成果，真正的成品还没有出来，但创业者认为他的产品在技术和市场上都是可行的。因此处于种子期的企业，资金来源除了基于创业家个人储蓄的自有资金之外，其余资金大都只能依靠家庭或朋友等资助。但这些内部投资的数量不能满足企业建立的基本条件，创业企业还需要去寻找外部的投资。然而由于处于种子期的企业几乎还无法完全确定其市场前景、回报率，也没有什么可以抵押给银行以获得商业贷款，所以，企业既很难获得专业管理的风险投资，也很难找到愿意贷款的银行。愿意在企业这一阶段投资的大部分是天使基金，投资者主要是政府机构或眼光独到而又敢于冒险的个人投资者，即天使投资者。在美国，很多天使投资者本身就是创业富翁，他们凭自己的力量创造了财富，因此，既有扎实的商务和财务经验、敏锐的头脑、良好的教育或技术背景，又深知创业的艰难。因此，一旦他们发现了值得投资的项目就会立即在早期进入企业。

对于此时的天使投资者来说，高风险的投资必然会带来高额的回报，雷军在投资欢聚时代时，仅投资 10 万美元，2012 年 10 月欢聚时代在美国上市后，他所持股票价值已经达到 1.13 亿美元，获得了约 112 倍的账面回报。德讯投资创始人曾李青仅投资 200 万元的第七大道，在 2011 年卖给搜狐畅游时，价值已经升到 1 个多亿元，也同样得到了 50 多倍的投资回报。天使投资人重点关注的领域有计算机软件、多媒体以及制造业等。2012 年中国市场披露的针对获得天使投资的 176 家公司的调查中，也得到了相同的结论。这些公司近一半属于科技、多媒体以及通信（TMT）行业，占比高达 42.61%。其中，互联网产业居首，投资案例为 45 个；其次是 IT 产业，投资案例为 25 个。

这一阶段的企业严重缺乏人才、资金、信息资源和市场化的经验，很难单独进行技术创新活动，这时孵化器这些中介机构在提供服务和政府信息资源时就发挥了重大的作用。

7.2.2　对初创期企业技术创新的影响

初创期企业的努力方向主要是开拓市场，提高产品知名度，以取得尽可能多的利润。而要想盈利，就必须开拓市场，提高市场占有率与产品知名度。由于初创期企业资金不足，市场占有率低，管理制度等方面还没有走上正轨，还不具备科研开发所需的雄厚资金实力；但高层管理者制定的企业发展目标与远期规划和决策直接决定了企业能否在短期内生存下去并获得长期的旺盛生命力。

此时的企业由于规模较小，效益较低，资金不足，人才匮乏等，创新投入和大企业相比有很大的不足，但是一定的产品创新投入仍然是确保技术创新成功的基本要素，因为它包括创新资金投入、非创新资金投入、创新人员投入、设备更新费用等。因此，通过商业银行等金融机构取得贷款相对较难的企业可以通过无形资产入股、固定资产租赁或外包的形式减少资金的投入。另外，对于符合国家产业和技术政策的企业需要积极争取创业基金和政策支持。一般来说，初创期是企业成长过程中资金需求最为突出的阶段。

7.2.3　对发展期企业技术创新的影响

由于企业在成长阶段更多的支出是用于诸如研究开发、扩大生产能力及市场占有率等各种形式的资本性支出，所以在当期并不能反映出企业价值的增长，从而不能完全体现经营者的努力程度和真实业绩；此外，该阶段企业已经有了主导产品竞争力，有一定规模的销售收入和现金流量，因此具备了研究开发的能力。拥有一支业务素质较高的研究开发人员是发展期企业走向成熟的关键。此时，企业销售收入的增长以及效益的提升能够为企业内部融资筹集资金。此外，外部资金融通渠道也相对宽松，包括在创业板上市、银行贷款、风险投资等。

7.2.4　对成熟期企业技术创新的影响

这一阶段企业的经营活动相对稳定，除了诸如购并等重大决策的影响外，企业的净收益变化不是很明显，战略目标及竞争优势已逐渐显现出来，在行业中的地位也逐渐趋于稳定；尽管企业产生现金的能力较强，但对现金的需求却相对较弱，而且经过发展期的研究开发与成熟期的发展，那些技术成果已经转化为企业的竞争优势。此时，企业产品的市场占有率很大但增长缓慢，企业的研究开发能力逐渐减弱。在这一时期，技术创新的重点在于创新营销能力和创新管理能力。此阶段，企业的财务状况较好，内部留存资金可以满足其融资需求。良好的资信信贷能力及经营状况也为外部多渠道融资提供了支撑。此时企业更多考虑的是其不同融资渠道成本与风险之间的权衡问题，包括主板或国外上市、兼并重组引入战略投资者、发行股票或债券、银行贷款等。

综合上述分析，我们可以简单概括资金对企业各阶段的影响，如表 7 - 1 所示。

表 7 - 1　企业各阶段资金需求、资金来源、风险特性

	资金需求	资金来源	风险特性
种子期	资金需求小	创业者内部融资和小部分政府支持	技术风险巨大
初创期	资金需求增大，缺口大	风险投资和政府引导基金	财务风险和技术风险大
成长期	资金需求大，缺口大	私募股权基金和商业银行贷款	市场风险最大，财务风险和管理风险增大
成熟期	资金需求大，缺口小	资本市场和银行间接性融资	管理风险最大

关于金融发展促进技术创新的理论方面，国内学者已经进行了多层次的研究，如毕克新（2005）、何宏金（2004）、郭淼（2007）对金融资本、民间金融等的研究。但一直以来，关于金融发展与企业创新的实证研究比较少，只有若干成果。刘降斌、李艳梅（2008）通过对长江三角洲、珠江三角洲、东北老工业基地和内陆科技圈四个科技区域的企业自主创新进行分析，使用面板数据考察了其与金融体系的长期和短期关系。而解维敏、方红星（2011）则从融资约束的角度对金融发展与企业的研发投入进行了实证研究。

尽管文献所选的视角不同，但大部分研究表明，创新是需要企业有大量的资金进行长期持续性的投入，外部融资资源获取是影响企业创新的关键因素。处于发展上升期的企业，往往会受到资金的限制，也就是财务理论上的融资约束。但是诸多结论大都来自于规范性分析，忽略了金融发展对企业技术创新投入机理的实证研究，没有在实证模型中检验融资约束的作用。

以下以江苏省四个中小型科技创新企业为案例，分析在不同技术创新阶段，资金的支持对企业创新活动的影响。

【案例 1】南京云创存储科技有限公司（以下简称"云创"）成立于 2011 年 3 月，注册资本 3000 万元，是一家专业从事云计算、云存储技术领域研发及产品销售的高新技术企业。2012 年 12 月，江苏省经信委通报了全省第二批科技型中小企业评估结果，云创存储的综合排名稳居全省第一。2013 年 7 月，国家各部委

发布了多项加强中小企业融资服务支持的文件，由上而下对中小企业的创新发展给予强大的政策支持。云创与招商银行深入开展了银企合作，招商银行为云创办理了无实物抵押贷款，从资金上保障了云创存储在企业发展及技术创新上往更高层次跨越。2013 年 10 月，云创获江苏省第一批科技型企业技术创新资金支持。各级项目主管部门对云创存储的企业经营情况、资信情况、承担能力等进行了全面审查，认定云创存储"基于云存储的高清智能视频监控系统项目"符合国家产业技术政策，技术含量较高，创新性较强，产品和服务均有明确的市场需求和较强的市场竞争力，能够产生较大的经济效益和社会效益。

2014 年，云创成立三周年，围绕着大数据需求，推出了 cStor 云存储系统、A8000 超低功耗云存储一体机、Minicloud 迷你云、数据立方大数据一体机、cVideo 云视频系统、PM2.5 云监测平台等一系列令人激动的产品。申请了 36 项专利、31 项商标、10 项著作权。目前，云创已经与 Intel、世纪鼎利、华胜天成、神州数码、天威视讯、华东电脑、宝德等多家知名企业开展了深入的合作。云创的产品已经部署在 30 多家大单位的数据中心，产品出货量已经跃居国内第一。市场方面也取得了亮眼的成绩：在激烈的市场竞争环境中，云创每年以 5～10 倍的速度在增长。云创存储名列江苏省中小型科技企业第一，名列国家工信部中国中小企业首选服务商之一。

【案例 2】江苏智联天地科技有限公司（以下简称"智联天地"）是由无锡市政府和长期从事通信和信息产业的科技团队于 2011 年共同发起成立的高科技股份制企业，注册资金 3000 万元，公司坐落于太湖之畔的物联网之都——无锡，智联天地以物联网产业为平台，融合移动互联网相关技术，提供平台三大产品体系，立志树立"中国工业手持机"第一品牌，成为行业信息化和移动互联网领域具有核心竞争力的领军企业。公司面向智能物流配送、电力、机场、铁路、农业等行业，成功推出了中国首款基于安卓系统的 simPhone™ 新风系列行业终端，并开发出具有完全自主知识产权的国内首个物联网终端运营管理平台 IOT UNiOSS™。

公司董事长钱志明是国务院政府特殊津贴获得者，曾连续多年担任国家"863 计划"通信技术主题专家组成员。公司核心团队分别来自摩托罗拉、诺西、大唐电信、北大、清华等国际、国内的一流大学和通信企业，拥有多年通信产业管理、运营和营销经验，获得过多项部级和国家级科技奖励。

智联天地于 2013 年 5 月研发结束，订单需求旺盛，流动资金出现缺口，仅凭自有资金难以组织生产。由于缺少可抵押的固定资产，传统银行无法满足企业授信需求。江苏银行无锡科技支行了解情况后，在风险可控范围内，及时给予智联天地 200 万元授信支持。之后，该企业发展呈爆发式增长，2013 年销售额达

3000 万元，较 2012 年增长 24 倍，2014 年预计销售额将达 1 亿元。

【案例 3】苏州斯莱克精密设备股份有限公司（以下简称"斯莱克"）成立于 2004 年，注册资金 5323 万元，主要从事易拉盖、易拉罐制造行业相关设备的研发和制造。斯莱克是全世界四家具有高速易拉盖组合生产设备成熟生产技术的企业之一。自成立以来，一直致力于独立自主的技术创新与工艺研发，2006 年 7月，"易拉盖高速冲压生产设备"通过科技成果鉴定。结论为：填补国内空白，技术性能和整体水平达到国际先进水平。2006 年 12 月荣获科技部"科技型中小企业技术创新基金"无偿资助。2008 年 1 月，与清华大学等单位合作，成立清华科技园——斯莱克昆山精密模具及机械装备工程技术中心。2009 年 2 月，公司实施了员工持股，约 20 名员工成为公司股东。2009 年 8 月，公司"超薄金属板精密成型高速全自动成套设备关键技术研发及产业化"获江苏省科技成果转化专项资金项目支持。目前，苏州斯莱克已经于 2014 年 1 月 29 日在深圳证券交易所创业板成功挂牌上市。

公司的主营产品是为客户提供易拉盖高速生产线的整套设备，解决了我国易拉盖高速生产设备长期依赖进口的问题，主要技术指标均已达到国际先进水平。公司的客户遍布世界各地，不仅在中国大陆、港台以及亚洲地区有广泛的客户群体，而且整套设备已经销往全球十多个国家和地区，国内市场占有率超过 70%。

【案例 4】美时医疗于 2006 年创立，注册资金 500 万元，致力于开发新型的医用磁共振成像系统和高温超导线圈产品，立志成为该领域的创新技术领跑者。2009 年进驻中国医药城，成立江苏美时医疗技术有限公司，实现了研发、生产、销售、培训服务一体化。经营管理层是一支由海外著名科研机构学者、跨国公司高管成员、资深工程技术人员、临床医生、金融及市场营销专家组成的国际化团队，对科技产业的运作和管理有着丰富的行业经验。

美时医疗技术有限公司是一家具有自主知识产权的创新型高端医疗诊断设备研发和制造企业，也是全球尖端医疗设备和技术的创新公司之一。公司致力于向全球的医疗诊断客户提供完善的医学成像技术解决方案，包括医学影像系统、磁共振成像仪的开发、设计、制造、销售和维护。公司拥有自主创新的技术平台，拥有数十项专利。美时医疗拥有一支世界一流的研发团队及具有国际水平的管理团队，创新团队来自美国哥伦比亚大学、哈佛医学院，由"千人计划"国家特聘专家马启元教授领军，并拥有美国哥伦比亚大学转让的相关知识产权。

2010 年，公司的两款产品均获美国 FDA 批准，进入国际市场，第一台全身磁共振成像仪 PICA 从泰州中国医药城出口印度，并同时得到新加坡、印度尼西亚和美国医疗机构订单。公司目前已获海外订单 30 多个。公司自主研发的全球唯一临床用高温超导线圈系列产品使低场成像系统能获得高场的图像质量，将人体图像分辨率与清晰度在市场现有仪器的基础上提高 200% ~ 500%。2010 年 7 月 8 日，该技术产品荣获 Frost & Sullivan "亚太地区医学影像产品年度创新奖"，这是中国公司首次获得此项殊荣，引起了国家高层的关注。同年 10 月，高温超导线圈项目获得江苏省成果转化资金支持，马启元团队还荣获 "2010 年江苏省创新团队" 奖；马教授本人入选国家 "千人计划"，并获得江苏省 2100 万元资助，其中省重大成果转化计划支持 1500 万元，省创新企业人才计划支持 600 万元。美时医疗通过自主创新，已拥有 15 项有关超导技术的美国专利，10 余项有关磁共振的专利，还发表了近 80 篇论文。

公司计划于 2014 年上市，在中国医药城设立公司总部以及全球研发培训中心，建成亚洲最大的磁共振生产基地，产值达到 50 亿元。

7.3 政策建议

中小企业融资难一直是各地政府很棘手的问题，虽然有些经济发展较好的地区为中小企业提供了很多优惠的政策，但仍不能解决根本性的问题。从上述案例分析可知，在企业种子期或者初创期给予资金支持，投入相对较少，而对于政府的利润回报却是巨大的，因此，政府应当多鼓励支持这两个上升期的中小型企业。

技术创新企业进行创新的内在动力源自于创新主体对创新所能够带来的巨大潜在经济利益的追寻。创新主体在组织层面上是企业，在个体层面上包括企业家、经理和科研人员。政府的政策需要对这两个层面上的创新主体产生激励作用，从而达到增加创新投入和提高创新活动效率的目的。

由于创新主体包括组织层面的 "企业" 和个体层面的 "人"，所以一个完整的激励机制应该包括对企业的激励和对人的激励。来自于企业之外的被称为外部激励，来自于企业内部主要针对个体层面上的创新主体的激励则被称为内部激励。

针对企业每个阶段对资金有不同需求的特点，政府也应该采取相应的支持政策。在种子期和初创期，企业最大的需求就是资金支持、金融政策和技术服务；高速成长期的企业最需要的是金融政策和技术服务；而在成熟期的企业，最迫切需要的则是信息及社会资本政策。

因此，对政府提出以下建议：

7.3.1 对种子期企业的政策建议

第一，加大科技资金政策性无偿资助，依靠政府资金体系对此阶段的企业进行支持。

第二，鼓励高校、科研院所与企业合作，完善产品的研发技术，降低技术风险，打造中国的"硅谷机制"。

7.3.2 对初创期企业的政策建议

第一，政府投资建立天使基金投资公司，为有前景的中小企业提供启动资金，支持研发。鼓励民间资本进入金融领域，形成科技小额贷款公司、创业投资机构、融资租赁公司、科技担保公司、银行专营机构等。

第二，企业孵化器相关政策的完善和落实。这阶段的企业大部分会依托政府支持的企业孵化器而建立，政府对在孵企业需要完善税收政策、场地使用等方面的优惠，提高管理服务水平，包括商业计划指导、融资支持（风险投资、担保基金和创业孵化基金）、教育培训、市场调研、市场拓展、信息交流网络、文化氛围等深层次内容的服务，指引在孵企业增强自身的孵化能力。

第三，高科技人才引进政策。初创企业的创业者、员工对于当前的房价都有点力不从心，企业需要引进人才，但刚刚起步，无力解决住房问题。如何解决创业者和关键岗位员工的住房，使其安心在企业发展，成为困扰企业发展的一大难题。政府应形成成熟完善的经济适用房制度，与企业的税收贡献相结合，可实现对企业的激励。创业者有精神上的需求，这是政府政策应该兼顾的。如创业者有压力、有困惑，这需要合适的渠道疏解，如俱乐部、联谊会、创业部落等。创业者通过参加这种活动可以缓解压力。政府对于创业者的激励，可以从这个角度入手，即为创业者提供交流的平台和途径；通过引导和鼓励孵化器以及具有政府背景的行业协会组织创业沙龙、创业者俱乐部，为创业者提供交流平台。

7.3.3 对成长期企业的政策建议

第一，设立中小企业技术创新的专项资金金融机构，树立为中小企业技术创新服务的新理念，加大对中小企业技术创新的融资力度。以政府作为中介，鼓励商业银行与企业的合作。创造更多的信息共享平台，为风险投资公司提供详细的数据，支持企业获得风险投资资金。

第二，减少税收项目，鼓励高层次人才为此阶段企业提供人力资源，消除国内外市场壁垒，为企业创造良好的市场环境。

第三，可以通过技术入股或者提供固定资产租赁（如生产设备、厂房）等方式，对企业进行支持，解决资金、设备方面的缺口。

第四，此阶段也对企业的综合管理能力提出更高的要求，政府可以利用企业孵化器对企业提供管理咨询服务，降低管理风险。

7.3.4　对成熟期企业的政策建议

此阶段企业在行业中占有绝对竞争优势，对行业市场熟悉，能应对市场环境影响因素的变动，市场风险和经营风险较小。企业资金积累雄厚，融资能力显著增强，面临的财务风险也相对不太突出；经营活动产生大量的现金流入带来了一定的投资风险和收益分配风险。政府需要完善二板市场和创业板市场制度，降低上市公司的准入门槛，转而看重企业的成长空间和未来发展前景，为寻求更高的风险投资和风险收益提供一个投资和退出的渠道。

第四篇

协同管理案例调查

8 科技创业人才综合改革调查

8.1 科技创业人才调查背景介绍

此次科技创业人才调查的对象是"南京创业人才 321 计划"下成立的 12 家高新技术企业的新创企业家，此项目是南京市政府主管、于 2012 年 7 月 23 日成立的以经济发展为目的的政府性质的计划。"南京创业人才 321 计划"，即用 5 年时间，大力引进 3000 名领军型科技创业人才，重点培养 200 名科技创业家，加快集聚 100 名国家"千人计划"创业人才。

"领军型科技创业人才引进计划"，重点引进三类创业人才：一是国际国内某一学科、技术领域内的学术技术带头人，拥有市场开发前景广阔、高技术含量的科研成果；二是拥有独立自主知识产权或掌握核心技术，技术成果国际先进国内领先，具有市场潜力并能进行产业化生产；三是具有海内外自主创业经验，熟悉相关产业领域，能带技术、带项目、带资金来（在）南京创业的。

"科技创业家培养计划"，是"领军型科技创业人才引进计划"的升级版，目的是精选一批具有国际视野和持续创新能力，且项目技术水平高、市场前景好、具备产业化条件的领军型科技创业人才，培养成"施正荣式"的科技创业家。入选"科技创业家培养计划"的，在享受"领军型科技创业人才引进计划"相关政策的同时，还享有 8 条特殊政策，归纳起来是"三个特别"。一是财政金融特别支持。在企业初创扶持的基础上，从加大融资担保及贴息力度、提高政府创投资金跟进比例、免收企业加速器场地租金和提前享受高新企业税收优惠等方面，为企业加速成长提供有力的金融和财税支持。二是科技研发特别支持。主要是从产业和科技经费单独切块、单独评审、单独资助，企业研发平台建设重点扶持，自主创新产品首购首用及招投标倾斜等方面，鼓励和支持科技研发，提升企业持续创新能力。三是人才团队特别支持。主要从给予市民购房待遇及购房补贴、提供高端创业服务和创业培训资助等方面，帮助企业引进高层次经营管理和专业技术人才，加速形成企业核心团队和骨干力量，不断提升入选者的创业发展能力。总之，南京将尽一切努力，支持人才成功创业，我们已视之为整个城市走向成功的希望所在。

　　此次调研从 2014 年 7 月 8 日开始到 7 月 23 日结束，历经半个月的时间，研究团队由相关研究领域的一名教授、四名博士研究生以及两名硕士研究生组成，此次调研采用多个研究员组成团队进入案例公司，多个研究成员从不同的角度进行观察和访谈。访谈对象主要是企业创始人或企业主要负责人，主要采取半结构化的访谈，访谈首先请企业创始人或主要负责人描述自己的创业历程和公司的建立过程，其次请企业创始人或主要负责人描述"南京创业人才 321 计划"政策对自身创业及公司发展的贡献和不足之处以及对政府的政策建议，访谈由约 20 个无确定答案的问题组成。根据归纳性研究方法，研究人员在访谈时可以补充一些能够提高访谈效果的问题。访谈通常持续 90 分钟到 2 个小时，但有些时长达 3 个小时。每次访谈都由一名教授主持并负责访谈，研究生负责记录，访谈结束后，研究生也将自由提问，通过一些问题来深化对现场记录的思考，访谈之后调查人员立即相互求证访谈内容和印象。调查人员要遵循若干规则。第一条规则是"24 小时规则"，要求在访谈后一天之内完成详细访谈记录和印象。第二条规则是要包含所有数据，不管其在访谈时的重要性如何。第三条规则是在访谈记录的末尾记下对该公司的印象。最后主要通过案例内数据研究和跨案例研究两种数据分析方法得出相关研究结论。以下图片是访谈时的照片资料。

8.2 科技创业人才调查企业简介

此次调研的 12 家高新技术产业企业分别是来自徐庄软件园的南京 A 教育科技有限公司、南京 B 信息科技有限公司、南京 C 电子科技有限公司、南京 D 通信技术有限公司、南京 E 控制系统有限公司和南京 F 工业视觉技术开发有限公司,以及来自白下产业园区的江苏 G 生物科技有限公司、南京 H 智能软件有限公司、南京 I 生物技术有限公司、南京 J 信息技术有限公司、K 冷源设备有限公司南京公司和 L 信息科技有限公司。调查企业的基本情况如表 8－1 所示。

表 8－1 科技创业人才综合改革调查企业基本情况

所处园区	公司名称	成立时间	所属行业	公司产品或核心业务	公司人数	自筹资金	是否为高校老师创业	创始人性别及教育程度
徐庄软件园	南京 A 教育科技有限公司	2013 年	教育科技	健脑康复	5 人	100 万元	否	男、博士
	南京 B 信息科技有限公司	2012 年 6 月	科技	玻璃排版服务	最多的时候 15 人	100 万元	是	男、博士

所处园区	公司名称	成立时间	所属行业	公司产品或核心业务	公司人数	自筹资金	是否为高校老师创业	创始人性别及教育程度
徐庄软件园	南京 C 电子科技有限公司	2014 年 6 月	物联网通信	无限线通信的芯片设计	10 人	1000 万元	否	男、博士
	南京 D 通信技术有限公司	2012 年 3 月	通信技术	应急指挥通信系统服务	核心成员 6 人	不详	是	男、博士
	南京 E 控制系统有限公司	2012 年	物联网	软件系统	5 人	不详	否	男、博士
	南京 F 工业视觉技术开发有限公司	2013 年	工业自动化	变频器	40 人左右	250 万元	是	男、博士
白下产业园区	江苏 G 生物科技有限公司	2013 年	生物科技	海藻糖（微生物保鲜）	2 人	不详	是	男、博士
	南京 H 智能软件有限公司	2012 年上半年	软件	软件平台开发	40 多人	不详	否	男、博士
	南京 I 生物技术有限公司	2012 年 4 月	生物技术	解毒酶	5 人	300 ~ 400 万元	是	男、博士
	南京 J 信息技术有限公司	2012 年 9 月	互联网	实时搜索、大数据分析	10 人	不详	否	男、博士
	K 冷源设备有限公司南京公司	2013 年	高科技建筑	环保中央空调系统	2 人	不详	否	男、博士
	L 信息科技有限公司	2012 年 5 月	互联网	软硬件平台	5 人	不详	否	男、博士

（1）徐庄软件园六家调查企业简介。

1）企业名称：南京 A 教育科技有限公司。

人才类型：2012 年入选南京市领军型科技创业人才引进计划。

公司简介：

公司成员均来自欧美中顶尖脑神经科学研究机构的脑科学家，互联网行业的资深工程师、教育行业的资深市场总监、曾参与过上海世博会吉祥物设计的优秀设计师等共同组成的团队，致力于搭建脑科学研究成果与实际应用之间的桥梁。公司在教育部和科技部主办的"春晖杯"留学人员创新创业大赛中获奖后获政府邀请回国创业，入选南京市"领军型科技创业人才计划"（政府给予100万元启动基金资助）。闯入北京文化创意"未来领袖"创业大赛的决赛和科技部主办的"中国创新创业大赛"100强。项目还受到英国丝路网站的跟踪采访和系列报道，并入选由美国Schoenfeld基金会支持的易社"社会创业家国际计划"。该计划得到美国前总统克林顿先生的支持，每年只从数千份申请中遴选30个项目。此外，公司闯入了著名天使投资机构创新工场"孵化计划"的第二轮。在创投圈刚组织的一次路演活动中，被五位来自不同知名投资机构的投资人评为总分第二。新近，公司闯入了国家"千人计划"创业大赛的复赛（全国仅50个项目进入复赛）。

公司愿景：

用心做科学、创意、实在的脑科学应用，与用户共享轻松、高效和快乐。公司致力于将国际顶尖科研实验室及科学专业领域鲜为人知的科研成果带给大众，通过与最新IT技术和应用（如社交游戏）结合的方式帮助人们通过科学的方法迅速提升脑能力，提高工作学习效率；同时公司还将把科研成果转化并应用于缓解老年人脑功能衰退，以及促进脑部创伤患者的治疗、恢复。

2）企业名称：南京B信息科技有限公司。

人才类型：2012年入选南京市领军型科技创业人才引进计划。

公司简介：

南京B信息科技有限公司是一群具有海外留学背景的博士硕士创办的年轻科技公司。公司的核心业务是为玻璃加工企业提供玻璃排版服务，并进一步为企业提供从订单管理、排版下料到成本控制的集成系统。公司的宗旨是：真诚服务，合作共赢。公司与南京财经大学、华东师范大学等国内著名高等院校建立了良好的技术合作关系。作为一家锐意进取的公司，公司正努力打造为玻璃排样行业应用软件的第一品牌。

3）企业名称：南京C电子科技有限公司。

人才类型：2013年入选南京市领军型科技创业人才引进计划。

公司简介：

南京C电子科技有限公司是由留学美国工程师团队创立的及南京市政府引进的高科技"南京321"领军型企业。公司位于南京玄武区徐庄软件园，专注于无线通信的芯片设计。

4）企业名称：南京D通信技术有限公司。

人才类型：2012年入选南京市领军型科技创业人才引进计划。

公司简介：

D通信技术有限公司是一家集专网通信技术研究、产品开发、市场营销、技术及产品服务于一身的高科技创新型企业，以数字通信为核心技术，以数字集群为核心产品，结合多年行业应用经验，面向专网用户提供专业的应急指挥通信系统解决方案及优质的服务，随时随地满足并超越用户现在和将来对无线信息通信的需要。

公司汇集了软件、硬件、射频、软交换、外形结构等领域的优秀专业技术人才，坚持走自主创新之路，专注于专业无线通信领域，基于行业用户的使用需求而持续创新。在公司骨干人员多年技术、产品和市场积累的基础上，以行业由模拟向数字整体升级为契机，结合多年的应急通信保障应用经验，为行业用户提供技术领先、品质卓越、安全可靠的无线调度指挥通信产品及应急通信解决方案，致力于成为领先的应急通信指挥调度系统网络供应商。公司通信坚持诚信、务实、创新、共赢的核心价值理念，致力于为客户提供优质的产品、便利的体验、完美的方案和满意的服务，努力成为持续创新和发展的领先企业。

5）企业名称：南京 E 控制系统有限公司。

人才类型：2013 年入选南京市领军型科技创业人才引进计划。

公司简介：

南京 E 控制系统有限公司是由留学美国工程师团队创立的、南京市政府引进的高科技"南京 321"领军型企业。公司位于南京玄武区徐庄软件园，专注于物联网及无线传感网领域的产品研发和技术创新。在团队专利技术的基础上，公司已成功开发了一个"物联网智能网关"产品；它解决了"跨场合应用的兼容性"和"多种传输协议的兼容性"这两个无线传感网应用领域的"瓶颈"问题。与现有技术相比，公司智能网关产品在"跨场合的应用的兼容性"和"多种传输协议的兼容性"方面性能更优。公司智能网关产品能够灵活应用于"智能家居"、"楼宇节能"、"智慧酒店"、"贵重物品管理"、"智能农业"等多种应用领域，具有多种应用范围和广阔的市场前景。目前，产品的研发工作已经基本完成，正处于产品的市场化推广的准备阶段。预计一年内即可实现产品的销售及盈利。

6）企业名称：南京 F 工业视觉技术开发有限公司。

人才类型：2012 年入选南京市领军型科技创业人才引进计划。

公司简介：

南京 F 工业视觉技术开发有限公司，由南京市领军型科技创业人才（321 人才）于 2012 年在徐庄软件园创办，公司成立注册资本 250 万元。是一家专业从事物联网、智能视频分析、工业视觉控制等相关系统研发的高新技术企业。考虑到公司在市场、销售、行业客户以及后端工业控制系统整合方面的不足，2012年 11 月以来，多次与上市公司 F 技术进行合作洽谈，目前双方已签署了增资文件，由 F 技术投资 1200 万元对南京 F 工业视觉技术开发有限公司进行增资。完成后公司注册资本 2000 万元。未来研发、运营仍由南京 F 工业视觉技术开发有限公司创业团队负责，F 技术作为国内自动控制领域的龙头企业，利用其在墙地砖行业、加工机械及相关领域良好的客户资源，能够为南京 F 工业视觉技术开发有限公司的产品规划、产品测试、机械平台设计和市场推广提供紧密合作和重大支持。未来有望借助这些行业客户资源进行快速滚动发展。

（2）白下产业园区六家调查企业简介。

1）江苏 G 生物科技有限公司。

江苏 G 生物科技有限公司坐落于南京市白下产业园区，南京市 321 人才企业，公司致力于生物医药方面的研发工作，已具有一项创新专利。

2）南京 H 智能软件有限公司。

南京 H 智能软件有限公司由海外留学归国的高科技团队创建，获江苏省"创业创新人才计划"、南京市"321 计划"、南京市白下区"海归领军型人才计划"项目资助，成立于南京白下高新园区。公司核心管理团队成员均毕业于清华大学、中国科学院等国内知名高校和研究所，并拥有多年海外工作经历，曾任国内知名高校教授、973 重大项目首席科学家和国内外知名企业高管等。

公司主营业务为基于业务驱动的 Java 代码生成与开发管理平台 JUMPOS 的定制服务，其中基于 JUMPOS 开发的智能安防综合业务系统，已经在南京地铁 3 号线和 10 号线视频监控系统中得到应用，包括南京地铁 3 号线的 2500 门全高清摄像头的并发业务处理。

公司正在积极开拓 JUMPOS 在视频监控、企业管理、移动互联和物联网等领域的行业应用。公司同时在美国北卡州设有全资子公司，负责部分核心产品研发和海外项目实施。公司立志打造民族高科技产业，立足中国，走向世界。

3）南京 I 生物技术有限公司。

南京 I 生物技术有限公司于 2012 年 4 月在南京注册成立，是一家以服务外包及生物制药研发为主的中外合资企业。公司业务主要面向医院、制药和生物技术类公司、科研院校及研究所。公司正与南京、福州等地医院生殖医学中心合作为试管婴儿治疗患者提供胚胎植入前基因与染色体鉴定服务。公司将在 1~2 年内利用转基因动物乳腺生物反应器高效益、低成本、无污染、无专利障碍生产一种国家战略和市场急需的神经性毒剂和有机磷农药生物清除剂—重组人丁酰胆碱酯酶。公司位于南京市秦淮区环境优美的南京白下高新技术产业园区，已获南京首批"321 计划"和园区启动资金资助。公司拥有 500 多平方米的分子和细胞生物学实验室和科研办公区，已购置实时定量 PCR 仪、梯度 PCR 仪、冷冻离心机、细胞培养箱、超低温冰箱、生物安全柜及纯水仪等基本设备和实验耗材，技术开发和生产过程可实现无污染排放。公司坚持"运用先进管理经验和模式，以创新为根本，以病人和市场需求为导向"的经营理念，实施人才兴企、科技创新和高效益、低成本、无污染战略，推动公司发展，公司期望5~7年内成为业内领头企业。

4）南京J信息技术有限公司。

南京J信息技术有限公司成立于2012年9月，是南京政府"321计划"引进企业。公司的技术团队核心成员均为中美IT领域的一流软件工程师，在搜索引擎、大规模分布式计算、云计算、数据库、人工智能等领域拥有雄厚的技术实力和丰富的行业经验。针对大数据时代信息技术领域所面临的挑战，公司团队经过多年自主研发，开创出具有突破性创新意义的大数据分析技术体系和系列产品。

公司名称代表着信息利用的三个渐进阶段，即信息、知识、智慧。原始数据承载了信息，知识形成于对信息的初步整理，而智慧则升华于知识。从大量信息中提炼的智慧是管理者决策的重要依据。公司致力于打造具有国际领先性的技术，为大数据时代的企业和机构缔造尽可能完美的信息解决方案，使其拥有"洞察海量数据，瞬间提炼智慧"的能力，从而充分把握大数据时代的无穷商机。公司以追求技术突破和创新为原动力，力求成为大数据时代企业和机构的首选信息技术供应商。

公司的大数据实时智能分析系列产品的技术承诺如下：海量数据，实时分析，深度挖掘，提炼智慧。数据是信息时代政府和企业的战略资产。信息时代，对数据的分析能力关系到政府和企业的决策水平、竞争力和生产力。在公司数据分析产品的支持下，政府和企业可以充分利用数据这一战略资产，将海量数据中蕴藏的巨大潜能转化为强大的动力引擎，把握瞬息万变的政机、商机，运筹帷幄，决胜千里。"一万年太久，只争朝夕"，公司的产品帮助崇尚效率的管理者"点时成金"，让企业快人一步，领先一路，从而立于竞争的不败之地。

5）K冷源设备有限公司南京公司。

K冷源设备有限公司是一家国际性的高科技公司，总部位于德国的斯图加特市，公司在全球范围内致力于能源效率、环境和可持续发展的技术研究，工程设计，安装及设备制造；公司目前的主要业务为建筑节能及空气源热泵热水系统，空调系统的设计和工程实施；公司由德国斯图加特大学热工技术学院及其他学院的几位资深教授和德国空军机械工程师团工程专家创建；在德国斯图加特大学拥有综合研究中心，在环境与能源技术上始终保持国际领先地位；公司致力于在中国进行能源效率，环境和可持续发展的技术研究，工程设计，安装及设备制造；是最早在中国将空气源制冷、制热、卫生热水全热回收技术成功用于实际工程的企业，整个热水系统，空调系统的表现远远超过以往其他任何形式的热水、空调系统。其运行成本显著减少，功能更加多样化，并且具有高度的可靠性和稳定性；公司于 2001 年开始在珠海、香港、澳门开展业务，到 2010 年底完成了多个超 10 万平方米的大型酒店、生产企业厂房、公寓和独立别墅的热泵工程，供暖工程和热水工程，所有项目均成功投入使用。

6）L 信息科技有限公司。

L 信息科技有限公司坐落于南京市白下产业园区，市 321 人才企业，工作环境优雅舒心，交通方便。主要从事 FPGA 产品和 FPGA 开发工具（EDA）的技术研发、生产销售、系统集成、技术支持和服务。产品广泛应用于网络设备、电子消费品、金融计算、科研等领域。

8.3　科技创业人才计划需要综合改革

"南京创业人才 321 计划"中，政府和创业企业都存在一系列的问题，主要表现在主体多元性的竞争、职能多元性的矛盾以及创业企业的组织问题这三大方面，而这些问题又都不仅是单向存在的，要想解决这些问题，需要进行综合系统的改革，需要达到各主体、各职能之间的匹配，促进创业企业快速成熟壮大，促进创业经济的发展。

表 8 - 2　各企业综合改革调查情况统计

			徐庄软件园						白下产业园区					
			A	B	C	D	E	F	G	H	I	J	K	L
综合改革	主体多元性的竞争	政府和高校之间的竞争		+		+		+	+		+			
		地市之间的竞争	+				+			+		+		
		开发区之间的竞争	+		+	+	+	+	+	+	+	+	+	
	职能多元性的矛盾	人才引进问题	+						+				+	+
		人才培养问题	+				+		+		+			+
		人才使用问题	+		+			+						
综合改革	创业企业的组织问题	创业者综合素质问题	+	+			+		+	+	+			+
		创业企业组织结构问题	+	+	+		+		+	+	+			+

注：①A：南京 A 教育科技有限公司；B：南京 B 信息科技有限公司；C：南京 C 电子科技有限公司；D：南京 D 通信技术有限公司；E：南京 E 控制系统有限公司；F：南京 F 工业视觉技术开发有限公司；G：江苏 G 生物科技有限公司；H：南京 H 智能软件有限公司；I：南京 I 生物技术有限公司；J：南京 J 信息技术有限公司；K：K 冷源设备有限公司南京公司；L：L 信息科技有限公司；②"＋"表示某家企业存在某一类型的问题

8.3.1 主体多元性的竞争

在南京 321 科技创业人才案例的调研中，多元主体之间的竞争表现比较突出，主要表现在政府和高校之间的竞争和矛盾、各个开发区之间的竞争以及各个地市之间的竞争。而想要真正发挥科技创业人才的作用，就必须达到主体协同，防止矛盾升级以及恶性竞争的出现，最终实现协同创新。协同创新的主体涵盖政府、企业、高校、研究机构，其实质是各主体相互协作，实现利益共享、风险共担，最后实现科研、市场的创新对接，促成科技成果转化，增加企业经济效益，加强高校、科研机构科研创新成果的运用，实现政府的统筹发展。借鉴国外成功经验，我国已经逐渐认识到官产学研协同创新是促成科技进步、科技成果转化、提高自身经济发展水平的重要途径，在努力实现科技创新的同时，逐渐强调协同创新，但是在实践活动中还是存在主体多元性竞争方面的一系列问题。

8.3.1.1 政府和高校之间的竞争

协同创新是政府、大学、研究机构以及企业为了实现重大科技创新而开展的大跨度整合的创新组织模式。它是通过国家意志的引导和机制安排，整合资源，实现互补，加速技术推广应用和促成产业化的科研新范式。协同创新离不开政府和高校的合作。在科教方面院校的科研能力较强，但科技成果转化比率不够高。由于高校和科研院所之间还未形成良好的合作方式，与区域经济的联系也不够紧密，一些企业还没有形成良好的产学研合作的意识，存在产学研合作的环境及氛围不够浓厚、收益分配产生分歧、合作成果知识产权产生纠纷等现象。

高校和科研机构是协同创新系统的知识创造者和人才培养者。高校与科研机构的优势在于其智力资源丰富、科研条件与环境良好，既能直接提供创新业绩成果，也能培养科技创新人才。同时，作为科技创新的研发者，高校和科研机构应围绕市场需求，进行科研攻关，避免科研工作与市场需求脱节，在科研成果实现之后要尽快通过社会中介组织或企业将科研成果付诸应用，实现科研成果向现实产业的转化。在南京 321 科技创业人才投资案例中，政府和高校之间虽然有联动，但是还不够全面，很多高校老师走出象牙塔创业并没有发挥自身的科研优势。政府和高校之间的联动还有待进一步加强。

（1）主要案例。

在调查的 12 家企业中，有五家企业的创始人都是高校老师，一些企业家能够充分利用科研成果，也有部分企业家将科研与创业区分开来。

【案例 1】南京 B 信息科技有限公司的负责人表示："做教师感觉比较沉闷，直接创业，就有推广价值了。"

【案例 2】南京 D 通信技术有限公司的负责人表示："学校出来的人，除非在学校的时候就有外面的引子公司或者公司存在，刚出来的时候自己干的意愿不是特别强烈，虽然政府在转业的时候也有一系列支持。"

【案例3】南京F工业视觉技术开发有限公司的负责人表示："之前产学研口号很弱，希望探索一条路，把企业和高校更加紧密地联系起来。业界'大牛'不看好高校老师创业，因为高校老师对市场不敏感，希望把企业和高校的教师资源联系起来。"此外，他还表示："做公司不会抛弃学术，学术和应用互补。学校的任务没有落下，考核、论文、项目都没有落下。我觉得学术和应用是结合在一起的，解决别人做不了的问题，在应用的时候会产生学术问题。南京大学的学术平台对自己肯定还是有帮助的。一直认为学术问题和应用问题是融合的。"

【案例4】江苏G生物科技有限公司负责人表示："虽然在高校，但自己的梦想是创业，所以只是在原来的单位挂个职。"

【案例5】还有企业家表示政府行政审批制度存在漏洞，比如南京I生物技术有限公司的负责人表示："2014年江苏省中小企业专项资助资金的申请，政府表示高薪企业或者高薪后备企业才能申报，而申请有条件，比如要有国内的专利，要有专利号，而我刚从国外回来，没那么快就有专利号，所以这个高薪企业就没有申请，但也只是接到了科技局在QQ群里的通知，不明晰。"

（2）主要对策建议。

随着政府职能的转变，政府在协同创新中的作用，主要是通过制定政策和法规，加强引导和监管，创造良好的运行环境和平台。而高校作为人才培养的重要机构，只有与政府相互协同，才能真正发挥科技专业人才创造价值的作用。协同创新国家体系需要通过国家政策引导，而建立政府、大学（包括研究机构）、企业、社会组织等为了实现重大科技创新而开展的大跨度整合的协同创新组织模式，大幅度地促进了企业、大学、研究机构发挥各自的能力优势，整合互补性资源，实现了各创新主体的优势互补，加速了技术推广应用和产业化。协作开展产业技术创新和科技成果产业化活动，是当今创新型国家实现科技创新的范式和途径。

8.3.1.2　地市之间的竞争

在这场关系各个城市未来经济社会发展的决战中，江苏省各个城市尽管在发展程度、资源禀赋以及城市定位方面不相同，但各个城市在吸引人才的政策中几乎都潜藏着高中低端人才通吃的雄心，所有城市都毫无例外地预备了专门针对高端人才的政策上的"撒手锏"。各地市对于招揽创业人才的优惠政策都是各个地市尊重知识、尊重人才和对人才渴求的充分体现。因此各个地市之间为了争夺人才也产生了相应的竞争和摩擦，这不仅不利于政府整体效益的提高，对企业来说也有不利的地方，还有地方政府出现过高承诺以及承诺未能实现等方面的问题，这都给企业对政府的满意度以及后期的发展带来不利的影响。

（1）主要案例。

在对南京321科技创业人才的调查中，出现了很多地市之间争抢人才的现象，创业企业家们会对比各个地市之间的优惠政策，做出最佳选择。

【案例1】南京A教育科技有限公司的负责人表示南京是"创业沙漠"，主要是因为与上海、北京等城市比，虽然高校很多，人才很多，但是都是流向周边的上海、苏州等地。

【案例2】南京E控制系统有限公司的负责人表示自己接收到无锡要建立一个最大的物联网中心的信息，选择无锡的时候一般都是当地的招商办接待，先介绍创业政策、优惠政策、如何落户，会后再走访一下园区，查看硬件条件等，有时候也会请一些成功人士介绍一下成功经验等，于是最先在无锡建立起了自己的企业。负责人还表示走访了扬州、无锡等地之后选择无锡的原因："因为无锡人才工作做得比较细致，会后针对每个人，园区都会指派专人进行一对一的服务，让你申报项目，发给你模板，随时可以跟踪，催我们赶紧提交，是个创业保姆，又有这些指导性的服务，然后就很自然地把这件事就办了。"但是由于在无锡的项目失败，正好参加了南京的321创业大赛，经过南京玄武区企业科技局长的引荐，与东大智能达成了一个初步的合作意向，申请了321人才计划，最后落户南京。他还表示："南京有一个优势是高校聚集，这个对于创业者来说是一个非常重要的资源，因为大家都说企业竞争是人才竞争，你有人才才能做成事，虽然有的地方有资助政策，但你找不到人，你也做不起来。"他还表示，无锡市在一些方面的政策是南京需要借鉴的，"无锡那个落户有一点比较好，无锡会组织入园企业参加各种国际展览会，因为无锡有一年一度的物联网博览会，包括北京软博会，还有南京有个软件交流大会，这些无锡科技局等都会出面，由政府出钱来租展位，免费提供给入园企业，由政府组织的产品评审、专家出面精选企业，这个都是无锡政府负责的，有专项资金来支持鼓励企业走出去，参加这种合作交流大会，南京估计没有这方面的信息。"

【案例3】南京H智能软件有限公司的负责人表示回国的时候，无锡推出了"海龟530"计划，所以在无锡落户，2011年时在无锡将产品已经做出来了，但是无锡缺乏更好的市场和环境，包括科技环境等，并且南京的市场更为成熟。所以企业为了更好地发展选择了南京。

【案例4】南京J信息技术有限公司的负责人表示："我知道无锡那边给的政策扶持基金比较高一些，但是考虑到招聘人才可能没有南京这个地方理想。据说无锡刚开始的一些政策比较到位，后来政策就出现了一定的断裂。也是听说的没有自己去验证过。其他的小地区我就更不会考虑，因为我到江苏来，我只有两个地方要考虑，当时考虑无锡是因为无锡离上海比较近，其次就是南京，没有想过要去别的地方。"

（2）主要对策建议。

各地近年来愈发明显地感觉到，人才对一个城市可持续发展的重要性，知识经济发展所依赖的最具决定性的因素是知识创新和技术创新。而过去 20 多年来，很多城市保持经济快速增长势头，主要是靠机制先发优势或一批土生土长、敢闯敢拼的创业能人。但随着工业化的加速提升及经济时代的真正到来，人才所发挥的智力和技术作用已日益在一个城市的经济发展中凸显，人才缺乏将越来越明显地制约一个城市经济的进一步发展。所以江苏各个地市都采取了相应的措施招揽和挽留人才。总体来说，各地市政府虽然都求贤若渴，但不能各自为政，在人才的配置上需要一个总体的规划和配置，以避免出现地市之间哄抢人才、两败俱伤的局面。

此外，各个城市需要增强自身的人才吸引力，提升城市的魅力。提升城市人才吸引力的主要对策有：扩大城市经济总量与优化城市产业结构并重，增强城市提供工作岗位的能力；加强人才制度建设与打造人才"特区"并重，增强城市为人才提供发展机会的能力；提升城市人居硬环境与建设城市人居软环境并重，增强城市的宜居性。这些措施都将成为各个城市吸引人才，特别是高端人才的一项有效措施。

8.3.1.3　开发区之间的竞争

科技人才属于知识密集型、创新型人才，是那些处于各个专业领域的前沿，素质高、能力强、贡献大、影响广的优秀人才，创新思维和创新能力是其核心要素，他们能够提出问题、解决问题，开创事业新局面，并且能够对社会物质文明和精神文明建设做出创造性贡献。科技人才最重要的价值体现在他们的创造性上。科技人才能够利用他们掌握的专业知识进行创造性的劳动，提出新的理论和新的解决方法，并将其转化为新的生产力。因此，南京市各个创业园区出台了各项政策支持科技人才的引进工作。但是其中也出现了各个创业园区为争抢人才而出现的恶性竞争以及盲目追求指标而导致企业人才竞争引入质量不达标等问题。

（1）主要案例。

【案例 1】南京 A 教育科技有限公司的负责人表示，选择徐庄软件园的原因在于，南京的几个创业园区具体的政策大同小异，服务都还不错，但是徐庄这边的空气比较好，市区大兴土木，环境太差，徐庄有世外桃源的意境。徐庄政府在环境这一块管得很适当，科创中心服务非常好，主动程度刚刚好，企业需要帮忙的时候能够获得非常热心的帮助。感觉不足之处是他们是新建的，与成熟的园区相比有差距，如苏州工业园区举办的创业活动与氛围比较好，创业团队会碰面，经常有一些名人演讲。

【案例2】南京 C 电子科技有限公司的负责人表示："徐庄软件园表示有物联网集成中心，是市里唯一的一个，其实是不是唯一的，我当时也不知道。硬件条件建邺区最好，建设得很气派，附近环境更好，但是徐庄有物联网中心，由于行业需要与聚集度的问题，所以选择了徐庄，对我们最合适。"

【案例3】南京 D 通信技术有限公司的负责人表示："徐庄软件园管委会现在的主任很关心我们。这两年政府支持创业的意识更强，现在各个地方都在鼓励创业，我说回来创业的时候，玄武区和白下区也主动邀请过我，政府给每个园区招商引资、吸引人才的任务很重，一方面是迫于工作压力，另一方面他们的工作干劲也很大，只是徐庄的主任说服力更大。徐庄软件园为人才服务的意识真的很好。感谢徐庄软件园，他们的前任主任、现任主任，帮我们这么多，原来这里面只有空房子，外面的空调一开始考虑不周全，只有大的空调，有几个办公室，没有单独的办公室谈话，不方便，提出这个问题之后，很快就解决了空调问题，我们还是很感动的。因为初创企业，到处都要花钱，我们又没有什么基金和投资方的支持，大家都是自己掏钱出来办企业的，压力还是很大的，张主任统统帮我们解决了。"

【案例4】南京 E 控制系统有限公司的负责人表示徐庄软件园的人才公寓，还有创业各方面的服务都是比较到位的。南京 F 工业视觉技术开发有限公司的负责人觉得徐庄软件园环境比较好，配套也比较好，离南京大学比较近。没有太多考虑选址问题，直觉选择徐庄。

【案例5】江苏 G 生物科技有限公司的负责人表示选择白下产业园区的最主要原因是白下区的地理位置很好，交通非常便利。

【案例6】南京 H 智能软件有限公司的负责人表示："在 2012 年 5 月的时候白下产业园区承诺帮助把项目启动起来，所以并不是因为商家而选择白下，而是白下这边能帮我把项目落实下来。第二个对于我们来说，白下这边对于人才的培养做得也比较早一点，思路跟我们比较相符。"

【案例7】南京 I 生物技术有限公司的负责人表示自己是在加拿大的朋友回国创业选择白下区之后得知白下区的环境不错，并且提供资金办公等资源，所以选择了白下产业园区。

【案例8】南京 J 信息技术有限公司的负责人表示做决策的时间比较短，主要考虑到白下说要把轻轨、地铁都引入，就是交通也挺方便的，然后离南站也很近。当时园区还承诺了 130 万元的资金，100 万元是"南京人才 321 计划"支持资金，另外 30 万元是区里的配套资金。然后提供办公场所，3 年免租。

【案例9】K 冷源设备有限公司南京公司的负责人表示："其实当时很多城市

在竞标，当时白下给了我们一个承诺：我们博士所有的专利产品能够用在白下紫金产业园，博士因为这个承诺选择了落户南京，我们的产品会在政府工程中首先进行采用，但是我们感觉这个政策的执行力度还是不够，我们的产品在专家、技术层面上已经论证过，还是希望政府能够加大政府执行。"

（2）主要对策建议。

科技人才是现代竞争优势的关键所在，各个开发区意识到要实现可持续发展，在激烈的市场竞争中立于不败之地，就必须重视科技人才的引进和培养，加强创业园区对人才的吸引力。十年树木，百年树人。争抢人才，就是争抢未来。各个开发区在意识到人才重要性的同时要注重提高自身接纳高等人才的水平，为高等人才创业创造良好的环境，提供良好的服务。所以各个开发区要不断提升自身开发区对高等人才的吸引力，同时南京市政府应该做好统筹规划工作，为科技创业人才提供最适合的创业园区，尽量避免出现创业园区之间恶意哄抢人才的情况。

8.3.2　职能多元性的矛盾

在"南京 321 创业人才投资计划"中，整个人才管理系统的职能之间存在矛盾，存在重引进、轻培养，人才管理体系不健全等种种问题，主要原因归于政府和企业都没有意识到人才管理体系的重要性，以及创业企业初期的资金、人才有限。各地区、产业园区虽然努力营造尊重知识、尊重人才、有利于提升科技人员创新能力的良好环境，大力培养高层次科技人才，但是人才管理体系还存在种种问题，因此，需要建立健全人才管理机制，建立可持续发展的人才培养机制。

8.3.2.1　人才引进问题

高层次人才的引进是政府以及企业工作的一个努力目标。就引进优质高层次人才而言，首先要有慎重的人才引进决策。因为任何人才都只是某些方面有才华的，而人又不是可以随意"修整"或"改造"的，所以在人才引进决策上要慎重地思考和判断。政府和企业要根据长远发展战略和人才结构优化的需要引进人才，而不仅是依据当时所需，或者短期所需。就目前各个地区和园区而言，高层次人才都是最稀缺的资源，获得有价值的高层次人才实属不易。所以，在引进高层次人才上，应采用灵活、宽口径、开放型的引进策略，不求所有，但求所用，实行刚性引进和柔性引进相结合的办法，不拘一格引进一流人才。

（1）主要案例。

在"南京 321 创业人才"的调查中发现，虽然各个地市以及各个产业园区已经竭尽全力吸引了众多"海龟"和高校老师等高级人才，但是由于部分地市和产业园区单纯追求人才引进指标、缺乏人才引进经验等，所以人才引进机制仍然存在很多问题，比如对科技人才的定位不准确，对引进人才的管理后期缺乏跟踪，对人才的资历缺乏考证等。

【案例1】南京A教育科技有限公司的负责人表示，企业在一开始的人才招聘过程中吃了很多亏："缺乏IT圈子的人，在网上发帖找人，一开始找到好几个，但是这种方式不是很成功，人不靠谱，吃了不少亏。"

【案例2】江苏G生物科技有限公司目前实际上只有一位负责人，另外有两三名股东也不在南京，负责人表示，现在急需人才，目前正在想办法招聘员工。

【案例3】此外，园区还存在非创新创业项目入驻园区的情况，这势必会挤占创新创业人才投资项目，如K冷源设备有限公司南京公司其实是K冷源设备有限公司在南京的一个营销公司，公司产品的研发与创新早在10年前就已经完成。

【案例4】L信息科技有限公司的负责人其实是公司创始人的父亲，公司的创始人长期身在国外，偶尔会回国指导国内的公司运营，长期靠远程操控来控制公司，这无疑对公司运营以及园区的发展带来消极影响。

（2）主要对策建议。

在人才引进方面，一方面，各个地市及园区应该加大人才甄选的力度，严格把关；另一方面，需要充分利用地区以及产业园区的区位优势、文化优势、开放优势和服务优势，吸引国内外科技人才落户创业。同时，要促使高层次人才引进的服务网络更加严密，各职能部门应形成同步规划、同步部署、同步实施的整体性人才开发体制；日常信息的沟通、传递机制还有待完善，急需打造各司其职、各负其责、齐抓共管的格局；各类高层次人才学习、交流的活动还需进一步丰富且制度化、经常化。

8.3.2.2 人才培养问题

对于人才的管理，不仅要做好人才引进工作，人才引进之后更需要对人才进行培养，只有对人才进行充分的培养和开发，才能真正发挥人才的价值。江苏各地区以及产业园区在引进人才的基础上，加大了人才培养和使用的工作力度，进一步形成了人尽其才的工作格局，通过激活人才使用机制，培育人才成长的软环境，极大地促进了人才的成长成熟步伐。就人才培养而言，首先要尽可能提供给他们一些进修和学习的机会，为他们从事学习、科研和教学工作营造宽松和谐的氛围，解决关系他们切身利益的生活后顾之忧。

（1）主要案例。

"南京321创业人才计划"中，政府和企业已经意识到人才培养的重要性，但是还存在重引进、轻培养等问题。"321计划"入园的企业家中很多都是技术出身，缺乏管理经验，政府应该积极举办各种培训或者讲座以弥补企业家这方面的不足，但是目前看来，园区在这方面的工作还有待加强。

【案例1】南京 A 教育科技有限公司的负责人表示在公司创立之初，缺乏团队以及知识等方面的准备，吃了不少亏，还因为团队成员之间的矛盾差点退出了创业团队。

【案例2】还有一些企业家没有意识到管理培训的重要性，例如南京 C 电子科技有限公司的负责人表示不用接受管理培训："因为无非就是请高校的老师上上课，没有用，我们自己也能学，我们需要在实践中学，我们已经过了到学校充电的时期，我们在角色转换过程中慢慢学。"

【案例3】南京 E 控制系统有限公司的负责人表示之前在无锡产业园区创办公司的时候，无锡有一年一度的物联网博览会，而在南京，这种机会很少。

【案例4】江苏 G 生物科技有限公司的负责人表示："自身在管理方面、经营方面可能会有欠缺，现在就是说除了做技术，对人事、财务、市场这些管理工作，要逐渐适应，要转变，不足的地方也要学习，我不能总是想着我是做技术的。"

【案例5】南京 I 生物技术有限公司的负责人表示企业家和科学家之间还是有差距的："对于市场方面我们想的可能就天真一点，而且对于管理方面，我们这些学理工科的可能要薄弱一些。"

【案例6】L 信息科技有限公司的负责人表示企业创始人是做技术的，还在市场等方面缺乏经验，还需要在社会上进行历练。

（2）主要对策建议。

综上所述，政府和企业要营造有利于人才成长的优质环境。首先，要营造优越、宽松的工作环境。要对新引进的高层次人才的工作、生活状况做到心中有数，帮助他们解决后顾之忧。其次，要充分发掘高层次人才的潜能，引入竞争性的人才晋升选拔机制和奖励制度，建立公平竞争、以级定岗、以岗定薪的绩效评聘考核机制。根据高层次人才的实际能力、资历、贡献提供合理的薪酬，加大对有杰出贡献的高层次人才的奖励，把最好的学习进修机会提供给贡献大而最有发展前途的人员，对局部出现拔尖人才的流失要进行深刻的反思，分析其原因，采取积极措施加以弥补。

政府和企业管理者应合理使用人才，充分发挥各类人才的作用。管理者应熟知所用人才的长处和短处，善于利用人才的特长做最有效的事；通过不断改进工作手段来充分发挥人才的能力。管理者要充分"授权"，给人才施展才华提供舞台，同时，可引进、外聘或邀请一些高层次学者、专家或教授来企业开展学术交流，开设课程讲座，培育和指导青年师资队伍，以活化人才组织的造血功能，保持科技人才队伍不断注入新鲜血液，从而保证后备人才的供给，实现人力资源的可持续发展。

8.3.2.3 人才使用问题

企业要提高劳动生产率，提高经济效益和社会效益，使之持续健康发展，合理使用人才是一项十分重要的举措。吸引和培养人才的目的是为了合理使用人才，用人之道，应是既能做到用人之长、量才使用、人事两宜，又能保证人才的价值得到最大的提升、活力得到最大的激发、能量得到最大的释放，利于人才的全面发展和思想活跃，有利于实现人才能力的最大释放。只有通过合理使用人才，使之才能得到最大发挥，能量释放最大化，才能极大地提高劳动生产率，从而获得社会效益和经济效益。

（1）主要案例。

但是在"南京321人才计划"的调查中，可以发现人才使用存在众多的问题，比如人才缺乏激励、人才流动性较大，等等，这些问题都不利于人才发挥应有的作用。

【案例1】南京A教育科技有限公司的负责人表示在最初招聘的员工中，只有一个人留了下来，创业团队问题矛盾突出，差点面临团队解散的局面。

【案例2】南京F工业视觉技术开发有限公司的负责人表示招聘员工考虑的是："招聘的时候能力和性格都重要。能力是解决问题，性格是员工是否能留在企业的关键，能长期留在企业的关键。从团队建设来看是否具有合群和团队意识很重要。"

【案例3】南京H智能软件有限公司的负责人表示公司团队在几年的发展过程中最后只有一半的人留下来了，因为很多人对国内的市场情况不了解，重要的是内部的及时沟通，才能解决这一问题。

（2）主要对策建议。

合理使用人才，发挥人才之长，可以激发人才的积极性和创造性，这是对人才资源的充分利用，也是对生产资料的补充。一个积极向上的具有开拓进取心的人，处于毫无新意、四平八稳的工作环境，得不到发挥才干的机会。企业缺乏完善的激励创新机制，久而久之，员工容易产生惰性，埋没才干，消磨意志。最大的浪费莫过于对人才的浪费。当前我国企业发展处于关键阶段，专业技术人员和管理人才仍很缺乏，应该合理使用人才，对人才倍加重视和爱护，做到量才使用，人尽其才，这对于充分利用人才资源有着重大的意义。

8.3.3 创业企业的组织问题

创业企业成立初期由于资金、人力资源等的匮乏，面临着众多的组织问题，其中包括创业者的综合素质问题以及创业企业的架构问题等。其中创业者的综合素质问题主要表现为创业者大多为技术出身，缺乏管理知识及管理经验，不能很好地把握组织的全局发展；创业企业的组织问题主要表现为创业者综合素质问题和创业企业的组织问题这两大方面。

8.3.3.1　创业者综合素质问题

管理者应具备多方面的综合素质，而不是仅专精一个方面。企业管理者决定着企业的发展方向，掌握着企业发展所需资源的配置权力，是企业最重要的人力资源，是企业发展工作的指导者、目标确认者、计划制定者，在企业中扮演着重要角色，企业管理者的综合素质，决定着企业未来的战略定位。优秀的企业管理者应具有健康的身心，良好的思想品德素质，还要有创新精神，广博的知识和科学的管理方法。社会主义市场经济的竞争，实质上是人才的竞争，人才将会成为企业未来竞争的制胜点。企业管理者要能有效地预测未来的发展趋势，眼光要长远，要能为企业打造未来强有力的竞争力。企业管理者掌握着企业生存与发展核心力量，因此，可以说企业管理者的素质决定着企业的未来。

（1）主要案例。

在"南京321创业人才投资计划"的调查中，发现普遍存在企业管理者缺乏管理经验，综合素质不高的情况，企业家大都是科研或者技术出身，对市场和管理方面的知识严重缺乏，这对于企业的整体发展是一个重要的"瓶颈"。

【案例1】南京C电子科技有限公司的负责人表示创业之后自身面临着一些角色上的转变，还需："摸着石头过河，对于管理方面的知识，需要我们在实践中慢慢学。"

【案例2】江苏G生物科技有限公司目前只有企业家一人，公司目前还处于一个技术研发阶段，而且创始人自身也是技术出身，完全没有管理和财务方面的知识和考虑。

【案例3】南京I生物技术有限公司的负责人也表示自己是技术出身，管理方面对他来说也是比较薄弱的一面。

（2）主要对策建议。

从案例中可以看出，小型企业虽然没有大中型企业那样具有很强的资金实力，但它具有运行的灵活性等优势，因为小型企业没有能力雇用市场方面的专门管理人员或者顾问，工作人员也太少，其管理者就必须在财务管理、生产管理和市场管理等方面具有更广泛的知识和技能才能获得成功，中高层管理者也需要有基层管理者所需具备的基本素质来经常从事例行工作。控制小型企业比控制大型企业更为重要，其管理者在制定计划时更需要对知识和能力方面的分析和判断，对自身各方面工作的进展情况及任务目标的实现程度进行定期检查和衡量，而不是只注重生产技术方面。同时政府要加强对创业企业家和管理者的培训，使其尽快适应管理者的角色。

8.3.3.2 创业企业的组织结构问题

企业组织结构是职权、职责、任务的置留地，如若没有组织结构，职权、职责、任务等将无处着落。组织结构是指，对于工作任务如何进行分工、分组和协调合作。目前对"南京 321 人才计划"的 12 家企业调查中发现，只有少数两三家企业建立起了自己的人事、财务等部门，绝大部分企业面临着组织结构不完整的问题，这无疑对企业的长远发展产生不利的影响，随着企业的发展壮大，完善的企业组织结构必须建立起来。

（1）主要案例。

【案例 1】南京 B 信息科技有限公司的负责人表示目前公司的发展还处于初创阶段："现在财物就是很简单的费用支出，设备购买，也没发生很多的费用。"所以不需要专门的财务人员，也没有专门的财务或者人事部门。

【案例 2】南京 C 电子科技有限公司的负责人也表示："我们是高科技公司，是小公司，不需要面面俱到，不像大公司需要一些制度，现在还没到那一步。"

【案例 3】江苏 G 生物科技有限公司目前公司的员工只有企业家一人，公司完全没有组织结构，负责人也表示在后期的发展过程中需要招聘大量人事和财务方面的人才。

【案例 4】南京 J 信息技术有限公司的负责人表示自己身兼财务方面的事务，同时采用园区推荐的公用的财务服务，没有专门的财务部门和财务人员。

（2）主要对策建议。

总体来说，一方面，管理者的素质问题方面需要政府和企业进行系统改革。首先，政府要引导创业企业充分开发人力资源。在企业管理活动中，充分挖掘管理者的内在潜力，做到人尽其才、才尽其用，使人力资源得到发展。另一方面，企业的发展离不开完善的组织结构，初创企业在不断壮大的过程中，要意识到各个职能部门对企业发展的重要性，企业只有在组织结构不断完善的过程中，才能发挥各职能部门的协同作用，最终实现企业的长远发展。

8.4 科技创业人才计划的顶层设计

8.4.1 顶层设计的概念

科技创业人才计划的调查中，显现出各级政府、各地区政府以及各职能部门之间的不一致性，导致很多政府上下级之间以及职能部门之间、政府和企业之间发生了矛盾和冲突。这些都说明科技创业人才计划需要进行顶层设计。

顶层设计是指最高决策层对改革的战略目标、战略重点、优先顺序、主攻方向、工作机制、推进方式等进行整体设计。它指的是国家层面的，以及与国家层面相关的政治与经济体制、民主与法治体制、政府与市场、政府与社会、中央与地方关系的制度总体设计。就整个国家的改革而言，顶层就是最高层，就是全党全国这一层。重视"顶层设计"，就是要求加强对改革的统筹力度，就是要求我们把已经进行或将要进行的改革、创新，与社会主义市场经济、社会主义民主政治、中国特色社会主义文化建设、社会建设等基本方向、基本目标、基本价值进行更具操作性的连接，就是要求我们把改革真正提升到制度、体制、机制建设的层面。简言之，就是要求全面设计，统筹规划。

"顶层设计"其意义在于强调在科学发展时代要进行科学决策，"顶层设计"是科学决策的表现形态之一。顶层设计在社会发展和管理领域的运用，也可以理解为政府"战略管理"。改革的顶层设计就是要从政府战略管理的高度统筹改革与发展的全局，使改革与发展按照我们的预期目标迈进。

将顶层设计引入社会领域，主要是强调站在较高战略点上，统筹协调各方面因素，整体性、系统性地解决社会问题，强调解决问题的规划性、科学性、关联性、系统性。认识顶层设计，需要把握以下三方面：其一，顶层设计不是主观意志的无限度膨胀。任何改革的顶层设计的前提，是尊重社会发展内在秩序和规律，它必须立足于所处历史发展阶段和现实状况，审慎发散人的意志和智慧，而不能天马行空，为所欲为，以主观意志行事，以拍脑袋决策。其二，顶层设计不是自上而下的"顶层"输入。顶层设计强调的是整体性的考虑和安排，强调事物之间的关联性、平衡性和统筹性，不能顾此失彼。顶层设计须有战略制高点，但绝非只是"顶层"的输入。把"顶层设计"理解为自上而下的指令式安排是错误的。其三，顶层设计不是宏大叙事式的"重新安排河山"。改革的顶层设计，本质上是一种创新，但真正有效的创新的形成，是一个复杂的主客观多维博弈过程，也是一种尊重现实的过程。不顾一切的、脱离实际的"重建"或追求"尽善尽美"社会蓝图的宏大叙事，伤筋动骨，劳民伤财，都是与顶层设计的初衷和宗旨背道而驰的。顶层设计是全面的设计，顶层设计是有重点的设计，顶层设计是重视基层的设计。

8.4.2　科技创业人才的顶层设计

顶层设计要处理好自上而下与自下而上的关系。科技创业人才顶层设计一是要处理好上与下之间的对接问题。要记住上层离不开下层，顶层离不开底层和基层。注意从底层和基层吸取智慧的顶层设计，才是合理的、科学的、有效的设计，才不会是空中楼阁，不流于纸上谈兵，才能把科技人才的巨大力量引导到创业经济发展中去。顶层设计要自上而下，但必须要有自下而上的动力，要通过社会各个利益群体的互动，让地方、社会各个所谓的利益相关方都参与进来，激发来自基层的动力——来自每一个城市、每一家企业，每一个员工的动力。二是"顶层设计，基层做起"。不排斥从基层出发，提出好的思路。顶层需要把构建科技创业人才的整个计划考虑清楚，基层政府开始施行，就如建房子，是需要从地基开始的。

一方面系统各方面都重要，都有联系，另一方面能够决定系统的是中枢、是高层。顶层设计、中枢设计没有搞好，地方很可能就是小打小闹，不能解决根本问题。"顶层设计，基层做起"需要做到：一是增强改革的决心和勇气。加强改革顶层设计，改革的客观判断与行动魄力最为重要，要尽快出台新时期改革总体规划和重点领域、关键环节的改革专项规划。二是改革需要高端引导和规划。把科技创业人才改革成果更多地转移到企业家手中，都需要从顶层入手，引导和规划好改革，从过去被动式改革转向主动式改革，否则，改革中面临的很多问题将难以解决。三是注重高层次的改革协调，政府需要重构改革的协调机制。加强改革顶层设计，需要专门的设计机构，这有利于从全局把握改革的进程：强化改革的决策机制，对每一项重要的改革做好总体部署，使改革决策机制更加统一有力；坚持统筹兼顾、综合配套，对各方面的改革实施具体、统一协调；综合把握改革的总体情况，改善改革的推进方式，把自上而下的改革与地方性改革试验有机结合起来。四是明确改革的战略目标和阶段性目标、主攻方向、优先顺序。

顶层设计要处理好政府和企业的关系。所谓政企关系，是指以企业作为行为主体，利用各种信息传播途径和手段与政府进行双向的信息交流，以取得政府的信任、支持和合作，从而为企业创造良好的外部政治环境，促进企业的生存和发展。具体来说，在顶层设计过程中需要具体考虑以下几点：

第一，调整政府机构，转变政府职能。对于构建科技人才来说，政府不是看是否能够在其中参与多大力量，而是应该明确自身的定位，充分发挥政府机构的职能，为市场、为企业服务，不断提高自身的管理水平和宏观控制能力。因此，要做好以下几点：首先，对政府机构的调整，必须先从政府的管理机构调整开始，提高管理素质，改革现有管理体制，打破原有的指令性管理模式，真正认识到政府的作用，为社会提供权威性的支持，这就必须加强行政立法，通过这些手段来实现改革的目的。其次，对政府的职能进行重新定位，从原来的命令式管理转变为间接调控，从原来的直接参与市场的经济活动转变为经济活动的管理者、监督者，逐渐从经济活动中跳出来，承担更多的社会责任，为社会提供公共服务，保障整个宏观环境的良好与和谐。同时要扮演好监督者的角色，对于构建科技人才活动中的违规者给予必要的惩戒。最后，要全面提高现有公务人员的素质，同企业相类似，高素质的人才同样可以提高政府的工作效率和水平，这也是必不可少的。

第二，加强加快相关立法，规范政府和企业的行为。法律法规是一个社会发展的必要保障，对于企业的经营活动也是如此。拥有健全的法律保障，企业才能在市场中有法可依，同时也会受到法律的约束，才能保证正常的社会经济秩序。总体来看，我国对于科技创业的相关法律法规还不是特别完善，仍存在一些弊端，这就要政府不断地根据当前的形势对法律法规进行必要的修订，以使其适应经济的发展，同时建立健全现代企业制度。在推动企业改革的过程中，要严格执法，加强对不合理现象的管束。给科技创业企业创造一个良好的竞争环境。政府的干预要合理合法，干预的力度应该适当，严格做好政府应该做的，但不过度参与科技创业企业的经营活动。

第三，建立现代科技创业企业领导制度。没有科学的领导制度就无法实现科学的管理，它既包含管理操作的科学性，又包含领导体制的科学性，因此，应该为现代科技创业企业制定相关的法律法规。这些法律法规不仅要适合我国当下社会主义市场经济的发展，同时还要让科技创业企业能够有科学合理的领导制度，建立现代科技创业企业领导制度的另一个重要方面就是要加强领导责任制，对领导自身行为加以控制，增强责任感和使命感，勇于探索，不断创新，切实做好改革和发展的各项工作，妥善解决职工生产生活中的实际困难，充分履行领导应尽的职责。

第四，建立新型政企关系。要建立新型政企关系，关键是给企业以平等的主体地位，确立企业监督政府的法理上的基础。政府与企业是建立在法律基础上的对等关系。企业是经济活动的主体，政府是社会活动的主体，两者之间是对等的，并不存在领导与被领导的关系。政府可以依法利用经济手段对宏观经济进行调控，也可以对微观上的企业行为进行处罚，除此之外，政府不应有其他的对企业经营活动进行过多干涉的权力。对于政府的越权行为，企业应当有权力也有途径进行申诉。由于政府和企业是建立在法律基础上的对等关系，所以企业对政府拥有完整的法律诉讼权利。同时，由于企业是市场经济的主体，在市场活动中，科技创业企业也可以通过自身的行为来影响政府政策的制定，或者通过科技创业企业间成立的行业协会，来制约政府的行为。政府在市场中并不是万能的，有时也会失灵，这就需要科技创业企业来制约政府的失灵行为，对于政府制定的不利于市场发展的政策，不能盲目遵从，而是要根据市场的实际情况，以市场为前提出发，科技创业企业可以采取各种措施，或者通过自身的经营来影响市场，或者通过创业科技企业间组织来同政府协商，就市场问题达成共识，以此来纠正政府的行为。在新时期的政企关系中，这些都是科技创业企业对政府制约的重要方面。

8.5 总结

科技创业人才调查结果表明，政府在科技创业人才工作中取得了一系列的成就，主要体现在以人才引进带动战略转型、以人才开发带动产业升级、以创业激情带动人才集聚、以中小企业创业带动创新，与此同时，科技创业人才调查的结果也暴露了一系列问题，主要表现在主体多元性的竞争、职能多元性的矛盾以及创业企业的组织问题这三大方面，而这些问题又都不仅是单向存在的，要想解决这些问题，需要进行综合系统的改革，需要达到各主体、各职能之间的匹配，促进创业企业快速成熟壮大，促进创业经济的发展。

科技创业人才的调查结果显示出的种种问题和矛盾说明科技创业人才计划需要进行顶层设计，全面设计，统筹规划。科技创业人才的顶层设计要处理好自上而下与自下而上的关系，也要处理好政府和企业的关系，调整政府机构，转变政府职能；加强加快相关立法，规范政府和企业的行为；建立现代科技创业企业领导制度；建立新型政企关系。

第五篇

创新驱动发展研究

9 江苏省科技人才"十三五"适应创新驱动发展研究

9.1 江苏省"十二五"科技人才发展现状

9.1.1 江苏省"十二五"科技人才发展现状一：主要进展与成效

"十二五"期间，江苏省科技人才发展工作围绕加快转变经济发展方式的主线，深入实施创新驱动战略，通过构建各类人才服务平台和人才发展工程，制定配套人才政策，实现了江苏省人才规模、质量、结构、层次、区域人才竞争力的不断提升，为江苏"两个率先"的实现提供了有力的人才保证。

9.1.1.1 科技人才总量稳步增长，人才质量优化，人才结构改善，人才层次提升

"十二五"期间，江苏省科技人才总量逐年稳步增长，高素质人才占比逐年提升，引进大量创新创业人才与团队。据统计，2010～2013 年，江苏省科技活动人数由 73.69 万人增长至 109.46 万人，年均增长 14.1%。大学本科以上学历人才由 25.54 万人增长至 49.09 万人，年均增长 24.3%。江苏省大中型工业企业科技人才总量从 40.51 万人增加到 58.21 万人，年均增长率达到 10.91%，其中具有中高级职称及本科以上学历的科技人才比例由 24.80% 逐年提高到 38.49%。

截至 2014 年底，江苏省引进创新创业人才 2737 人，创新团队 187 个，博士集聚计划 1477 个，国家千人计划 437 人，其中创业类人才 226 人，占全国总量的 29.7%，排名全国第一。通过实施《科技部创新人才推进计划》，江苏省 2012～2014 年共引进和培育 51 名中青年科技创新领军人才，59 名创新创业人才，13 个重点领域创新团队，8 个创新人才培养示范基地，均排名全国第一。

9.1.1.2　各类人才服务平台、人才工程与人才政策初见成效

"十二五"期间，江苏省构建了多个人才发展平台和人才工程。全省相继出台 93 个专项引才计划，资助引进高层次人才 1.5 万多人。截至 2014 年，江苏省大中型工业企业研发机构建有率超过 88%。各类人才中心包括 33 个国家级科技合作基地、3 个省级产业技术创新中心、165 家省级科技园、14 个国家级高新区、515 家各类科技孵化器、40 家省级产学研产业创新基地、10000 多家各类"校企联盟"、1000 多家企业级各类工作站、200 多家的企业研究院、产业技术研究院、国家级和省级重点实验室。

江苏省在"十二五"期间出台了大量配套人才政策，包括设立"江苏创新创业人才奖"、"江苏杰出人才奖"和"江苏服务业专业人才特别贡献奖"；建立江苏省人才国际化培训基地、设立产业教授计划、实施江苏省新兴产业创业投资引导基金管理办法等，逐渐形成了具有江苏特色的人才制度环境。

此外，省人才办与省哲学社会科学联合会共同组织开展的江苏省社科应用（人才发展）课题研究工作，也取得丰硕成果，为科技人才开发管理提供前沿思想和决策建议。

9.1.1.3　江苏省"十二五"科技人才发展的效果与贡献

根据 2014 年江苏省国民经济和社会发展统计公报，江苏省区域创新能力连续 6 年保持全国第一，科技进步贡献率达 59.0%；人才竞争力上升到全国第二位，形成了较强的区域人才吸引力，如第 11 批千人计划创业人才全国共 67 名，江苏省入选 22 人，居全国第一；创业类全国累计入选 747 名，其中江苏省有 225 名，占比 30.1%，位居全国第一。全社会的人才贡献率从 2009 年的 26.2% 提升到 2014 年的 34.8%。每万人发明专利拥有量从 2009 年的 2.2 件提高到 2014 年的 10.24 件，发明专利申请量和授权量、年度国家科学技术奖获奖数保持全国前列。全年共签订各类技术合同 2.5 万项，技术合同成交额达 655.3 亿元，比 2013 年增长 11.9%。江苏省企业共申请专利 26.1 万件。

9.1.2　江苏省"十二五"科技人才发展的现状二：主要特征

9.1.2.1　科技人才队伍规模大

2013 年江苏省人才资源总量为 950.9 万人，其中专业技术人才 533.72 万人，企业经营管理人才（不含部属企业）180.93 万人，高技能人才 232.36 万人。江苏省职业教育质量不断提升，2013 年参加职业技能鉴定的有 155.01 万人，获得国家职业资格证书的有 119.28 万人，其中企业职工 38.38 万人。2013 年江苏省人力资本投资额达 8387.22 亿元，占 GDP 的 14.2%，人才贡献率达 34.8%。

根据《中国高技术产业统计年鉴（2014）》数据，截至 2013 年，江苏省高

技术产业企业数量为 4865 个，其中，有 R&D 活动的企业数为 2068 个。企业 R&D 人员有 127989 人，其中全时人员 89450 人，研究人员 30300 人，R&D 人员折合全时当量 100729 人年（见表 9-1）。江苏省国内专利申请受理数 504500 项，国内专利申请授权数 239645 项，技术市场成交额 5275019.66 万元，规模以上工业企业 R&D 经费 12395745.40 万元，R&D 项目数 48530 项。

表 9-1　江苏省高技术产业 R&D 活动人员情况

	有 R&D 活动的企业数（个）	R&D 人员（人）	全时人员	研究人员	R&D 人员折合全时当量（人年）
医药制造业	327	18490	14063	4972	15377
航空、航天器及设备制造业	15	3016	2378	1685	2562
电子及通信设备制造业	1042	70166	45616	14318	54251
计算机及办公设备制造业	121	11044	8504	1828	8625
医疗仪器设备及仪器仪表制造业	563	25273	18889	7497	19914

注：据《中国高技术产业统计年鉴（2014）》数据整理

9.1.2.2　高科技人才在产业创新驱动中发挥着显著作用

科技人才推进江苏省高新技术产业较快发展。2014 年全省组织实施省级重大科技成果转化专项资金项目 151 项，省资助资金投入 11.8 亿元，新增总投入 105.0 亿元。江苏省按国家新标准认定高新技术企业累计达 7703 家。2014 年认定省级高新技术产品 10277 项，国家重点新产品 151 项。已建国家级高新技术特色产业基地 133 个。2014 年全年授权专利 20 万件，其中发明专利 2.0 万件。全年共签订各类技术合同 2.5 万项，技术合同成交额达 655.3 亿元，比上年增长 11.9%。江苏省企业共申请专利 26.1 万件。

9.1.2.3　苏南地区人才集聚效应明显

南京、苏州、无锡三城市在科技人才规模和科技创新平台建设方面遥遥领先，科技人才呈现出显著的集聚效应。从 2013 年江苏各城市一般科技人才规模指数来看，苏州一般科技人才规模指数为 0.96，排在各市之首，南京和无锡处于同一水平，分别为 0.82 与 0.80。从江苏各城市高层次创新创业人才指标来看，南京以 0.9 居于首位，苏州、无锡跟随在后。在城市科技人才平台指标方面，苏州、南京超过 0.6，居于第一层次，无锡、常州、南通为第二层次。从城市科技人才创新贡献指标来看，苏州、南京、无锡三市的科技人才贡献率指标分别为 0.886、0.84、0.725，位于江苏省前三。

9.1.2.4　政产学研合作活跃

政府在江苏人才工作中的引领作用显著。2010 年以来，江苏省财政每年拿出 4 亿元（2007～2009 年为每年 2 亿元）专项资金，组织实施"江苏省高层次创新创业人才引进计划"，每年面向海内外引进 200 名左右高层次创新创业人才或团队，一次性给予每人 100 万元的资金支持。2011～2014 年分别资助 403 名、500 名、505 名、413 名创新创业人才。

2014 年全年新建 58 个国家级博士后工作站（至 2014 年，江苏省国家博士后科研流动站达到 303 个）、70 个省级博士后创新实践基地和 4 个省级留学人员创业园，开展博士后科研成果转化基地试点，新建 1 家省部共建留学人员创业园。新增 3 个国家级高技能人才培训基地、6 个省级专项公共实训基地、15 个国家和省技能大师工作室。

9.2 江苏省"十二五"期间科技人才发展存在的问题

9.2.1 人才工作中企业主体地位缺失

江苏省的各类人才政策和人才工程，大多由政府主导。而人才的实际使用者——企业的主体地位有所欠缺。第一，企业在确定人才标准上缺乏主体地位。当前的人才标准是根据国家、省的发展战略确定的。比如，在"千人计划"的海外取得博士学位的入选标准以及江苏省创新创业人才的硕士与博士学位入选标准，与企业多样化的实际需求以及对人才的界定，就存在较大的差距。第二，由于人才的确定和评选由政府主导，导致企业对人才的使用和评价缺位，出现了一些假人才项目、空运转公司的情况。

9.2.2 科技人才存在结构性失衡现象

战略性新兴产业发展和地区产业结构升级等带来人力资源结构变化，江苏省科技人才结构性失衡表现明显。科技人才结构性失衡表现在以下几个方面：引领产业创新战略型、领军型人才紧缺；复合型人才少；专业人才储备跟不上战略新兴产业发展要求；主导产业科技人才存量不足，核心科技人才流失严重。根据无锡、苏州等地 2014 年、2015 年度战略性新兴产业紧缺专业人才需求目录，上述几类人才都存在较大缺口。此外，各产业中高技能人才严重缺乏。根据省内工业企业人才工作的抽样调查，技工与技师人才缺口很大，且高级技师极度缺乏，样本企业中拥有高级技师的企业仅占 0.42%。

9.2.3 科技人才区域差异显著

江苏省科技人才的地区间差距大，高层次人才差距尤其显著。根据江苏省区域人才竞争力报告，从科技人才规模、科技人才发展平台和科技人才贡献率等几个指标来看，排在前列的南京、苏州往往是居于末位的宿迁、淮安的数倍甚至10倍之多，如高层次创新创业人才规模，该指标得分最高的南京是处于末位的连云港的10倍之多。同时，淮安、宿迁、泰州、盐城等城市，该指标也不到南京的20%。省内的科技人才区域性失衡与地区经济发展基础、产业环境与事业发展平台等因素密切相关。

9.2.4 科技人才重引进，轻培养

从江苏省现有的"双创工程"、"333工程"等来看，高薪或高额配套资金是吸引人才的一般性手段。比如，江苏省创新创业计划给予的支持政策包括资金支持、项目推荐、配套服务三块，其中，资金支持规定入选人才将获得"三年内省级财政给予50万元或100万元的创新创业资金资助，其中用于个人补助的不得低于30%，并不得抵扣工资待遇"。而配套服务措施都是针对人才的生活方面，并不包含人才的培养和长期发展。从高层次人才的发展特点来看，重视培养能从长期持续保证关键人才供给，同时能增强现有人才的归属感，提高工作效能。虽然江苏省政策鼓励企业和社会组织建立人才发展基金，建立多元化人才投入体系，但操作细则相对缺乏，在一定程度上限制了人才培养。

9.2.5 缺乏对科技人才的有效激励，人才评价体系不完善

江苏省科技人才评价存在的问题表现在三个方面：第一，评价主体错位。目前的人才工程和人才项目几乎都由政府主导，市场和企业没有参与评价标准的制定和实际的评价过程。如"双创工程"的评估由省人才办会同省主管部门组织实施，企业不参与评估。第二，评价标准单一。在评价中主要强调学历、职称、资历，评价标准缺乏灵活性，不能充分反映企业多样化的用人要求。同样以"双创工程"为例，无论是创新创业人才还是创新创业团队，其评价标准主要包括当选者个人或团队承担项目、专利授权、创新以及获奖等方面，对技术创新与科学研究的自身规律、团队发展、人才素质提升等要素考虑不足，也没有覆盖企业关注的经济目标、发展目标、社会责任目标等关键绩效指标。第三，缺乏追踪评估与监督反馈。从各类人才工程的实际运作中可见，通常入选过程把关严格，入选意味着个人或团队将获得高额资金支持和社会声誉，后续绩效评估和监督明显不足。

9.2.6 人才流动缺乏弹性

人才跨部门流动率和异地流动率偏低，江苏省60%以上的科技人才仍聚集在教育和科研院所等单位，真正在企业一线的科技人才仍然较少，引进的人才远远不能满足企业需求。高校科研院所的科研人员能否弹性进入企业，将其科研成果市场化，取决于灵活的人才流动政策。南京市的"科技九条"允许和鼓励高校、科研院所和国有企事业单位科技人员及学生离岗或休学创业，并从身份、评价、待遇等方面做了规定。"科技九条"为科技人员的流动提供了新的思路，打破高校、科研院所和企事业单位的科技人员的身份、评价和待遇障碍，促进他们的有效流动，进而深入开发现有人力资源。而省内各类人才工程和各市县的人才政策则缺乏人才流动方面的考虑，导致人才工作更侧重吸引，对现有人力资源的开发不足。

9.2.7 科技人才政策性投入不平衡，出现"四多、四少"现象

纵观江苏省现有的人才政策，投入不平衡现象明显：①关注科学家多，关注企业家少。大多数人才政策和工程是针对科学家的，比"如千人计划"、"双创计划"等，只有少数人才工程是针对企业家的，比如"科技企业家培育工程"。但即便这样专门针对企业家的人才工程，其培育对象或者说评选标准除了在企业担任职务的标准外，仍然是与"千人计划"等高层次人才计划对接的。②关注创新多，关注创业少。除了"南京市科技九条"明确鼓励创业之外，创业的激励政策与创新的支持政策相比总体是不足的。③关注人才集聚多，关注人才流动少。④关注高层次人才多，关注大众层次人才少。无论是战略性新兴产业还是传统产业，都表现出技能性、基础性人才不足的情况，意味着大众层次人才的储备和整体人力资本的提升是制约创新创业、产业转型升级的重要问题。

9.2.8 生产服务政策不完善

江苏省目前各类人才政策和工程中，资金支持与奖励是主要手段，多元化的投入体系还有待形成，缺乏有效的市场机制提供创业所需的法律服务、人力资源服务和财务服务。比如，创业企业希望实现登记注册一纸三证效率的提升，并没有得到充分的重视和具体的落实。"南京创新人才321计划"为企业提供初始资金、创业场所、工商注册、创投资金和融资担保等扶植活动。但与之相配套的《领军型科技创业人才引进计划政策兑现服务细则》等政策中涉及工商注册的并没有具体的措施保障。

9.2.9　科技人才信息与服务平台建设跟不上市场发展，平台缺乏时效性

江苏省目前已建设各种科技人才信息与服务平台，如组织部、人社厅、科技厅等部门的人才信息，但目前还比较缺乏门户性的科技人才信息与服务平台来及时反映科技人才的变化和需求。除此之外，江苏省的人才配套服务信息平台建设也不完善，虽然江苏省推进人才国际化进程，出台海外高层次人才"居住证"制度以及公共服务政策，但服务平台不够集中。高端人才中介服务还相对薄弱，用人单位获得急需人才的途径有限。

9.3　江苏省"十三五"科技人才发展对策与建议

9.3.1　强化政府的推动功能，发挥市场的调节作用

第一，转换政府直接管理的方式，强化政府部门的创新活动推动功能。政府职能亟须转换，从直接的行政指令，转变为间接的经济引导和法律规范，主要包括人才政策工具、科技创新系统建构与人才与创新环境改善三部分。根据江苏省人才与创新管理困境，相关政府部门的首要目标应为推动科技管理体制改革，如科技管理机构职能转变、科技相关法律法规建设、金融与财税改革，以塑造科技发展和科技人才开发的良好环境。

第二，完善科技人才市场配置体系。建立和完善以企业主为体的公平竞争及人才自主流动的市场配置体系。具体包括建立和完善省、市各级人才市场功能，充分发挥市场配置人力资源的基础作用，促进人才合理有序流动。积极培育科技人才服务机构，推动中介机构、猎头公司的发展，鼓励支持社会人才服务机构参与人才引进、配置、服务并提供公共服务。

9.3.2　加快科技人才体制和机制改革

第一，强化企业在创新中的主体地位。通过新的管理机制的引入、企业制度的完善、人才及创新政策的调整，激励推动企业进行科技人才开发与创新开发，使企业成为技术创新的主体。具体途径包括：①发挥市场机制的调节作用，建立政策管理机制，以政策引导企业技术创新，减少政府对企业技术创新行为的直接干预；②使用税收减免等政策工具，鼓励企业自主创新和自主人才培养；③鼓励企业创建研究开发机制，重视面向企业的研究开发能力建设和活动。

第二，发挥高校、科研院所的创新源头和成果转化作用，形成协同创新系统。拥有大量人才和成果储备的高校、科研院所，其科研人才的潜力还远远没有发挥出来，应加强高校、科研院所与企业的联系，探索高校、科研院所科技人才的新的组织形态和管理规范，形成协同创新系统。如建立产业研究院，使用研发人才身份的双轨制、采用科研项目制度、推行创新者参与创新利润分成、持股等，形成有益于科技人员创新创业的政策环境。

第三，健全激励机制，加强知识产权保护。知识产权制度是推动和保障科技创新的基础法律制度。目前已有的《专利法》、《知识产权保护工作的决定》等法律规定，尚不够系统（缺少技术创新法等关键法规），而且过于原则化，操作性不强，不便于实施和检查监督，许多科技立法只是行政法规，知识产权保护执行不力。为此，需要强力推行相关法律制度建设，落实知识产权保护。

第四，改进人才行政隶属关系，促进社会人才的弹性流动。促进人才潜能释放的制度还不健全，还需要进一步完善。首先改进人才的行政隶属关系，促进江苏存量人才特别是科研院所人才、引进创新创业人才、其他社会人才的弹性流动，特别设计对应的人才需求平台和机制，面向产业发展前沿。其次是人才培养方面，提升企业作为人才投资的主体地位，使得科技人才在创新产业中得到培养和发展。

第五，发挥苏南国家自主创新示范区的带头作用。苏南地区在企业自主创新、人才管理与开发体制及科技人才平台与环境建设等方面走在江苏省的前列，江苏人才体制与机制改革，宜选择以苏南地区作为体制突破口，以充分发挥苏南国家自主创新示范区的带头作用，在科技人才政策上先行先试，加快推进创新型省份建设，形成江苏省重要的"人才特区"及人才管理改革品牌。

9.3.3 完善现有人才政策

第一，完善人才开发政策。各级政府要根据引进与使用并重的原则，完善科技人才的开发政策，不仅包括人才引进，还需重视人才的培训与开发及人才配置、人才流动、人才服务、人才提升、人才激励、人才评价等环节的相关政策与制度，充分引进与开发人才。

第二，加大人才培养引进力度，突出创新人才的支撑作用。大力引进科技领军人才、培养高技能人才，通过产业园区和产业研究院等途径吸纳集聚核心科技人才与创新创业团队，形成科技与产业互动的科技体系。完善激励机制，在提高科技人才的固定保障与收益的同时，对科技人才实施创新成就激励、股权期权政策等，营造有利于发掘人才、人尽其才、才尽其用的环境，激发全社会创新创造的活力。

第三，推进复合型人才引进与培养政策。在原有引才政策基础上，结合江苏省主导产业的发展方向，加大复合人才培养力度，具体措施包括赴公司工作、组建不同专业领域专家团队合作、留学深造等方式，培养所需科技人才；引进具有多重教育背景、多行业背景、多职能背景的人才，尤其是复合型领军人才；制定支持复合型人才培养的政策与制度，引导企业投入资源重点培养满足企业转型升级需求的复合型人才。

第四，建构基础技术研发人员的职业导向政策体系。虽然高层次创新型人才是创新活动创造力形成的关键和核心，但大量的基础技术人员队伍是建设创新型社会的基础。因此，创新人才管理需要从更基础的工作做起，促进地区价值取向朝着技术与创新的方向转变。具体措施包括针对技术职业的社会保障福利系统、收入调节、广泛持续培训方案等，形成全面的技术导向的政策体系。

9.3.4　加强科技人才平台建设

首先，利用主导产业较为完善的管理机制，建立"政府—企业—人才"三级一体的科技人才沟通平台与沟通机制，建立科技人才定期跟踪随访机制，及时了解各行业科技人才的工作状况、发展需求以及政策执行情况。其次，建构科技人才生产服务平台，形成对创新创业的配套服务。科技人才的生产服务平台为创新创业人才的工作提供及时快捷的人才信息、人才培养、人才配置和评估、管理咨询等配套性人才服务。最后，在科技金融的服务上，可以建立一定规模的风投市场，包括公共参与的金融平台。信息与咨询服务方面，特别需要强调人力资源管理方面的咨询服务，甚至是管理服务输出机构。

9.3.5　江苏省"十三五"科技人才发展建议

第一，建立江苏创新创业人才管理品牌。

将江苏创新创业人才计划作为一个人才管理项目——江苏创新创业人才管理品牌工程，通过整合优化多种层次创新创业人才计划及其行政与社会资源，实现创新创业和创造多种人才的联动，形成具有江苏区域优势的人才制度与环境品牌，打造江苏作为创新创业人才集聚、创新创业与创造活动集聚、创新创业成果与产业集聚的区域中心，并成为江苏产业调整升级、实现创新驱动的有力政策抓手。

该工程包括创新创业人才雇主品牌工程和区域创新人才管理品牌工程等。主要任务是：明确政府的政策对象，实现人才开发与管理的部门政策协同；建立江苏创新创业人才雇主品牌并实施品牌管理；整合、指导和强化企业人才雇主品牌的管理和建设，并作为江苏创新创业人才雇主品牌的组成部分；不断丰富江苏创新创业人才雇主品牌的内涵和价值，并实现品牌的延伸和区域扩张。

第二，制定共性技术创新人才开发计划。

产业升级不仅依赖于关键技术，更依赖于共性技术和关键共性技术。共性技术有赖于科技人才在特定领域的长期工作，因此，以政府为主要投资和管理主体的共性技术型科技创新人才就有必要作为特别的人才类别进行组织开发管理。

第三，加快培育和引导高端专业化人才市场。

高端人才是人才队伍中的中坚力量，在人才的培养上起着重要作用。高端人才的市场化配置是人才作用发挥的主要前提。首先，通过人才政策的调整释放高端人才，保证人才的市场化供给。其次，培育高端人才市场的中介机构，提供专业的人才评价、调查、协助沟通的顾问咨询服务。最后，政府相关职能部门应积极促进人才资源市场的发展，扫除双方进入市场的体制障碍和政策壁垒，提供充足的公共产品和管理服务。

第四，以市场为导向，大力推进创新创业人才项目建设。

江苏省不仅要重视创新人才项目，更要重视创业人才项目，探索出台大众创业人才计划，形成社会创业氛围。尝试通过市场化的甄选、竞争、评价和考核机制手段，将原有的创新创业人才项目委托给第三方机构进行运作管理，鼓励项目在内容和形式上进行延伸，政府则从宏观上进行发展方向规划和引导，并评价和管理第三方机构的业绩，发展培育功能齐全的科技人才与项目的中介市场，放大创新升级的驱动力。

第五，解决学术创业身份转化问题，鼓励以知识产权参与分配。

鼓励江苏省丰富的科教人才资源，通过"创业试水"向学术创业者身份转化，突破科技成果转化率低的难题。实践中，可以通过"一所两制"等形式解决学术创业身份过渡和转化问题；通过"项目经理"等制度培育人才中介市场，搭建创新创业人才纵向市场的桥梁；通过"合同科研"等形式构建面向市场需求和引导市场需求的研发机制；通过"股权激励"等模式与政策鼓励科教人才通过多种方式将职务成果和贡献以知识产权形式参与利益分配，在创业活动中先行先试高科技企业的双重股权结构模式，保证科教人才创业的主导性和延续性。

参考文献

［1］舒尔茨．论人力资本投资［M］．吴珠华等译．北京：北京经济学院出版社，1990.

［2］李岩．政府失灵及其矫正机制的经济学分析［D］．济南大学硕士学位论文，2013.

［3］刘家明，人力资本市场政府治理战略浅议［J］．改革与战略，2013（6）.

［4］鲁涛，鲁邦祥．江苏省科技人力资源政策绩效评价研究报告［R］．2012.

［5］樊纲，王小鲁，马光荣．中国市场化进程对经济增长的贡献［J］．经济研究，2011（9）.

［6］吕健．市场化与中国金融业全要素生产率——基于省域数据的空间计量分析［J］．中国软科学，2013（2）.

［7］郝颖，刘星．市场化进程与上市公司 R&D 投资：基于产权特征视角［J］．科研管理，2010（4）.

［8］韩树杰．我国政府人力资本投资的现实困境与战略抉择［J］．中国人力资源开发，2013（1）.

［9］王傅，汤中军，韩克嘉等．政校行企协同创新的各主体功能剖析［J］．湖北函授大学学报，2014（13）.

［10］张珺珺．岗位管理中的人岗匹配研究［D］．河海大学硕士学位论文，2006.

［11］陆奇．合理使用人才的原则［J］．法制与社会，2008（12）.

［12］张澄．企业管理者综合素质体系的构建［J］．中国外资，2011（24）.

［13］田峰．我国政府与企业的关系研究［D］．天津大学硕士学位论文，2011.

［14］罗重谱．顶层设计的宏观情境及其若干可能性［J］．改革，2011（9）．

［15］Edmondson A. Psychological Safety and Learning Behavior in Work Teams［J］. Administrative Science Quartcrly，1999（44）.

［16］West M. A. Sparkling Fountains or Stagnant Ponds：An Integrative Model of Creativity and Innovation Implementation in Work Groups［J］. Applied Psychology：An International Review，2002（3）.

［17］Lipman Blumen，J.，Leavitt H. J. Hot Groups：Seeding Them，Feeding Them，and Using Them to Ignite Your Organization［M］. NY：Oxford University Press，1999.

［18］West M. A.，Anderson N. R. Innovation in Top Management Teams［J］. Journal of Applied Psychology，1996（6）.

［19］Ai - Beraidi，A.，Rickards T. Creative Team Climate in an International Accounting Office：An Exploratory Study in SaudiArabia［J］. Managerial Auditing Journal，2003（18）.

［20］杨丽．企业科技人才技术创新激励研究［M］．北京：中国经济出版社，2009.

［21］方来坛，时勘，张风华．员工敬业度的研究评述［J］．管理评论，2010（22）.

［22］时勘，任孝鹏，王斌．中国科学院创新文化评价研究［J］．科学学研究，2004，22（6）.

［23］李玉霞．高新技术企业人才激励机制研究［J］．管理科学研究，2007（3）.

［24］Alistair D. N. Edwards Christopher Newell. Creative Speech Technology：Editorial Introduction to This Special Issue［J］. Journal of Pediatric，2013（3）.

［25］Tansle Y. C. What Do We by The Term of Talent，in Talent Management［J］. Industrial and Commercial Training，2011（5）.

［26］杨茂森．创新型人才的六大特征［J］．中国人才，2006（13）.

［27］王亚斌，罗瑾琏，李香梅．创新型人才特质与评价维度研究［J］．科技管理研究，2009（11）.

［28］张亚勤，张维迎．创新赢天下：九大商界领袖谈创新［M］．北京：北京大学出版社，2010.

［29］沈世德，薛卫平，丁健．创新与创造力开发［M］．南京：东南大学出版社，2002.

［30］祝敬华．工作特性对创新行为之影响——以家长式领导为调节变数［D］．台北：元智大学领导研究所，2009．

［31］陈浩．工作要求与创新工作行为关系的研究［J］．技术经济与管理研究，2011（1）．

［32］罗文标，林永善，曾艳．知识型员工人格特征、工作特性、知识管理意识与工作绩效关系研究［J］．商场现代化，2008（11）．

［33］Basaduer M．, Hausdorf P. A. Measuring Divergent Thinking Attitudes Related to Creative Problem Solving and Innovation Man Work Management［J］. Creativity Research Journal, 1996, 9（1）.

［34］JME Pennings, A. Smidts. Assessing the Construct Validity of Risk Attitude［J］. Management Science, 2000, 46（10）.

［35］刘春学．创新意识及其社会培育［D］．东北师范大学硕士学位论文，2002．

［36］Einsteine P. Determinants of Individual Creativity and Innovative Behavior in Organizations［D］. National Cheng Kung University, 2006.

［37］王柏年．高科技产业革新性人力资源管理制度与组织创新之关系研究［D］．国立中山大学硕士学位论文，1999．

［38］曾湘泉，周禹．创新视角下的人力资源管理研究述评：个体、组织、区域三个层面的研究［J］．首都经济贸易大学学报，2006（6）．

［39］孙福全等．产业共性技术研发组织与基地建设研究［M］．北京：中国农业科学技术出版社，2008．

［40］吴伟强，万劲波，陈玉瑞．共性技术 R&D 战略［M］．杭州：浙江人民出版社，2005．

［41］李纪珍．产业共性技术供给体系研究［M］．北京：中国金融出版社，2004．

［42］李纪珍．产业共性技术：概念、分类与制度供给［J］．中国科技论坛，2006（3）．

［43］马名杰．我国共性技术政策的现状及改革方向［J］．中国经贸导刊，2005（22）．

［44］马名杰．政府支持共性技术研究的一般规律与组织［J］．中国制造业信息化，2005，34（7）．

［45］Tassey G. Technology Infrastructure and Competitive Position［M］. Norwell, MA：Kluwer Academic Publishers, 1992.

［46］Tassey G. The Economics of R&D Policy［M］. Washington, DC：Baker

& Taylor Books, 1997.

［47］Tassey G. Standardization in Technology-based Markets ［J］. Research Policy, 2000, 29 (4/5).

［48］Tassey G. Underinvestment in Public Good Technologies ［J］. Journal of Technology Transfer, 2005, 30 (1/2).

［49］Tassey G. Modeling and Measuring the Economic Roles of Technology Infra-structure ［J］. Economics of Innovation and New Technology, 2008, 17 (7).

［50］Nelson R. High Technology Policies: A Five-Nation Comparison ［M］. A-merican Enterprise Institute, Washington, DC. 1984.

［51］邹樵. 高新区共性技术扩散类型的经济分析 ［J］. 科技管理研究, 2008 (8).

［52］祝侣, 刘小玲. 国外产业共性技术研究机构的组织模式探析第七届中国科技政策与管理学术年会论文集 ［C］. 2011.

［53］张梅莹. 共性技术及日韩发展模式对我国的启示 ［J］. 企业导报, 2013 (22).

［54］张晓艳. 产业共性技术创新体系理论综述 ［J］. 长春工业大学学报 (社会科学版), 2011 (6).

［55］陈静, 唐五湘. 共性技术的特性和失灵现象分析 ［J］. 科学学与科学技术管理, 2007 (1).

［56］韩元建, 陈强. 对共性技术概念的再认识 ［J］. 中国科技论坛, 2014 (7).

［57］熊勇清, 白云, 陈晓红. 战略性新兴产业共性技术开发的合作企业评价 ［J］. 科研管理, 2014 (8).

［58］魏永莲, 唐五湘. 共性技术筛选指标体系及模型研究 ［J］. 科技管理研究, 2009 (4).

［59］肖阿妮. 产业共性技术 R&D 合作组织形式及其运行机制研究 ［D］. 重庆大学硕士学位论文, 2011.

［60］舒亮亮. 复杂产品共性技术合作研发成本分担协调研究 ［D］. 南京航空航天大学硕士学位论文, 2013.

［61］操龙灿, 杨善林. 产业共性技术创新体系建设的研究 ［J］. 中国软科学, 2005 (11).

［62］马晓楠, 耿殿贺. 战略性新兴产业共性技术研发博弈与政府补贴 ［J］. 经济与管理研究, 2014 (1).

［63］白如晶, 赵国杰. 制造业共性技术创新的组织运行机理研究 ［J］. 中

国农机化，2012（4）.

［64］Amabile T. M. Creativity in Context ［M］. Boulder, CO: Westview, 1996.

［65］Cummings A. , Oldham G. R. Enhancing Creativity: Managing Work Contexts for the High Potential Employee ［J］. California Management Review, 1997, 40 （1）.

［66］Torrance E. P. Predicting the Creativity of Elementary School Children （1958 - 1980） and the Teacher Who Made a Difference ［J］. Gifted Child Quarterly, 1981a （25）.

［67］Amabile T. M. , Gryskiewicz S. S. The Creative Environment Scale: Work: Environment Inventory ［J］. Creative Research Journal, 1989 （1）.

［68］Amablie T. M. Conti R. , Coon H. , Lazenby J. , Herron M. Assessing the Work Environment for Creativity ［J］. Academy of Management Journal, 1996, 39 （5）.

［69］Csikszentmihalyi, M. Implications of a Systems Perspective for the Study of Creativity. In R. J. Sternberg （Ed. ）, Handbook of Creativity ［M］. New York: Cambridge University Press, 1999.

［70］Shalley C. E. , Zhou J. Oldham G. R. The Effect of Personal and Contextual Characteristics on Creativity: Where Should We Go From Here? ［J］. Journal of Management, 2004, 30 （6）.

［71］Scott S. G. , Bruce R. A. Determinants of Innovative Behavior: A Path Model of Individual Innovation in the Workplace ［J］. Academy of Management Journal, 1994, 37 （3）.

［72］George J. M. , Zhou J. Dual Tuning in a Supportive Context: Joint Contributions of Positive Mood, Negative Mood, and Supervisory Behaviors to Employee Creativity ［J］. Academy of Management Journal, 2007, 50 （3）.

［73］Burroughs J. E. Dahl D. W. Moreau C. P. Chattopadhyay, A. , Gorn. G. J. Facilitating and Rewarding Creativity during New Product Development ［J］. Journal of Marketing, 2011 （75）.

［74］Zhou J. Feedback Valence, Feedback Style, Task Autonomy, and Achievement Orientation: Interactive Effects on Creative Performance ［J］. Journal of Applied Psychology, 1998, 83 （2）.

［75］Farrell M. P. Collabarative Circles: Friendship Dynamics and Creative Work ［M］. Chicago: The University of Chicago Press, 2001.

［76］Eisenbeiss S. A. , Boerner S. Transformational Leadership and R&D Innova-tion：Taking a Curvilinear Appraoch ［J］. Creativity & Innovation Management，2010，19（4）.

［77］郑建君，金盛华，马国义. 组织创新气氛的测量及其在员工创新能力与创新绩效关系中的调节效应［J］. 心理学报，2009（12）.

［78］刘文兴，廖建桥，张鹏程. 辱虐管理对员工创造力的影响机制［J］. 工业工程与管理，2012，17（5）.

［79］谢俊，汪林，储小平，黄嘉欣. 组织公正视角下的员工创造力形成机制及心理授权的中介作用［J］. 管理学报，2013，10（2）.

后 记

本书是课题组 2014 年与 2015 年的工作总结。在江苏省科技厅和省人才战略研究院领导的关心下，课题组于 2014 年正式启动了"江苏科技创新创业人才政策协同管理改革研究"。和当下中国改革进程相呼应，课题组团队迫切感受到科技人才改革也进入了攻坚克难的关键期，从顶层设计角度思考人才改革已经非常必要。多年来，我国科技人才改革主要是由不同实践所推动，已经形成了多个实践行动冲突和矛盾，特别是改革过程中不同行动主体间的矛盾，以及政府与市场的矛盾问题。可以说，加强科技人才的全面、均衡、协调管理迫在眉睫。接到课题后，我们在实地调研的基础上，分别从创新创业人才激励、企业人才品牌、创新主体地位评价、创造力环境缺失、共性技术人才开发、政府引导发挥作用等几方面，讨论了科技人才的综合与均衡管理问题。其中不少问题既具有实践意义，也有理论的创新。例如，政府对于科技创新创业人才开发与管理效能的边际递减问题；企业在人才开发中发挥主体地位的政策与制度环境问题；政府人才开发投入在基础研究和共性技术研究方面的选择决策问题；创建企业人才的品牌问题等。

2015 年是"十二五"的收官之年，江苏省科技厅和省人才战略研究院提出了全面思考布局"十三五"发展的新课题。面对新环境和新要求，我们在南京、无锡、扬州、镇江等地进行了大量调研，此次调研是由科技厅牵头组织，田辉、周小虎、杨倚奇、吴杲、鲁涛等先后参与调研活动。正是在这些调研的基础上，我们认识到，虽然江苏省科技人才工作在规模、质量、结构、层次、区域人才竞争力等方面取得了显著成效，但与江苏省"两个率先"目标的实现仍然存在很大差距。特别是企业主体地位缺失、人才结构失衡、区域差异显著、培养重视不足等问题。厅领导直面现实，鼓励我们探索可能的解决方案。我们提出了发挥市场调节作用、加快科技人才体制和机制改革、完善现有人才政策、加强科技人才平台建设等意见。

本书是思想库团队成员集体工作的结晶，具体工作分配情况如下：序由张双喜、周小虎完成；第一篇市场与政府协同研究，由周小虎、恢光平、夏秋雨、何德慧完成；第二章企业创新创业人才激励策略研究，由田辉完成；第三章打造江苏人才品牌，助企业创新，续长期发展，由吴呆完成；第四章江苏企业技术创新主体地位测度指数研究——基于无投入 DEA 模型，由鲁涛完成；第五章创造力工作环境缺失及其建构路径研究，由杨倚奇完成；第六章共性技术型科技人才组织开发管理研究，由张双喜完成；第七章政府引导资金支持对不同阶段科技型企业技术创新的影响，由马士斌完成；第八章科技创业人才综合改革调查，由周小虎、夏秋雨、何德慧、陈莹、包佳妮完成。张双喜参与本书的统稿工作。我的博士生陈莹、包佳妮、王冠和硕士生夏秋雨、何德慧、郑鑫等也参加了调研工作，并花费大量时间将访谈录音整理成文字。

本书能够出版要感谢江苏省人才战略研究院领导的长期关心；感谢科技厅法规处领导的关心和支持，他们不仅为课题提供资金和组织保障，也直接为课题提供了重要的思想和观点；法规处有关同志还在繁忙的工作中抽出大量时间审阅了课题成果，为课题完成提供宝贵意见。给我印象最深刻的是施蔚和罗扬处长对于科技人才管理顶层设计的思路，刘波处长对于科技人才政策性投入不平衡、出现"四多、四少"现象的论述等，这些让课题组的老师受益匪浅。本书能够面世要感谢我国人力资源管理专家赵曙明、赵永乐教授的长期关心和指导，感谢南京师范大学蒋伏心教授、南京大学陈德俊教授、南京科委蔡伯圣主任、南京白下区科技园张仲金书记、省科技厅邓逸民副处长等科技人才思想库学术委员会的专家们给予的指导和帮助。最后，还要感谢经济管理出版社张艳主任和赵喜勤编辑，她们的辛勤劳动和认真工作使本书大为增色。

周小虎
2016 年 10 月 12 日